新型负微分电阻分子器件和铌酸锂型铁电体$ZnTiO_3$的物性研究

张 静 著

中国水利水电出版社
www.waterpub.com.cn
·北京·

内 容 提 要

近年来，新型负微分电阻分子器件和铁电材料引起了科研工作者的注意，该类功能材料可以广泛应用于自旋过滤，负微分电阻、非线性光学和自旋极化电输运器件等方面。

本书采用基于密度泛函理论的第一性原理计算方法，对于新型铌酸锂性铁电体 ZnTiO3 的铁电电、压电和非线性光学等方面的物性，进行了系统的研究。此外，对于吡啶分子，也考察了其自旋极化输运性质，结果显示其呈现了有趣的负微分电阻和自旋过滤效应。

本书可供负微分电阻分子材料和铁电晶体的专业研究人员和从业人员参考使用。

图书在版编目(CIP)数据

新型负微分电阻分子器件和铌酸锂型铁电体 $ZnTiO_3$ 的物性研究/张静著. —北京：中国水利水电出版社，2018.12 (2024.1重印)

ISBN 978-7-5170-7297-3

Ⅰ.①新… Ⅱ.①张… Ⅲ.①电阻—器件—研究 Ⅳ.①O441.1

中国版本图书馆 CIP 数据核字(2018)第 293162 号

书 名	新型负微分电阻分子器件和铌酸锂型铁电体 $ZnTiO_3$ 的物性研究 XINXING FUWEIFEN DIANZU FENZI QIJIAN HE NISUANLIXING TIEDIANTI $ZnTiO_3$ DE WUXING YANJIU
作 者	张 静 著
出版发行	中国水利水电出版社 (北京市海淀区玉渊潭南路 1 号 D 座 100038) 网址：www.waterpub.com.cn E-mail：sales@waterpub.com.cn 电话：(010)68367658(营销中心)
经 售	北京科水图书销售中心(零售) 电话：(010)88383994、63202643、68545874 全国各地新华书店和相关出版物销售网点
排 版	北京亚吉飞数码科技有限公司
印 刷	三河市元兴印务有限公司
规 格	170mm×240mm 16 开本 12.25 印张 220 千字
版 次	2019 年 4 月第 1 版 2024 年 1 月第 2 次印刷
印 数	0001—2000 册
定 价	57.00 元

前　言

近年来，负微分电阻分子材料和铁电化合物由于它们具有的重要的电输运和非线性光学性质，吸引了人们广泛的研究兴趣。负微分电阻一般是指 n 型的 GaAs 和 InP 等双能能谷半导体中由于电子转移效应（Transferred-electr on effect）而产生的一种效果——电压增大、电流减小所呈现出的电阻。铁电材料具有铁电性、压电性、热释电效应等一系列重要的特性，在铁电存储器、微电子机械系统等领域具有广泛的应用前景。基于密度泛函理论方法，研究了铌酸锂型 $ZnTiO_3$ 的铁电相关的基本性质，具体研究工作如下：在这项工作中，通过基于 DFT 的第一性原理计算研究了 LN 型 $ZnTiO_3$ 的电子结构，区域中心声子模式，压电和非线性光学性质。电子结构表明该化合物是宽带隙半导体。通过研究顺电相和铁电相的区域中心声子模式，发现钙钛矿顺电相中存在 B_{2u} 和 B_{3u} 有两个虚频，然而虚频在其铁电相中消失。基于 LDA 和 GGA 计算得到的自发极化分别为 $90.43\mu C/cm^2$ 和 $93.14\mu C/cm^2$，我们的结果与实验结果吻合良好，大的自发极化表明该化合物是一种良好的铁电材料。

铌酸锂型 $ZnTiO_3$ 的弹性常数满足波恩稳定条件的限制，因此该化合物的结构稳定。得到的压电张量具有四个独立元素 e_{11}，e_{15}，e_{31} 和 e_{33}，它们的值分别为 −0.93，1.00，1.01 和 2.51 C/m^2，表明该化合物是一种有前途的压电晶体。该化合物的独立非线性光学系数为 d_{12}，d_{15} 和 d_{33}，它们的值分别为 1.37，1.46 和 −20.18 Pm/V。结果表明，铌酸锂型型 $ZnTiO_3$ 比 $ZnSnO_3$ 具有更优异的非线性光学性质。大的压电和非线性光学敏感性表明该化合物是一种高性能的无铅压电和非线性光学晶体。

我们研究了夹在两个金电极之间的基于吡啶的“基团-σ-基团”分子自旋电子器件的自旋极化传输特性。该器件对平行和反平行磁性配置均显示出明显的自旋过滤和负微分电阻效应。该装置还显示出明显的磁阻效应并且发现异常现象，具体地说，磁阻比率首先增加然后随着偏压而减小。这些传输特性起源于由偏置驱动的费米能级周围分子轨道的轨道重建。对于平行磁性配置，随着偏压的增加，离域前沿分子轨道被耗尽为局部轨道。对于反平行磁性配置，局部前沿分子轨道首先被推动到离域轨道中，然后随着偏差进一步增加而逐渐耗尽到局部轨道。该研究为设计未来的高性能多功能分子自旋电子器件提供了很大的希望。

本书共 6 章，第 1 章绪论，第 2 章为材料模拟计算的基本理论研究方法，第 3 章为铌酸锂型 $ZnTiO_3$ 的铁电和光学性质研究，第 4 章为基于吡啶基的分子自旋电子器件的输运性质研究，第 5 章为“鳄鱼夹”型负微分电阻分子材料的输运性质研究，第 6 章为总结与国内外最新的研究进展。

本书作者张静系华北水利水电大学现任物理教师，在本书的编写过程中得到了物理与电子学院领导的指导和大力支持。本人所在物理实验教研室的老师也给与了很大的帮助，在此表示衷心的的感谢！本书的出版得到了国家自然基金项目(11104072)的支持，在此表示感谢！由于本人水平有限，本书的错误和不妥之处在所难免，敬请专家及同行提出批评和指正。

张静

于华北水利水电大学

2018 年 9 月

目　录

第1章　绪　论

1.1　铁电晶体的基本概念

铁电性(ferroelectricity)是某些介电晶体所具有的性质。在一些电介质晶体中，晶胞的结构使正负电荷中心不重合而出现电偶极矩，产生不等于零的电极化强度，使晶体具有自发极化，且电偶极矩方向可以因外电场而改变，呈现出类似于铁磁体的特点，晶体的这种性质叫铁电性。在一些电介质晶体中，晶体的极化程度与电场强度呈现出非线性关系。由于极化程度与电场强度的关系曲线与铁磁体的磁滞回线形状类似，所以人们把这类晶体称为铁电体(其实晶体中并不含有铁)。

1894年泡克耳斯(Pockels)发现罗息盐具有异常大的压电常数，1920年瓦拉塞克(Valasek)发现罗息盐晶体(斜方晶系)铁电电滞回线，又于1935年和1942年分别发现了磷酸二氢钾(KH_2PO_4)及其类似晶体中的铁电性、钛酸钡($BaTiO_3$)陶瓷的铁电性。迄今为止，已发现的具有铁电性的材料有一千多种。通常，铁电体自发极化的方向不相同，但在一个小区域内，各晶胞的自发极化方向相同，这个小区域就称为铁电畴(ferroelectric domains)。两畴之间的界壁称为畴壁，根据两个电畴的自发极化方向，可分为90°畴壁、180°畴壁等。畴壁通常位于晶体缺陷附近，因为缺陷区存在内应力，畴壁不易移动。铁电畴与铁磁畴有着本质的差别：①铁电畴壁的厚度很薄，大约是几个晶格常数的量级，但铁磁畴壁则很厚，可达到几百个晶格常数的量级(例如Fe的磁畴壁厚约1 000)；②在磁畴壁中自发磁化方向可逐步改变，而铁电体则不可能。

一般来说，如果铁电晶体种类已经明确，则其畴壁的取向就可确定。电畴壁的取向可由下列条件来确定：①晶体形变：电畴形成的结果使得沿畴壁而切割晶体所产生的两个表面是等同的(即使考虑了自发形变)。②自发极化：两个相邻电畴的自发极化在垂直于畴壁方向的分量相等。如果条件①不满足，则电畴结构会在晶体中引起大的弹性应变。若条件②不满足，则在畴壁上会出现表面电荷，从而增大静电能，在能量上是不稳定的。电畴结构与晶体结构有关。$BaTiO_3$ 的铁电相晶体结构有四方、斜方、菱形三种晶系，它们的自发极化方向分别沿[001]、[011]、[111]方向，这样，除了 90°和 180°畴壁外，在斜方晶系中还有 60°和 120°畴壁，在菱形晶系中还有 71°、109°畴壁。

铁电畴在外电场作用下，总是要趋向于与外电场方向一致，称作电畴"转向"。电畴转向是在外电场作用下通过新畴的出现、发展以及畴壁的移动来实现。实验发现，在电场作用下，180°畴的"转向"是通过许多尖劈形新畴的出现、发展而实现的，尖劈形新畴迅速沿前端向前发展。对 90°畴的"转向"虽然也产生针状电畴，但主要是通过 90°畴壁的侧向移动来实现。实验证明，这种侧向移动所需要的能量比产生针状新畴所需要的能量还要低。一般在外电场作用下(人工极化)，180°电畴转向比较充分，同时由于"转向"时结构畸变小，内应力小，因而这种转向比较稳定。而 90°电畴的转向是不充分的，所以这种转向不稳定。当外加电场撤去后，有小部分电畴偏离极化方向，恢复原位，大部分电畴则停留在新转向的极化方向上，这叫剩余极化。

具有铁电性的晶体可按照结晶状态、极化轴、相态、微观结构、维度模型等标准进行分类。结晶状态：含有氢键的晶体，如磷酸二氢钾(KDP)、三甘氨酸硫酸盐(TGS)、罗息盐(RS)等，这类晶体通常是从水溶液中生长出来的，故常被称为水溶性铁电体，又叫软铁电体；双氧化物晶体，如 $BaTiO_3$(BaO-TiO_2)、$KNbO_3$(K_2O-Nb_2O_5)、$LiNbO_3$(Li_2O-Nb_2O_5)等，这类晶体是从高温熔体或熔盐中生长出来的，又称为硬铁电体，它们可以归结为 ABO_3 型，Ba^{2+}、K^+、Na^+ 离子处于 A 位置，而 Ti^{4+}、Nb^{6+}、Ta^{6+} 离子则处于 B 位置。极化轴：沿一个晶轴方向极化的铁电体，如罗息盐(RS)、KDP 等；沿几个晶轴方向极化的铁电晶体，如 $BaTiO_3$、$Cd_2Nb_2O_7$ 等。非铁电相无对称中心：钽铌酸钾(KTN)和磷酸二氢钾(KDP)族的晶体，由于无对称中心的晶体一般是压电晶体，故它们都是具有压电效应的晶体；非铁电相有对称中心：不具有压电效应，如 $BaTiO_3$、TGS(硫酸三甘肽)以及与它们具有相同类型的晶体。位移型转变的铁电体：这类铁电晶体的转变是与一类离子的亚点阵相对于另一亚点阵的整体位移相联系。属于位移型铁电晶体的有 $BaTiO_3$、$LiNbO_3$ 等含氧的八面体结构的双氧化物；有序-无序型转变的铁电体：其转变是同离子个体的有序化相联系的，有序-无序型铁电体包含有氢键的晶体，这类晶体中质子的运动与铁电性有密切关系，如磷酸二氢钾(KDP)及其同型盐就是如此。维度模型："一维型"——铁电体极性反转时，其每一个原子的位移平行于极轴，如 $BaTiO_3$；"二维型"——铁电体极性反转时，各原子的位移处于包含极轴的平面内，如 $NaNO_2$；“三维型”——铁电体极性反转时，在所有三维方向具有大小相近的位移，如 $NaKC_4H_4O_6 \cdot 4H_2O$。

对铁电体的初步认识是它具有自发极化。铁电体有上千种，不可能都具体描述其自发极化的机制，但可以说自发极化的产生机制与铁电体的晶体结构密切相关。其自发极化的出现主要是晶体中原子(离子)位置变化的结果。已经查明，自发极化机制有：氧八面体中离子偏离中心的运动；氢键中质子运动有序化；氢氧根集团择优分布；含其他离子集团的极性分布等。一般情况下，自发极化包括两部分：一部分来源于离子直接位移；另一部分是由于电子云的形变，其中，离子位移极化占总极化的39%。当前关于铁电相起源，特别是对位移式铁电体的理解已经发展到从晶格振动频率变化来理解其铁电相产生的原理，即所谓“软模理论”。

电滞回线(ferroelectric hysteresis loop)(见图1.1)是铁电畴在外电场作用下运动的宏观描述。铁电体的极化随着电场的变化而变化，极化强度与外加电场之间呈非线性关系。当电场施加于晶体时，沿电场方向的电畴扩展，晶体极化程度变大，而与电场反平行方向的电畴则变小，这样，极化强度随外电场增加而增加。在电场很弱时，极化线性地依赖于电场，此时可逆的畴壁移动占主导地位。当电场增强时，新畴成核，畴壁运动成为不可逆的，极化随电场的增加比线性快。当电场强度继续增大，达到相应于 B 点的值，使晶体电畴方向都趋于电场方向，类似于单畴，极化强度趋于饱和。由于感应极化的增加，总极化仍然有所增加(BC 段)。此时再增加电场，P 与 E 呈线性关系(类似于单个弹性偶极子)，将这线性部分外推至 $E=0$ 时的情况，此时在纵轴上的截距称为饱和极化强度或自发极化强度 P_s。实际上 P_s 为原来每个单畴的自发极化强度，是对每个单畴而言的。如果电场从图1.1中 C 处开始降低，晶体的极化强度亦随之减小。在零电场处，仍存在极化，称为剩余极化强度 P_r(remanent polarization)。这是因为电场减低时，部分电畴由于晶体内应力的作用偏离了极化方向。但当 $E=0$ 时，大部分电畴仍停留在极化方向，因而宏观上还有剩余极化强度。由此，剩余极化强度 P_r 是对整个晶体而言。当反向电场继续增大到某一值时，剩余极化才全部消失，此时电场强度称为矫顽场 E_c(coercivefield)。反向电场超过 E_c，极化强度才开始反向。如果它大于晶体的击穿场强，那么在极化强度反向前，晶体就被击穿，则不能说该晶体具有铁电性。以上过程使电场在正负饱和值之间循环一周，极化与电场的关系如图1.1所示，此曲线称为电滞回线。

由于极化的非线性，铁电体的介电常数不是常数。一般以 OA 在原点的斜率来代表介电常数。所以在测量介电常数时，所加的外电场(测试电场)应很小。另外,有一类物体在转变温度以下时,邻近的晶胞彼此沿反平行方向自发极化,这类晶体叫反铁电体。反铁电体一般宏观无剩余极化强度,但在很强的外电场作用下,可以诱导成铁电相,其 P-E 曲线呈双电滞回线。反铁电体也具有临界温度-反铁电居里温度。在居里温度附近,也具有介电反常特性。

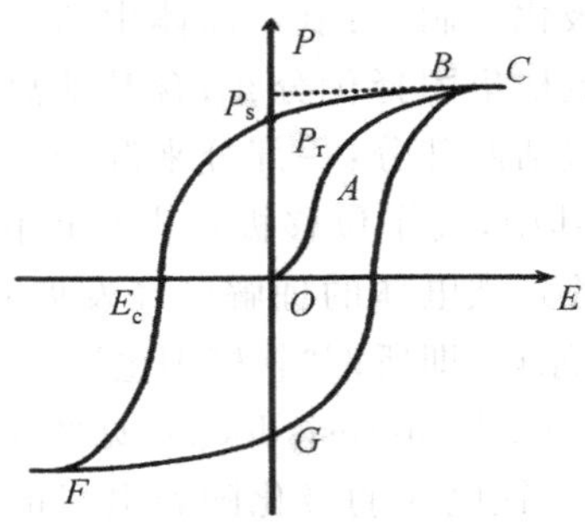

图 1.1　电滞回线示意图

1.2　铁电晶体的应用和研究进展

铁电体具有以下介电特性:

1)非线性。铁电体的非线性是指介电常数随外加电场强度非线性地变化。从电滞回线也可看出这种非线性关系。在工程中,常采用交流电场强度 E_{max} 和非线性系数 N 来表示材料的非线性。非线性的影响因素主要是材料结构。可以用电畴的观点来分析非线性。当所有电畴都沿外电场方向排列定向时,极化达到最大值。在低电场强度作用下,电畴转向主要取决于90°和180°畴壁的位移。

2)高介电常数。钙钛矿型铁电体具有很高的介电常数。纯钛酸钡陶瓷的介电常数在室温时约1 400;而在居里点(20℃)附近,介电常数增加很快,可高达6 000~10 000。室温下 ε_r 随温度变化比较平坦,可以用来制造小体积大容量的陶瓷电容器。为了提高室温下材料的介电常数,可添加其他钙钛矿型铁电体,形成固溶体。在实际制造中需要解决调整居里点和居里点处介电常数的峰值问题,这就是所谓"移峰效应"和"压峰效应"。压峰效应是为了降低居里点处的介电常数的峰值,即降低 ε-T 非线性,也使工作状态相应于 ε-T 平缓区。例如,在 $BaTiO_3$ 中加入 $CaTiO_3$ 可使居里峰值下降。常用的压峰剂(或称展宽剂)为非铁电体。如在 $BaTiO_3$ 加入 $Bi_{2/3}SnO_3$,其居里点几乎完全消失,显示出直线性的温度特性,可认为是加入非铁电体后，破坏了原来的内电场，使自发极化减弱，即铁电性减小。在铁电体中引入某种添加物生成固溶体，改变原来的晶胞参数和离子间的相互联系，使居里点向低温或高温方向移动，这就是“移峰效应”。其目的是为了在工作情况下（室温附近）材料的介电常数和温度的关系尽可能平缓，即要求居里点远离室温温度，如加入 $PbTiO_3$ 可使 $BaTiO_3$ 居里点升高。陶瓷材料晶界特性的重要性不亚于晶粒本身的特性。例如 $BaTiO_3$ 铁电材料，由于晶界效应，可以表现出各种不同的半导体特性。

基于铁电性中的电滞现象，可利用铁电畴在电场下反转形成高极化电荷，或无反转形成低极化电荷来判别存储单元是在“1”或“0”状态，进而制作铁电存储器。由于铁电体有剩余极化强度，因而可用于图像显示。当前已经研制出一些透明铁电陶瓷器件，如显示器件、光阀、全息照相器件等，就是利用外加电场使铁电畴作一定的取向。当前得到应用的是掺镧的锆钛酸铅（PLZT）透明铁电陶瓷以及 $Bi_4Ti_3O_{12}$ 铁电薄膜。由于铁电体的极化随 E 而改变。因而晶体的折射率也将随 E 改变。这种由于外电场引起晶体折射率的变化称为电光效应。利用晶体的电光效应可制作光调制器、晶体光阀、电光开关等光器件。当前应用到激光技术中的晶体很多是铁电晶体，如 $LiNbO_3$、$LiTaO_3$、KTN（钽铌酸钾）等。强非线性铁电陶瓷可以用于制造电压敏感元件、介质放大器、脉冲发生器、稳压器、开关、频率调制等方面。已获得应用的材料有 $BaTiO_3$-$BaSnO_3$、$BaTiO_3$-$BaZrO_3$ 等。

非中心对称晶体在机械力作用下产生形变，使带电质点发生相对位移，从而在晶体表面出现正、负束缚电荷，这样的晶体称为压电晶体。压电晶体极轴两端产生电势差的性质称为压电性。有一类十分有趣的晶体，当对它挤压或拉伸时，它的两端就会产生不同的电荷。这种效应被称为压电效应。能产生压电效应的晶体就叫压电晶体。水晶（α-石英）是一种有名的压电晶体。常见的压电晶体还有闪锌矿、方硼石、电气石、红锌矿、GaAs、钛酸钡及其衍生结构晶体、KH_2PO_4、$NaKC_4H_4O_6 \cdot 4H_2O$（罗息盐）、食糖等。压电晶体是用量仅次于单晶硅的电子材料，用于制造选择和控制频率的电子元器件，广泛应用于电子信息产业各领域，如彩电、空调、电脑、DVD、无线电通信等，尤其在高性能电子设备及数字化设备中的应用日益广泛。低腐蚀隧道密度压电晶体是生产 SMD 频率片、手机频率片的必需材料。压电晶体产品品种主要有 Z 棒、Y 棒、厚度片、频率片。某些晶体，当沿着一定方向受到外力作用时，内部会产生极化现象，使带电质点发生相对位移，从而在晶体表面上产生大小相等符号相反的电荷；当外力去掉后，又恢复到不带电状态。晶体受力所产生的电荷量与外力的大小成正比。这种现象叫压电效应。反之，如对晶体施加电场，晶体将在一定方向上产生机械变形；当外加电场撤去后，该变形也随之消失。这种现象称为逆压电效应，也称作电致伸缩效应。压电性产生的原因与晶体结构有关。原本重合的正、负电荷重心受压后产生分离而形成电偶极子，从而使晶体特定方向的两端带有符号不同的电荷量。压电晶体的共同特点是晶体点群(对称型)没有对称中心。晶体的 32 个点群中，21 个点群不具有对称中心，但点群 432 的晶体不显压电性，故有 20 个点群的晶体具有压电性。

根据晶振的功能和实现技术的不同，压电晶体广泛用作晶体振荡器。石英晶体振荡器分非温度补偿式晶体振荡器、温度补偿晶体振荡器(TCXO)、电压控制晶体振荡器(VCXO)、恒温控制式晶体振荡器(OCXO)和数字化/μp 补偿式晶体振荡器(DCXO/MCXO)等几种类型。普通晶体振荡器(SPXO)：这是一种简单的晶体振荡器，通常称为钟振，其工作原理为去除“压控”“温度补偿”部分，完全是由晶体的自由振荡完成。这类晶振主要应用于稳定度要求不高的场合。压控晶体振荡器(VCXO)：这是根据晶振是否带压控功能来分类，带压控输入引脚的一类晶振叫 VCXO。恒温晶体振荡器(OCXO)：这类型晶振对温度稳定性的解决方案采用了恒温槽技术，将晶体置于恒温槽内，通过设置恒温工作点，使槽体保持恒温状态，在一定范围内不受外界温度影响，达到稳定输出频率的效果。这类晶振主要用于各种类型的通信设备，包括交换机、SDH 传输设备、移动通信直放机、GPS 接收机、电台、数字电视及军工设备等领域。根据用户需要，该类型晶振可以带压控引脚。恒温晶体振荡器原理的主要优点是，由于采用了恒温槽技术，频率温度特性在所有类型晶振中是最好的，由于电路设计精密，其短稳和相位噪声都较好。主要缺点是功耗大、体积大，需要 5 min 左右的加热时间才能正常工作等。温度补偿晶体振荡器(TCXO)：其对温度稳定性的解决方案采用了一些温度补偿手段，主要原理是通过感应环境温度，将温度信息做适当变换后控制晶振的输出频率，达到稳定输出频率的效果。传统的 TCXO 是采用模拟器件进行补偿，随着补偿技术的发展，很多数字化补偿的 TCXO 开始出现，这种数字化补偿的 TCXO 又叫 DTCXO，用单片机进行补偿时称之为 MCXO，由于采用了数字化技术，这一类型的晶振在温度特性上达到了很高的精度，并且能够适应更宽的工作温度范围，主要应用于军工领域和使用环境恶劣的场合。

压电晶体所能产生的稳定不变的振动正是无线电技术中控制频率所必需的。家中的彩色电视机等许多电器设备中都有用压电晶片制作的滤波器，保证了图像和声音的清晰度。手上戴的石英电子表中有一个核心部件叫石英振子，就是这个关键部件保证了石英表比其他机械表更高的走时准确度。装有压电晶体元件的仪器使技术人员研究蒸汽机、内燃机及各种化工设备中压力的变化成为现实。利用压电晶体甚至可以测量管道中流体的压力、大炮炮筒在发射炮弹时承受的压力以及炸弹爆炸时的瞬时压力等。压电晶体还广泛应用于声音的再现、记录和传送。安装在麦克风上的压电晶片会把声音的振动转变为电流的变化。声波一碰到压电薄片,就会使薄片两端电极上产生电荷,其大小和符号随着声音的变化而变化。这种压电晶片上电荷的变化,再通过电子装置,可以变成无线电波传到遥远的地方。这些无线电波为收音机所接收,并通过安放在收音机喇叭上的压电晶体薄片的振动,又变成声音回荡在空中。是不是可以这样说,麦克风中的压电晶片能“听得见”声音,而扬声器上的压电晶体薄片则会“说话”或“唱歌”。

传感器(transducer/sensor)是一种检测装置,能感受到被测量的信息,并能将感受到的信息按一定规律变换成电信号或其他所需形式的信息输出,以满足信息的传输、处理、存储、显示、记录和控制等要求。传感器的特点包括微型化、数字化、智能化、多功能化、系统化、网络化。传感器的存在和发展,让物体有了触觉、味觉和嗅觉,让物体慢慢活了起来。通常根据其基本感知功能分为热敏元件、光敏元件、气敏元件、力敏元件、磁敏元件、湿敏元件、声敏元件、放射线敏感元件、色敏元件和味敏元件等十大类。国家标准《传感器通用术语》(GB7665－1987)对传感器下的定义是:“能感受规定的被测量件并按照一定的规律(数学函数法则)转换成可用信号的器件或装置,通常由敏感元件和转换元件组成”。“传感器”在新韦式大词典中定义为:“从一个系统接受功率,通常以另一种形式将功率送到第二个系统中的器件。”人们为了从外界获取信息,必须借助于感觉器官。而单靠人们自身的感觉器官,在研究自然现象和规律以及生产活动中它们的功能远远不够。为适应这种情况,就需要传感器。因此可以说,传感器是人类五官的延伸,又称之为电五官。

新技术革命的到来,世界开始进入信息时代。在利用信息的过程中,首先要解决的就是要获取准确可靠的信息,而传感器是获取自然和生产领域中信息的主要途径与手段。在现代工业生产尤其是自动化生产过程中,要用各种传感器来监视和控制生产过程中的各个参数,使设备工作在正常状态或最佳状态,并使产品达到最好的质量。因此可以说,没有众多的优良的传感器,现代化生产也就失去了基础。在基础学科研究中,传感器更具有突出的地位。现代科学技术的发展,进入了许多新领域:例如在宏观上要观察上千光年的茫茫宇宙,微观上要观察小到微小的粒子世界,纵向上要观察长达数十万年的天体演化,短到瞬间反应。此外,还出现了对深化物质认识、开拓新能源、新材料等具有重要作用的各种极端研究技术,如超高温、超低温、超高压、超高真空、超强磁场、超弱磁场等等。显然,要获取大量人类感官无法直接获取的信息，没有相适应的传感器是不可能的。许多基础科学研究的障碍，首先就在于对象信息的获取存在困难，而一些新机理和高灵敏度的检测传感器的出现，往往会导致该领域内的突破。一些传感器的发展，往往是一些边缘学科开发的先驱。传感器早已渗透到诸如工业生产、宇宙开发、海洋探测、环境保护、资源调查、医学诊断、生物工程、甚至文物保护等领域。可以毫不夸张地说，从茫茫的太空，到浩瀚的海洋，以至各种复杂的工程系统，几乎每一个现代化项目，都离不开各种各样的传感器。由此可见，传感器技术在发展经济、推动社会进步方面有重要作用。世界各国都十分重视传感器技术的发展。相信不久的将来，传感器技术将会出现一个飞跃，达到与其重要地位相称的新水平。传感器不仅促进了传统产业的改造和更新换代，而且还可能建立新型工业，成为21世纪新的经济增长点。传感器的微型化是建立在微电子机械系统（MEMS）技术基础上的，已成功应用在硅器件上做成硅压力传感器。

传感器一般由敏感元件、转换元件、变换电路和辅助电源四部分组成，如图1.2所示。敏感元件直接感受被测量，并输出与被测量有确定关系的物理量信号；转换元件将敏感元件输出的物理量信号转换为电信号；变换电路负责对转换元件输出的电信号进行放大调制；转换元件和变换电路一般还需要辅助电源供电。

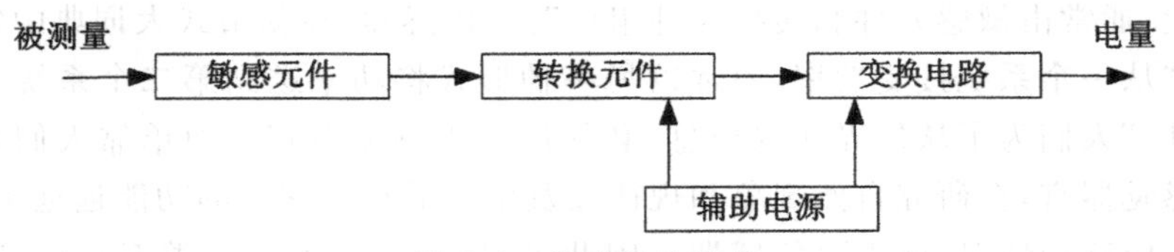

图1.2　传感器的组成

常将传感器的功能与人类的5大感觉器官相比拟：光敏传感器/视觉，声敏传感器/听觉，气敏传感器/嗅觉，化学传感器/味觉，压敏、温敏传感器、流体传感器/触觉。敏感元件的分类：物理类，基于力、热、光、电、磁和声等物理效应；化学类，基于化学反应的原理；生物类，基于酶、抗体和激素等分子识别功能。

电阻式传感器是将被测量，如位移、形变、力、加速度、湿度、温度等这些物理量转换成电阻值的一种器件，主要有电阻应变式、压阻式、热电阻、热敏、气敏、湿敏等电阻式传感器件。变频功率传感器通过对输入的电压、电流信号进行交流采样，再将采样值通过电缆、光纤等传输系统与数字量输入二次仪表相连，数字量输入二次仪表对电压、电流的采样值进行运算，可以获取电压有效值、电流有效值、基波电压、基波电流、谐波电压、谐波电流、有功功率、基波功率、谐波功率等参数。称重传感器是一种能够将重力转变为电信号的力-电转换装置，是电子衡器的一个关键部件，能够实现力-电转换的传感器有多种，常见的有电阻应变式、电磁力式和电容式等。电磁力式主要用于电子天平，电容式用于部分电子吊秤，而绝大多数衡器产品所用的还是电阻应变式称重传感器。电阻应变式称重传感器结构较简单，准确度高，适用面广，能够在相对比较差的环境下使用，因此电阻应变式称重传感器在衡器中得到了广泛的运用。

传感器中的电阻应变片具有金属的应变效应，即在外力作用下产生机械形变，从而使电阻值随之发生相应的变化。电阻应变片主要有金属和半导体两类，金属应变片有金属丝式、箔式、薄膜式之分。半导体应变片具有灵敏度高(通常是丝式、箔式的几十倍)、横向效应小等优点。压阻式传感器是根据半导体材料的压阻效应在半导体材料的基片上经扩散电阻而制成的器件，其基片可直接作为测量传感元件，扩散电阻在基片内接成电桥形式。当基片受到外力作用而产生形变时，各电阻值将发生变化，电桥就会产生相应的不平衡输出。用作压阻式传感器的基片(或称膜片)材料主要为硅片和锗片，硅片为敏感材料而制成的硅压阻传感器越来越受到人们的重视，尤其是以测量压力和速度的固态压阻式传感器应用最为普遍。

热电阻测温是基于金属导体的电阻值随温度的增加而增加这一特性来进行温度测量的。热电阻大都由纯金属材料制成，目前应用最多的是铂和铜，此外，已开始采用镍、锰和铑等材料制造热电阻。热电阻传感器主要是利用电阻值随温度变化而变化这一特性来测量温度及与温度有关的参数。在温度检测精度要求比较高的场合，这种传感器比较适用。较为广泛的热电阻材料为铂、铜、镍等，它们具有电阻温度系数大、线性好、性能稳定、使用温度范围宽、加工容易等特点，用于测量−200～500℃范围内的温度。热电阻传感器分类：①NTC热电阻传感器。该类传感器为负温度系数传感器，即传感器阻值随温度的升高而减小。②PTC热电阻传感器。该类传感器为正温度系数传感器，即传感器阻值随温度的升高而增大。

利用激光技术进行测量的传感器：它由激光器、激光检测器和测量电路组成。激光传感器是新型测量仪表，它的优点是能实现无接触远距离测量，速度快，精度高，量程大，抗光、电干扰能力强等。激光传感器工作时，先由激光发射二极管对准目标发射激光脉冲。经目标反射后激光向各方向散射，部分散射光返回到传感器接收器，被光学系统接收后成像到雪崩光电二极管上。雪崩光电二极管是一种内部具有放大功能的光学传感器，因此它能检测极其微弱的光信号，并将其转化为相应的电信号。利用激光的高方向性、高单色性和高亮度等特点可实现无接触远距离测量。激光传感器常用于长度、距离、振动、速度、方位等物理量的测量，还可用于探测和大气污染物的监测等。

霍尔传感器是根据霍尔效应制作的一种磁场传感器，广泛地应用于工业自动化技术、检测技术及信息处理等方面。霍尔效应是研究半导体材料性能的基本方法。通过霍尔效应实验测定的霍尔系数，能够判断半导体材料的导电类型、载流子浓度及载流子迁移率等重要参数。霍尔传感器分为线性型霍尔传感器和开关型霍尔传感器两种：①线性型霍尔传感器由霍尔元件、线性放大器和射极跟随器组成，它输出模拟量。②开关型霍尔传感器由稳压器、霍尔元件、差分放大器、斯密特触发器和输出级组成，它输出数字量。霍尔电压随磁场强度的变化而变化，磁场越强，电压越高，磁场越弱，电压越低。霍尔电压值很小，通常只有几个毫伏，但经集成电路中的放大器放大，就能使该电压放大到足以输出较强的信号。

若使霍尔集成电路起传感作用，需要用机械的方法来改变磁场强度。用一个转动的叶轮作为控制磁通量的开关，当叶轮叶片处于磁铁和霍尔集成电路之间的气隙中时，磁场偏离集成片，霍尔电压消失。这样，霍尔集成电路的输出电压的变化，就能表示出叶轮驱动轴的某一位置，利用这一工作原理，可将霍尔集成电路片用作点火正时传感器。霍尔效应传感器属于被动型传感器，它要有外加电源才能工作，这一特点使它能检测转速低的运转情况。

1）室温管温传感器。室温传感器用于测量室内和室外的环境温度，管温传感器用于测量蒸发器和冷凝器的管壁温度。室温传感器和管温传感器的形状不同，但温度特性基本一致。按温度特性划分，美的使用的室温管温传感器有两种类型。常数 B 值为 4 100 K±3%，基准电阻为 25℃对应电阻 10kΩ±3%。在 0℃和 55℃对应电阻公差约为±7%；而 0℃以下及 55℃以上，对于不同的供应商，电阻公差会有一定的差别。温度越高，阻值越小；温度越低，阻值越大。离 25℃越远，对应电阻公差范围越大。

2）排气温度传感器。排气温度传感器用于测量压缩机顶部的排气温度，常数 B 值为 3 950 K±3%，基准电阻为 90℃对应电阻 5 kΩ±3%。

3）模块温度传感器。模块温度传感器用于测量变频模块（IGBT 或 IPM）的温度，用的感温头的型号是 602F-3500F，基准电阻为 25℃对应电阻 6 kΩ±1%。几个典型温度的对应阻值分别是：－10℃对应（25.897～28.623） kΩ；0℃对应（16.324 8～17.716 4） kΩ；50℃对应（2.326 2～2.515 3） kΩ；90℃对应（0.667 1～0.756 5） kΩ。

温度传感器的种类很多，经常使用的有热电阻：PT100、PT1000、Cu50、Cu100；热电偶：B、E、J、K、S 等。温度传感器不但种类繁多，而且组合形式多样，应根据不同的场所选用合适的产品。测温原理：根据电阻阻值、热电偶的电势随温度不同发生有规律的变化的原理,可以得到所需要测量的温度值。无线温度传感器将控制对象的温度参数变成电信号,并对接收终端发送无线信号,对系统实行检测、调节和控制。可直接安装在一般工业热电阻、热电偶的接线盒内,与现场传感元件构成一体化结构。通常和无线中继、接收终端、通信串口、电子计算机等配套使用,这样不仅节省了补偿导线和电缆,而且减少了信号传递失真和干扰,从而获得了高精度的测量结果。无线温度传感器广泛应用于化工、冶金、石油、电力、水处理、制药、食品等自动化行业。例如:高压电缆上的温度采集;水下等恶劣环境的温度采集;运动物体上的温度采集;不易连线通过的空间传输传感器数据;单纯为降低布线成本选用的数据采集方案;没有交流电源的工作场合的数据测量;便携式非固定场所数据测量。

智能传感器的功能是通过模拟人的感官和大脑的协调动作,结合长期以来测试技术的研究和实际经验而提出来的。是一个相对独立的智能单元,它的出现对原来硬件性能苛刻要求有所减轻,而靠软件帮助可以使传感器的性能大幅度提高。

1)信息存储和传输。随着全智能集散控制系统(smart distributed system)的飞速发展,对智能单元要求具备通信功能,用通信网络以数字形式进行双向通信,这也是智能传感器关键标志之一。智能传感器通过测试数据传输或接收指令来实现各项功能。如增益的设置、补偿参数的设置、内检参数设置、测试数据输出等。

2)自补偿和计算功能。多年来从事传感器研制的工程技术人员一直为传感器的温度漂移和输出非线性作大量的补偿工作,但都没有从根本上解决问题。而智能传感器的自补偿和计算功能为传感器的温度漂移和非线性补偿开辟了新的道路。这样,放宽传感器加工精密度要求,只要能保证传感器的重复性好,利用微处理器对测试的信号通过软件计算,采用多次拟合和差值计算方法对漂移和非线性进行补偿,从而能获得较精确的测量结果压力传感器。

3)自检、自校、自诊断功能。普通传感器需要定期检验和标定,以保证它在正常使用时足够的准确度,这些工作一般要求将传感器从使用现场拆卸送到实验室或检验部门进行。对于在线测量传感器出现异常则不能及时诊断。采用智能传感器情况则大有改观,首先自诊断功能在电源接通时进行自检,诊断测试以确定组件有无故障。其次根据使用时间可以在线进行校正,微处理器利用存在 EPROM 内的计量特性数据进行对比校对。

4)复合敏感功能。观察周围的自然现象,常见的信号有声、光、电、热、力、化学等。敏感元件测量一般通过两种方式:直接和间接的测量。而智能传感器具有复合功能，能够同时测量多种物理量和化学量，给出能够较全面反映物质运动规律的信息。光敏传感器是最常见的传感器之一，它的种类繁多，主要有光电管、光电倍增管、光敏电阻、光敏三极管、太阳能电池、红外线传感器、紫外线传感器、光纤式光电传感器、色彩传感器、CCD 和 CMOS 图像传感器等。它的敏感波长在可见光波长附近，包括红外线波长和紫外线波长。光传感器不只局限于对光的探测，它还可以作为探测元件组成其他传感器，对许多非电量进行检测，只要将这些非电量转换为光信号的变化即可。光传感器是目前产量最多、应用最广的传感器之一，它在自动控制和非电量电测技术中占有非常重要的地位。最简单的光敏传感器是光敏电阻，当光子冲击接合处就会产生电流。

压电陶瓷变压器是通过电能—机械能—电能的二次能量转换，实现低电压输入、高电压输出的新型贴片器件。它的基本结构根据形状、电极和极化方向有多种形式，其中以长条片型结构的压电变压器最为常用，它的结构简单、制作容易，并且具有较高的升压比。与传统的电磁式变压器比较，压电陶瓷变压器所用的材料、产品的结构、工艺技术及工作原理均不相同。电磁式变压器所用的主材是磁性材料和导电材料，分别用作结构的磁心和绕组，其能量变换形式是电-磁-电。而压电陶瓷变压器所用的主材是二元系压电陶瓷材料（PZT），如锆钛酸铅，三元系压电陶瓷材料（PCM、PSM），即在 PZT 基础上添加其他元素以及四元系压电陶瓷材料（PMMN）等，经高温烧结和高压极化而制成产品，其能量变换方式是电-机-电。由此可见，电磁式变压器的能量变换按其结构形式需要在一个正交的立体空间完成，而压电陶瓷变压器可以在一个平面内进行能量变换，因此，压电陶瓷变压器容易设计成片式化结构。

压电陶瓷变压器的工作原理是利用压电陶瓷材料的特性，即正压电效应和逆压电效应。所谓正压电效应就是这种材料在力的作用下（或变形）产生电荷或电压，而逆压电效应就是施加电压时，该材料产生变形或振动。压电陶瓷变压器的工作原理，就是利用压电陶瓷材料的正、逆压电效应特性，通过对压电陶瓷体的电极和极化方向取向特点进行设计，利用逆压电效应使与输入端相连接的压电陶瓷体在电压作用下产生机械振动，再通过正压电效应使与输出端连接的压电陶瓷体产生电压。当输入端和输出端的阻抗不相等时，则导致其两端的电压和电流也不相等，由此实现输入端和输出端之间电压与电流大小变换的功能。

由于压电陶瓷变压器具有小、薄、轻的特点，所以适合用于以电池供电的消费类电子产品，如蜂窝电话、笔记本电脑、折叠式计算机、摄录一体化 VTR、PAD 等产品的电源系统。液晶显示器（LCD）（包括 LCD 照明）背面照明用压电逆变器。因为LCD要求具有高的输出功率和传输效率，且要求结构上高度低、重量轻。同时，因为背面照明冷阴极荧光灯的特点：点灯前的阻抗大，必须供给高电压，点灯后阻抗变小，电压就下降。压电陶瓷变压器逆变器的特性正好可以与此相匹配。

用于电池性能、尺寸和重量均受到严格限制的自供电系统中，如汽车、直升飞机、航空航天器、卫星、声呐、医疗设备等使用的压电制动驱动系统。这些设备的供电一般要求为100～1 000 V，这与普通电池的9～24 V的供电大不相同，而压电陶瓷变压器则可实现这个指标。总之，压电陶瓷变压器的应用领域非常广泛。压电陶瓷驱动电源，其特征在于它由计算机接口电路、单片机、数模转换器、手动旋钮、转换开关、电压误差放大器、高压放大器、电流调节器、输出级和电流传感器组成。本发明电源调节方便，控制灵活，温漂小，稳定性好，并可以控制充电电流，改善了压电陶瓷驱动器的迟滞、蠕变特性。压电陶瓷具有体积小、分辨率高、响应快、推力大等一系列特点。用它制成的压电陶瓷驱动器广泛应用于微位移输出装置、力发生装置、机器人、冲击电机、光学扫描等领域。因此压电陶瓷的驱动电源技术已成为非常重要的研究热点。

目前，国内常见的压电陶瓷器件主要基于静态特性，因此该类压电陶瓷驱动电源动态特性不理想，交流负载能力差，不适合应用于动态领域。例如，压电陶瓷管冲击马达，是基于冲击原理，利用锯齿波驱动压电陶瓷管，使得压电马达产生正反的旋转，频响范围宽及具有很高上升和下降速率是该类压电陶瓷驱动电源必须满足的重要动态特性。但现在国内对此种驱动电源的研究不多，且价格昂贵，因此有必要设计一种满足上述要求且价格低廉的压电陶瓷驱动电源。

压电马达一般分为交流压电马达和直流压电马达，运动方式分为旋转和直线运动两种。压电马达由振动件和运动件两部分组成，没有绕组、磁体及绝缘结构，功率密度比普通马达高得多，但输出功率受限制，宜制成轻、薄、短小形式。它的输出多为低速大推力(或力矩)，可实现直接驱动负载。这种电机因内部不存在磁场，机械振动频率在可听范围外，因此对外界的电磁干扰和噪声影响很小。

压电马达易于大批量生产。1981年，日本的指田年生(Toshiiku Sashida)研制成超声波压电电动机，即超声波压电马达(简称超声波电动机)，克服了传统压电电动机转换效率低和变位微小的缺陷，压电电动机开始进入工业实用阶段，如外径50 mm，输入电压100 V，频率40 kHz，输出功率可达4 W的超声波电动机。

超声波电动机有驻波式和行波式两种。驻波式超声波电动机的条状压电体具有交替排列的极化区，施加直流电压时产生伸缩交替的变形，收缩部分凸起，伸长部分下凹，整条呈波状。电压极性相反，变形方向随之改变。如施加交流电压，压电体就随时间作振动变形。此变形是一系列以极化界面为过零点的脉振波，即驻波振动。行波式超声波电动机由两条相同的压电体相互错开半个极化区长度黏合成一体而成，当分别施加时间上相差90°电角度的交流电压时，两压电体就分别作驻波振动，由弹性体接受的合成振动波是一个随时间前进的行波，即作行波振动。驻波形式的能量转换效率较高，但需特殊的推力或力矩耦合部件，体积较大，且只能作单向运动，控制性能差，因而人们更重视行波方式的超声波电动机。

将条状压电体制成圆板或圆环，即可制成旋转运动的超声波电动机。当弹性体接收压电体的行波振动后，通过转子上的摩擦件，利用摩擦力使转子旋转。一般超声波电动机要由 20～200 kHz 的专用高频电源供电。电源需具有克服因温度变化而致频率漂移的自动频率调节功能和为保证二相交流电压时间相位相差 90°电角度的鉴相及反馈控制环节。超声波电动机的转速与电源频率无关，转速-力矩特性的起始部分为略呈下垂的直线，因而既可作为精密驱动机构的驱动元件，也可在速度和位置伺服系统中作为执行元件。

与传统电磁式电动机比较，压电超声马达有以下特点：①结构简单，它的基本构成是振动部件和运动部件；②单位体积转矩大，是相同体积的传统电动机的 10 倍；③低速性能好，可以将转速调节到零，能在低速直接输出大转矩；④制动转矩大，不需要附加制动器；断电可自锁；⑤机械时间常数小，响应快，控制精度高；⑥没有磁场和电场，无电磁干扰和电磁噪声等。

压电谐波马达是根据谐波传动原理和压电逆效应原理，由 kn 组（n 为波数，等于 2 或 3；$n=2$ 时，$k=4,6,8,10$ 等偶数，当 $n=3$ 时，$k=2,4$ 等偶数）压电驱动器连接弹性铰链位移放大机构，沿柔轮圆周方向均匀分布，而构成压电式波发生器。通过控制器控制驱动各组压电驱动器，使各组压电驱动器彼此按一定的相差进行周期性伸缩变形，再经过位移放大器进行位移放大，使柔轮产生周期性的变形。如果是刚轮固定，通过柔轮和刚轮的啮合，便可使柔轮产生旋转。

压电谐波电机将压电陶瓷驱动器和谐波传动装置结合在了一起，因此具有以下特点：①转速低，谐波传动装置作为减速器使用时，传动比较大，一般为 50～300，而压电谐波电机通过控制压电波发生器的变形频率，便可获得很低的转速；②质量小，因为压电谐波马达为低速电机，仅柔轮缓慢旋转，且其质量较小；③响应快，压电驱动器的响应速度可达几微秒，而柔轮的惯量又较小，所以马达的响应速度很快；④运动精度高，因为柔轮和刚轮的啮合齿数可达30%，甚至更多；⑤控制性能好，容易同计算机进行接口，实现智能化，不需外加编码器等检测装置，通过微机及单片机控制各组压电驱动器的变形，很容易实现调速、换向、步数计算等多种功能；⑥效率高，由于运动部件数量少，而且柔轮和刚轮啮合齿面的速度很低，因此效率很高；⑦运动平稳，无冲击，无噪声；⑧不产生磁场，同时也不受磁场影响。基于压电谐波马达的以上特点，压电谐波马达在工业控制系统、超高精度仪器仪表、半导体制造设备、办公自动化设备、机器人、精密机械、航空航天等领域中将有着广阔的应用前景。

传统电机都是以高速旋转的，一般有2 800 r/min、1 400 r/min、960 r/min、720 r/min四种转速，这种转速很难满足各种工业设备运行的需要，90%的电机必须与庞大的减速机构配套使用。在伺服系统中，电机采用齿轮传动后，不仅使系统尺寸、重量增加，而且噪声、惯量增加，降低效率。同时，由于齿轮啮合精度的限制，在要求正反转和平稳快速反应时，齿轮转动往往影响系统性能。所以，低速电机的开发势在必行。

微电机是自主运动的微系统核心元件，是微机械研究的重要内容之一。目前，微电机研究一方面是优化现有微电机的结构，以提高输出特性，另一方面是探索新结构的微电机。微电机的研究已在静电微电机、电磁微电机和压电微电机三个方向，取得了一定进展。其中，静电微电机采用的是静电力驱动的。静电力属表面作用力，随尺寸减小其作用相对增强，但是，电机中的摩擦力和黏滞力也较强，因而，静电电机力矩较小，难以应用。电磁微电机采用传统电磁驱动方式，利用精密机械加工或IC工艺，实现小型化，已在毫米级微电机研制中取得较大进展。但由于尺寸效应的影响，进一步微型化面临困难。压电微电机采用摩擦力为驱动力，尺寸效应的负面影响较小，可能成为有前途的微机械动力源。

产业机械机构传动及加工主要来自于马达的机械性能，同时其定位功能也直接关系机械运动的精确度，因此优良的马达定位技术是许多工业控制器的必备条件。由于控制马达常见的种类有步进马达、交流伺服马达及直流伺服马达，其中伺服马达的定位功能是产业机械向自动化发展的重要因素。近年来，集成电路、电子制造业的蓬勃发展，对高速而精准的马达点对点运动有迫切的需求。

许多固体和液体材料均能够显示出电光效应，其中最为重要的一类是电光晶体材料。电光晶体的电光效应主要表现为线性电光效应（泡克耳斯效应）和二阶电光效应（克尔效应）。利用晶体的线性电光效应实现光的调制，所需的调制电压通常较低，因此研究和使用得较为广泛。各种外场，如电场、磁场、应力场和温度场等，都会对晶体的光学性质产生影响，从而发生一些可为人们利用的交互效应，如电光效应、磁光效应、压电效应、弹光（或称压光）效应、热光效应或光折变效应等。非线性介质电光效应产生的原因是光在介质中传播时，光频电场和外加电场共同引起介质的非线性极化。与非线性光学效应一样，电光效应也是一种以二阶张量描述的非线性效应。因此，电光效应也可看成是非线性效应的一种特殊情况。电光效应就是晶体折射率随外加电场而发生变化的现象。其中折射率与外电场成正比的改变称为线性电光效应或普克尔（Pockels）效应；与外电场的二次方成正比的改变称为二次电光效应或克尔（Kerr）效应。在电场作用下，电光效应晶体的折射率一般变化不大，但足以引起光在晶体中传播的特性发生改变，从而可以通过外场的变化达到光电信号互相转换或光电相互控制、相互调制的目的。常用的是线性电光晶体，从结晶化学角度来看，可分为以下几类：

1）KDP 型晶体。包括 KDP、DKDP、ADP、KDA 等。这类晶体的线性电光效应比较显著，而且容易从水溶液中生长出尺寸巨大的高光学质量晶体，因此，这类晶体是已知电光晶体中应用最为广泛的材料，在需特大型晶体的场合，如激光受控热核聚变，这类晶体是唯一的选择。其缺点是这类水溶性晶体易潮解，需特殊保护。

2）ABO_3 型晶体。该类晶体中有许多是具有氧八面体结构的铁电材料，具有较大的折射率和介电常数。钙钛矿晶体是典型的 ABO_3 型晶体，这些晶体（如 $BaTiO_3$、$SrTiO_3$、$KTaO_3$、$KNbO_3$ 等）有显著的二次电光效应，在铁电相，则有显著的线性电光效应。钙钛矿型晶体的缺点是组成复杂，居里温度低，不易生长出大尺寸和均匀的晶体，抗光伤性质也较差。

3）AB 型化合物晶体。大都是半导体，一般有较大折射率，即使其电光系数较小，但 n^3/C_{ij} 的数值仍较大。这类晶体透过波段也较宽，在红外波段应用中起着重要作用。这类晶体中包括 ZnS、CuC、lCdS、GaAs、GaP 等。

4）其他杂类晶体。这类晶体范围较广，其成分、性质、对称性及生长方法等都有很大差别。例如六次甲基四胺，Td-43m 对称性，可在酒精溶液中生长；焦铌酸钙，对称型 C2-2，高温下生长；草酸铵有较大电光系数；钼酸钆用作电光快门有良好性能；$La_2Ti_2O_7$ 不但和 $LiTaO_3$ 具有相同数量级的电光效应，且稳定性好，抗光性强。但是由于它们也各有缺点，都没有被广泛应用。二阶电光效应的电光系数较大，尽管实现调制所需的电压较高，通常为几千伏，在一些特殊领域，如光参量振荡器和激光器中，仍发挥着重要的作用。对于电光体调制器来讲，关键在于生长出较好和较大的晶体，涉及光学质量的两个主要问题是折射率的变化和强激光束对晶体的损伤。折射率的变化是由残余应力、所含杂质、化学计量的变化、生长的缺陷等这些因素中的一个或几个引起的。

电光晶体在现代光学和激光技术中的应用对于电光晶体材料的性能提出了很高的要求，这些要求包括：①晶体的电光系数大，因此用于电光开关时其半波电压低；②折射率大，光学均匀性好；③透明波段范围宽，透光率高；④介质损耗小，导热性好，耐电压强度高，温度效应小；⑤抗光损伤能力强；⑥物理化学性质稳定，易加工；⑦容易获得高光学质量的大尺寸单晶。除此以外，在制作器件时可能还有由于对称性引起的温度补偿或双折射补偿等问题。当然，全部满足上述要求的晶体几乎不存在，人们在具体应用中，可根据实际情况挑选综合性能最佳的晶体。

电光材料（electro-optic materials）是具有电光效应的光学功能材料。在外加电场作用下，材料的折射率发生变化的现象称电光效应。利用电光材料的电光效应可实现对光波的调制。按其效应与调制电场的幂次关系，分为线性电光材料（pockels 电光材料）、平方电光材料（kerr 电光材料）和更高次电光材料。电光效应的应用外加电场通过电光效应改变材料的折射率，引起折射率椭球的主轴取向和长度的改变，这对应于传输光束的特征模和特征值的改变，即产生透过光束的偏振态和相位的变化，由此可产生一系列光功能效应，主要应用于以下 5 方面：

1）电控光开关。将电光晶体置于互成正交的一对偏振器之间，并使晶体的电感生特征模方向与偏振器方位成 45°角，则一定幅度（相当于半波电压）的外加电压就能使晶体中两个偏振模程差改变半个波长，从而实现对透过光的开关控制。这种电光效应可制作超快速电光快门。

2）光强度的电调制。在类似上述电光开关的装置中，透过光强与外加电压的关系可用贝塞尔函数展开，这是一种平方律光强度调制器。

3）光偏转器。利用电光晶体可制成两类电控光束偏转器。上述光开关可使晶体中两束光波产生 0 和 2 两种相位差，亦即使透过光相对于入射光产生 0°或 90°的偏振方向改变，这样可用另一块双折射晶体实现两种“地址”的离散角偏转。这类偏转器称为离散角偏转或数字式偏转。利用这种组件，可实现电控 $2n$ 个地址。另一类光束偏转器利用电光晶体折射率随电压而改变的特性，即将电光晶体制成棱镜形，则外加电压就会连续改变光束的偏转角，多块棱镜的串接可以增加其偏转角。这类偏转器称为光束连续偏转器。

4）光频率调制。外加频率的电场在光强调制器中必然产生光波的混频。一般调制电场频率与光波线宽相比小得多，因而无实用价值；但对微波电场，则可造成明显的频率调制。这种调制可用外差法或锁相技术灵敏检出。

5）波导效应。将电光材料制成波导，就可以低的调制或开关电压来实现波导模的调制、开关和偏转。由此可制成小型、紧凑的各种光电子器件。在技术应用中,首先考虑电光材料的光学和电学性能;此外,还要考虑其效应,以及受外界温度、应力等干扰时的稳定性。

通常对电光材料的性能要求有以下 5 个方面:

1)品质因子。早期曾用约化半波电压矾作品质因子,它表征的是电光材料的有效电光效应的大小。对于高重复率的开关及宽带的调制器而言,技术应用中还要考虑器件的驱动功率,由此定义一个品质因子 F。F 与单位宽带的驱动功率成反比。大的有效电光系数和高的折射率是选择电光材料的首要考虑因素。

2)高的光学均匀性。材料制备中引入的包裹物、条纹、畴界等,降低材料的光学均匀性,造成开关关不死、光强的调制度以及偏转的分辨率下降。材料的消光比(在两个偏振面垂直时的光透过)是衡量器件光学均匀性的一个直接指标。好的开关器件要求消光比达 80 dB 以上。

3)透明波段。电光材料要求对所用光波透明。宽的透明波段能展伸材料所应用的波长。为避免双光子吸收,要求材料具有低的短波吸收限。吸收常与过渡金属元素杂质以及晶体中的散射颗粒有关。过渡金属杂质在电光晶体中产生有害的光折变效应,降低电光性能。锐酸锂(LN)晶体中铁杂质是最典型的例子,掺镁可以降低光折变效应。杂质和散射颗粒的光吸收是造成器件温升的主要原因。

4)温度稳定性。由于电光效应产生的折射率改变一般很小,因而折射率的温度变化,特别是双折射率的温度变化会造成器件性能的极大变化。

5)易于获得高光学质量大尺寸单晶。电光器件尺寸往往达厘米量级,因而获得高光学质量的大尺寸单晶是对材料的重要要求。

目前实用的电光材料主要是一些高电光品质因子的晶体材料和晶体薄膜。在可见波段,实用的电光材料有氘化磷酸二氢钾(DKDP)、磷酸二氢胺(ADP)、LN 和钽酸锉(LT)晶体。DKDP 和 ADP 晶体有高的光学质量和高的光损伤闭值,但是其半波电压较高,而且要采用防潮解措施。LN 和 LT 晶体有低的半波电压,物化性能稳定,但是光损伤闭值较低,常用于低、中功率激光器。在红外波段,实用的电光材料有砷化稼(GaAs)和碲化镉(CdTe)等半导体晶体。

有机电光材料具备较大的电光系数、较大的带宽、较快的响应速度、较低的驱动电压、低介电常数而且容易进行加工。这些无机/半导体材料无法媲美的优势使得有机电光材料受到了更多的关注,且后者也被认为是制备高性能电光器件、实现超高带宽、快速信息处理传输的关键。有机电光材料可以看成是具有非线性光学发色团定向地分散于聚合物网格中。通过在玻璃化转变温度附近施加外加电场实现的发色团分子定向排列在极化电场移除后，倾向于恢复至发色团分子无序排列状态，直接导致电光性能衰减。

有机电光材料的器件化要求材料具有高度的稳定性，以确保器件性能稳定。为积极推动有机材料在实用型器件中的应用，许多研究者将研究工作重心均放在提高材料的稳定性上，提出了许多有效的解决方案。外电场作用于晶体材料所产生的电光效应分为两种，一种是泡克耳斯效应，产生这种效应的晶体通常是不具有对称中心的各向异性晶体；另一种是克尔效应，产生这种效应的晶体通常是具有任意对称性质的晶体或各向同性介质。已实用的电光晶体主要是一些高电光品质因子的晶体和晶体薄膜。在可见波段，常用电光晶体有磷酸二氢钾、磷酸二氢铵、铌酸锂、钽酸锂等晶体。前两种晶体有高的光学质量和光损伤阈值，但其半波电压较高，而且要采用防潮解措施。后两种晶体有低的半波电压，物理化学性能稳定，但其光损伤阈值较低。在红外波段，实用的电光晶体主要是砷化镓和碲化镉等半导体晶体。电光晶体主要用于制作光调制器、扫描器、光开关等器件，在大屏幕激光显示汉字信息处理以及光通信方面也有应用前景。

非线性光学是现代光学的一个分支，研究介质在强相干光作用下产生的非线性现象及其应用。研究非线性光学对激光技术、光谱学的发展以及物质结构分析等都有重要意义。常用的二阶非线性光学晶体有磷酸二氢钾、磷酸二氢铵、磷酸二氘钾、铌酸钡钠等。此外还发现了许多三阶非线性光学材料。激光问世之前，基本上是研究弱光束在介质中的传播，确定介质光学性质的折射率或极化率是与光强无关的常量，介质的极化强度正比于光波的电场强度 E，光波叠加时遵守线性叠加原理（见光的独立传播原理）。在上述条件下研究光学问题称为线性光学。对很强的激光，例如当光波的电场强度可与原子内部的库仑场相比拟时，光与介质的相互作用将产生非线性效应，反映介质性质的物理量（如极化强度等）不仅与场强 E 的一次方有关，而且还决定于 E 的更高幂次项，从而导致线性光学中不明显的许多新现象。非线性光学的早期工作可以追溯到 1906 年泡克耳斯效应的发现和 1929 年克尔效应的发现。但是非线性光学发展成为今天这样一门重要学科，应该说是从激光出现后才开始的。激光的出现为人们提供了强度高和相干性好的光束。而这样的光束正是发现各种非线性光学效应所必需的（一般来说，功率密度要大于 $10^{10}\ W/cm^2$，但对不同介质和不同效应有着巨大差异）。

自从 1961 年，P. A. 弗兰肯（P. A. Franken）等人首次发现光学二次谐波以来，非线性光学的发展大致经历了三个不同的时期。第一个时期是 1961—1965 年，这个时期的特点是新的非线性光学效应大量而迅速地出现。诸如光学谐波、光学和频与差频、光学参量放大与振荡、多光子吸收、光束自聚焦以及受激光散射等等都是这个时期发现的。第二个时期是1965—1969年,这个时期一方面还在继续发现一些新的非线性光学效应,例如非线性光谱方面的效应、各种瞬态相干效应、光致击穿等等;另一方面则主要致力于对已发现的效应进行更深入的了解,以及发展各种非线性光学器件。第三个时期是20世纪70年代至今,这个时期是非线性光学日趋成熟的时期。其特点是:由以固体非线性效应为主的研究扩展到包括气体、原子蒸气、液体、固体以至液晶的非线性效应的研究;由二阶非线性效应为主的研究发展到三阶、五阶以至更高阶效应的研究;由一般非线性效应发展到共振非线性效应的研究;就时间范畴而言,则由纳秒进入皮秒领域。这些特点都是和激光调谐技术以及超短脉冲激光技术的发展密切相关的。

1)光学整流。E^2 项的存在将引起介质的恒定极化项,产生恒定的极化电荷和相应的电势差,电势差与光强成正比而与频率无关,类似于交流电经整流管整流后得到直流电压。

2)产生高次谐波。弱光进入介质后频率保持不变。强光进入介质后,由于介质的非线性效应,除原来的频率 ω 外,还将出现 2ω、3ω、……的高次谐波。P. A. 弗兰肯和他的同事们把红宝石激光器发出的3 kW红色(6 943 Å)激光脉冲聚焦到石英晶片上,观察到了波长为3 471.5 Å的紫外二次谐波。若把一块铌酸钡钠晶体放在1 W、1.06 μm波长的激光器腔内,可得到连续的1 W二次谐波激光,波长为5323 Å($1Å=10^{-10}$ m)。非线性介质的这种倍频效应在激光技术中有重要应用。

3)光学混频。当两束频率为 ω_1 和 ω_2($\omega_1>\omega_2$)的激光同时射入介质时,如果只考虑极化强度 P 的二次项,将产生频率为($\omega_1+\omega_2$)的和频项和频率为($\omega_1-\omega_2$)的差频项。利用光学混频效应可制作光学参量振荡器,这是一种可在很宽范围内调谐的类似激光器的光源,可发射从红外到紫外的相干辐射。

4)受激拉曼散射。普通光源产生的拉曼散射是自发拉曼散射,散射光是不相干的。当入射光采用很强的激光时,由于激光辐射与物质分子的强烈作用,使散射过程具有受激辐射的性质,称受激拉曼散射。所产生的拉曼散射光具有很高的相干性,其强度也比自发拉曼散射光强得多。利用受激拉曼散射可获得多种新波长的相干辐射,并为深入研究强光与物质相互作用的规律提供手段。

5)自聚焦。介质在强光作用下折射率将随光强的增加而增大。激光束的强度具有高斯分布,光强在中轴处最大,并向外围递减,于是激光束的轴线附近有较大的折射率,像凸透镜一样光束将向轴线自动会聚,直到光束达到一细丝极限（直径约 5×10^{-6} m），并可在这细丝范围内产生全反射，犹如光在光学纤维内传播一样。

6）光致透明。弱光下介质的吸收系数（见光的吸收）与光强无关，但对很强的激光而言，介质的吸收系数与光强有依赖关系，某些本来不透明的介质在强光作用下吸收系数会变为零。

研究非线性光学对激光技术、光谱学的发展以及物质结构分析等都有重要意义。非线性光学研究是各类系统中非线性现象共同规律的一门交叉科学。非线性光学的研究热点包括：研究及寻找新的非线性光学材料，例如有机高分子或有机晶体等，并研讨这些材料是否可以作为二波混合、四波混合、自发振荡和相位反转光放大器等、甚至空间光固子介质等。从技术领域到研究领域，非线性光学的应用都是十分广泛的。例如：①利用各种非线性晶体做成电光开关和实现激光的调制。②利用二次及三次谐波的产生、二阶及三阶光学和频与差频实现激光频率的转换，获得短至紫外、真空紫外，长至远红外的各种激光；同时，可通过实现红外频率的上转换来克服在红外接收方面的困难。③利用光学参量振荡实现激光频率的调谐。与倍频、混频技术相结合可实现从中红外一直到真空紫外宽广范围内调谐。④利用一些非线性光学效应中输出光束所具有的位相共轭特征，进行光学信息处理、改善成像质量和光束质量。⑤利用折射率随光强变化的性质做成非线性标准具和各种双稳器件。⑥利用各种非线性光学效应，特别是共振非线性光学效应及各种瞬态相干光学效应，研究物质的高激发态及高分辨率光谱以及物质内部能量和激发的转移过程及其他弛豫过程等。

光学晶体（optical crystal）是用作光学介质材料的晶体材料，主要用于制作紫外和红外区域窗口、透镜和棱镜。按晶体结构分为单晶和多晶。由于单晶材料具有高的晶体完整性和光透过率，以及低的输入损耗，因此常用的光学晶体以单晶为主。光通信和集成光学通常使用非线性光学晶体，包括准相位匹配（QPM）多畴结构晶体材料与元器件；激光电视红、绿、蓝三基色光源使用的非线性光学晶体；应用于下一代光盘蓝光光源的半导体倍频晶体（如 KN 和某些可能的 QPM 产品）；新型红外、紫外、深紫外非线性晶体的研发和生产。

光的散射（scattering of light）是指光通过不均匀介质时一部分光偏离原方向传播的现象。偏离原方向的光称为散射光。散射光波长不发生改变的有丁达尔散射、分子散射；波长发生改变的有拉曼散射、布里渊散射和康普顿散射等。丁达尔散射首先由 J. 丁达尔（J. Tyndall）研究，是由均匀介质中的悬浮粒子（如空气中的烟雾、尘埃）以及乳浊液、胶体等引起的散射。真溶液不产生丁达尔散射，化学中常根据有无丁达尔散射来区别胶体和真溶液。分子散射是由分子热运动所造成的密度涨落引起的散射。波长发生改变的散射与散射物质的微观结构有关。散射光的波长与入射光相同，而其强度与波长 λ^4 成反比的散射，称瑞利散射定律。瑞利散射定律是瑞利(R. J. Strutt)于 1871 年提出的，此定律成立的条件是散射微粒的线度小于波长。若入射光为自然光，不同方向散射光的强度正比于 $1+\cos^2\theta$，θ 为散射光与入射光间的夹角，称散射角。$\theta=0$ 或 $\theta=\pi$ 时散射光为自然光；$\theta=\pi/2$ 时散射光为线偏振光；在其他方向上则为部分偏振光。根据瑞利散射定律可解释天空的蔚蓝色和夕阳的橙红色。

当散射微粒的线度大于波长时，瑞利散射定律不再成立，散射光强度与微粒的大小和形状有复杂的关系。G. 米(G. Mile)和 P. 德拜(P. Debey)分别于 1908 年和 1909 年以球形粒子为模型详细计算 3 对电磁波的散射。米氏散射理论表明，当球形粒子的半径 $a<0.3\lambda/-2\pi$ 时散射光强遵守瑞利定律；a 较大时散射光强与波长的关系不再明显。用白光照射由大颗粒组成的物质时(如天空的云层等)，散射光仍为白色。气体液化时，在临界状态附近由密度涨落引起的不均匀区域的线度比波长要大，所产生的强烈散射使原来透明的物质变混浊，称为临界乳光。入射光与介质的分子运动间相互作用而引起的频率发生改变的散射。米氏发表了任何尺寸均匀球形粒子散射问题的严格解，具有极大的实用价值，可以研究雾、云、日冕、胶体和金属悬浮液的散射等。当大气中粒子的直径与辐射的波长相当时，发生的散射称为米氏散射。这种散射主要由大气中的微粒，如烟、尘埃、小水滴及气溶胶等引起。米氏散射的辐射强度与波长的二次方成反比，散射在光线向前的方向比向后的方向更强，方向性比较明显。如云雾的粒子大小与红外线(0.7615 μm)的波长接近，所以云雾对红外线的辐射主要是米氏散射。

拉曼散射和布里渊散射为研究分子结构或晶体结构提供了重要手段。借助于拉曼散射可快速定出分子振动的固有频率，并可决定分子结构的对称性、分子内部的力等。激光问世以来，关于激光的拉曼散射的研究更得到迅速发展。强激光引起的非线性效应导致了新的拉曼散射现象，如在强激光作用下产生的受激拉曼散射，可获得高强度的多个新波长的相干辐射，用于大气污染的测量(见拉曼光谱学、受激光散射)。

散射与通信技术关系也很密切，如利用对流层、电离层以及流星余迹的散射可对上百乃至几百公里距离的定点进行微波或超短波通信，是解决不能设中继站的地段通信问题的有力措施。此外，微波特别是毫米波穿越雨云和雨幕时，水滴乃至分子的散射与吸收所引起的衰减是不能忽视的。对流层中随时存在着尺度不同(约 10～100 m)的湍流区。湍流区内与周围介质的折射率有 10^{-6} 数量级的差别。这些湍流区如同浸在均匀大气中的介质块，在投射被照射下，其极化电流的辐射场即是散射场，团块极化电流的相位沿着投射波的传播方向逐渐落后。类似行波天线的原理，其前向散射强度远大于背向散射。利用这种前向散射可以进行远距离通信。有效的散射区是收、发天线主波瓣端部相交的区域，由于团块的运动、生灭和分布都是随机的，因而接收信号的幅度和相位也都是随机起伏的。由于团块内外折射指数相差甚微，必须使用较高的频率(常用微波)和相当大的发射功率，才能引起可观的极化电流。收、发天线也必须有较高的增益。

在电离层中也经常存在着电子浓度与周围有差异的团块。由于频率越高，等离子体的折射指数越接近于真空，所以利用电离层的不均匀性进行散射通信时只能用米波，而且信号频带受到限制。太阳系大量微粒和流星以12～72 km/s 的相对速度与地球相遇时，大多数情形因灼热而气化，飞出的原子与大气分子碰撞而引起电离，这就是流星的电离余迹，它是细长的等离子体柱。肉眼能观察到高度约100 km的流星，其余迹上每米长有10^{14}个以上的自由电子，能在1 s乃至几分钟时间内散射米波，在高空风作用下先变形而后散失。估计每一昼夜约有10^{8}个这种流星进入大气，所以这种电离余迹是经常存在的，只是要在发现余迹出现后立即进行断续通信。其散射的方向性较强，与电离层不均性散射相比，同样的发射功率下，通信容量增大至10倍或10倍以上。由于卫星通信的使用，散射通信的必要性已很小，但卫星数量增多必导致发生信道拥挤。空间武器的发展使通信卫星在战争中难免被破坏，散射通信或将再度受重视。

对卫星通信和直接广播影响最明显的是散射衰减。水珠、雪片乃至大气分子在电磁波照射下，其极化电流的辐射把照射波的能流转化为散射能流和质点的内能，因而使照射波受到衰减。在厘米波段，每一水滴如同一个电偶极子。雨滴散射的散射衰减随频率提高而加大。在毫米波段则进入散射的谐振区。散射衰减随频率增大较快，例如每小时12.5 mm的降水中，每公里的衰减分贝数在$\lambda=3$ cm时约为0.285，$\lambda=1$ cm时约为2.73，$\lambda=6$ mm时约为4.72，而$\lambda=3$ mm时则约为6.72。水蒸气和氧分子对于毫米波的某些频率也有强烈的衰减：水汽对于$\lambda=1.35$ cm的波约有2 dB/km的衰减，氧对于$\lambda=5$ mm和$\lambda=2.5$ mm的波衰减分别达到3.4 dB/km和14 dB/km。因此，对于毫米波通信和广播必须选用衰减峰之间的频率，以避免过大的衰减；在计算发射功率时，必须留出足够的余量以弥补传播途径中的衰减。

光的散射是指光线通过不均匀介质一部分偏离原来传播方向的现象。显然，如果光入射的是均匀介质，那么光只会发生发射、折射，不会产生散射。光的散射有很多种，例如米氏散射、瑞利散射、拉曼散射、布里渊散射等。如果我们从光频率是否改变的角度来分，可以分为两种：弹性散射和非弹性散射。所谓弹性散射是指光的波长(频率)不会发生改变,入射是什么波长的光,散射后还是什么波长的光,例如米氏散射、瑞利散射等。而非弹性散射即指散射前后光的波长发生了改变,例如拉曼散射、布里渊散射、康普顿散射等。瑞利散射是弹性散射的一种,通常需要满足的条件是微粒尺度远小于入射光波长,一般要小于波长的1/10,且各个方向的散射强度不一致,该强度与波长的4次方成反比。

那瑞利散射在日常生活中有什么表现呢?比如我们平常看到天是蓝色的,海水也是蓝色的,这是因为天空和海水本来就是蓝色的吗?当然不是。天空本来是没有颜色的,只是由于大气分子的存在,当太阳光入射到地球上的时候被散射了。前面提到,瑞利散射的强度与波长的4次方成反比,也就是说,波长越短,散射强度越强,所以蓝紫光被散射得最厉害,因此,天空呈现蔚蓝色。那又有人要问了,为啥不是紫色?是因为紫光被大气吸收了,且人眼对紫光不敏感。另外,如果地球没有大气层,那么你看到的天空应该跟宇宙星空是一致的,除了恒星之外一片黑。同理,海水的蓝色也是因为水分子的散射造成的,如果你走近了看,海水是透明无色的。另外,离得越远越深的海水,蓝色也越深甚至发黑,那是因为人眼接收到的远/深处海水的散射光变少了,所以呈现出深黑色。

接下来我们再来看看另一种弹性散射:米氏散射。前面提到,瑞利散射(图1.3)的颗粒一般远小于光波长,当颗粒增加直到光波长量级(λ)甚至达到10λ,那么就符合米氏散射的规律了。米氏散射的强度与光波长的2次方成反比,且随着颗粒的增大,散射强度随波长变化的起伏变弱,这也是为什么你看到的云是白色的原因。当然,如果颗粒尺寸再增加,大于50λ,那么就不能再以散射模型来分析,而是直接以几何光学模型来讨论了。

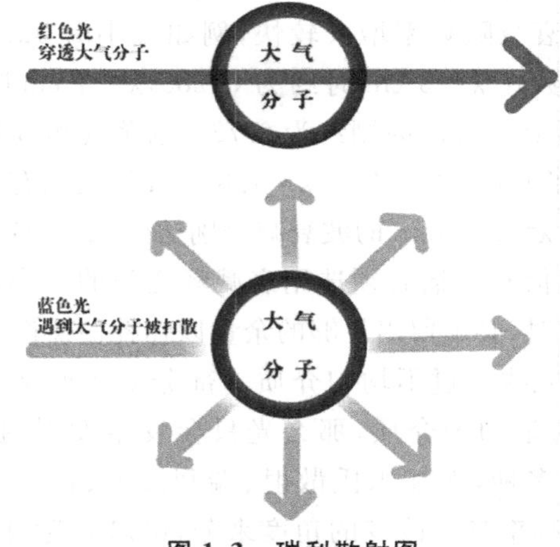

图1.3　瑞利散射图

弹性散射中还有一种中学里介绍过的现象:丁达尔效应。其实它也是一种很常见的散射现象,例如光透过云层的时候,早晨透过森林的时候,甚至雾霾时车灯发出的光束,都能看到光的线条。当然如果没有散射的话,你是根本看不到任何光束的,比如你直接看水或者溶液,它都是透明的,没有任何光线。

前面介绍了弹性散射,现在我们再来看看非弹性散射,所谓非弹性散射就是“不是弹性的散射”,即光的频率在散射前后发生了改变。图1.4所示是拉曼散射与瑞利散射的区别。

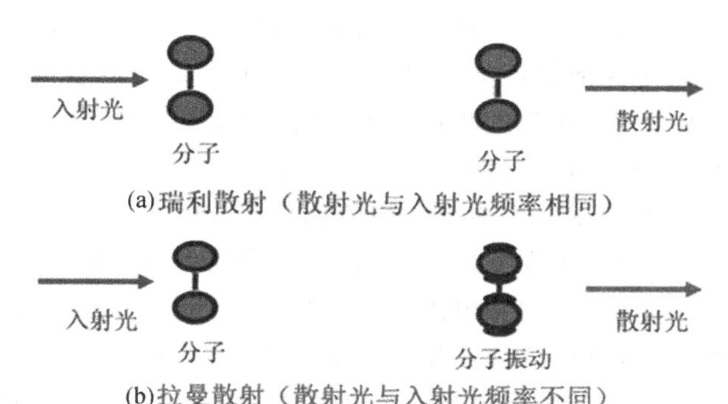

图1.4 拉曼散射与瑞利散射的区别

从图1.5可以看出,拉曼散射是由于样品分子振动等相互作用引起入射光频率发生变化的散射。假设用虚能级来表示,当处于振动基态/激发态的分子在光子作用下,激发到高能级又回落到激发态/基态,散射光的能量会发生改变,产生斯托克斯光和反斯托克斯光。最重要的是,拉曼谱线由分子振动决定,与入射光频率无关。这意味着可以利用这一效应来检测和鉴定物质组成成分,包括鉴宝。

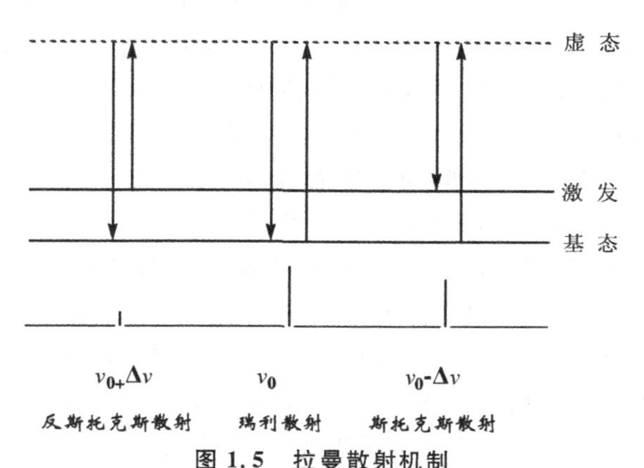

图1.5 拉曼散射机制

另外需要注意的是，由于拉曼散射强度是非常小的，大约只占整个散射光（瑞利散射等）的0.01%。而瑞利散射又只占入射光强度的0.1%，可想而知拉曼光谱信号是非常弱的。所以，我们经常看到一种技术：表面增强拉曼光谱。通过利用表面等离子体增强机制，极大地增强拉曼光谱的信号，从而成为我们常用的分析工具。

布里渊散射也是非弹性散射的一种，是由于光在介质中受到激发后产生不同频率的散射光。其原理如下：一个泵浦光子转换成一个新的频率较低的斯托克斯光子并同时产生一个新的声子；同样地，一个泵浦光子吸收一个声子的能量转换成一个新的频率较高的反斯托克斯光子，其实原理类同于拉曼散射。布里渊散射目前大量应用于分布式光纤传感当中，而且由于它在温度、应变测量上达到的测量精度、范围以及空间分辨率明显高于基于瑞利散射/拉曼散射的传感技术，所以得到了广泛的研究与关注。

气体中散射光频率发生改变的现象称拉曼效应或拉曼散射。拉曼散射遵守如下规律：散射光中在原始入射谱线（频率为 ω_0）两侧对称地伴有频率为 $\omega_0 \pm \omega_i$（$i=1,2,3,\cdots$）的一组谱线，长波一侧的谱线称红伴线或斯托克斯线，短波一侧的谱线称紫伴线或反斯托克斯线，统称拉曼谱线；频率差 ω_i 与入射光频率 ω_0 无关，仅由散射物质的性质决定。每种物质都有自己特有的拉曼谱线，常与物质的红外吸收谱相吻合。在经典理论的解释中，介质分子以固有频率 ω_i 振动，与频率为 ω_0 的入射光耦合后产生 ω_0、$\omega_0-\omega_i$ 和 $\omega_0+\omega_i$ 三种频率的振动，频率为 ω_0 的振动辐射瑞利散射光，后两种频率对应斯托克斯线和反斯托克斯线。拉曼散射的诠释需用量子力学，不仅可解释散射光的频移，还能解决诸如强度和偏振等问题。按量子力学，晶体中原子的固有振动能量是量子化的，所有原子振动形成的格波也是量子化的，称为声子。拉曼散射和布里渊散射都是入射光子与声子的非弹性碰撞结果。晶格振动分频率较高的光学支和频率较低的声学支，前者参与的散射是拉曼散射，后者参与的散射是布里渊散射。固体中的各种缺陷、杂质等只要能引起极化率变化的元激发均能产生光的散射过程，称广义的拉曼散射。按习惯频移波数在50～1 000/cm间为拉曼散射，在0.1～2/cm间是布里渊散射。

拉曼光谱（Raman spectra）是一种散射光谱。拉曼光谱分析法是基于印度科学家C. V. 拉曼（Raman）所发现的拉曼散射效应，对与入射光频率不同的散射光谱进行分析以得到分子振动、转动方面信息，并应用于分子结构研究的一种分析方法。1928年C. V. 拉曼实验发现，当光穿过透明介质被分子散射的光发生频率变化，这一现象称为拉曼散射，同年稍后在苏联和法国也被观察到。在透明介质的散射光谱中，频率与入射光频率 υ_0 相同的成分称为瑞利散射；频率对称分布在 υ_0 两侧的谱线或谱带 $\upsilon_0 \pm \upsilon_1$ 即为拉曼光谱，其中频率较小的成分 $\upsilon_0-\upsilon_1$ 又称为斯托克斯线，频率较大的成分 $\upsilon_0+\upsilon_1$ 又称为反斯托克斯线。靠近瑞利散射线两侧的谱线称为小拉曼光谱；远离瑞利线的两侧出现的谱线称为大拉曼光谱。瑞利散射线的强度只有入射光强度的 10^{-3}，拉曼光谱强度大约只有瑞利线的 10^{-3}。小拉曼光谱与分子的转动能级有关，大拉曼光谱与分子振动-转动能级有关。拉曼光谱的理论解释是，入射光子与分子发生非弹性散射，分子吸收频率为 υ_0 的光子，发射 $\upsilon_0-\upsilon_1$ 的光子(即吸收的能量大于释放的能量)，同时分子从低能态跃迁到高能态(斯托克斯线)；分子释放频率为 υ_0 的光子，发射 $\upsilon_0+\upsilon_1$ 的光子(即释放的能量大于吸收的能量)，同时分子从高能态跃迁到低能态(反斯托克斯线)。分子能级的跃迁仅涉及转动能级，发射的是小拉曼光谱；涉及振动-转动能级，发射的是大拉曼光谱。与分子红外光谱不同，极性分子和非极性分子都能产生拉曼光谱。激光器的问世，提供了优质高强度单色光，有力推动了拉曼散射的研究及应用。拉曼光谱的应用范围遍及化学、物理学、生物学和医学等各个领域，对于纯定性分析、高度定量分析和测定分子结构都有很大价值。

电化学原位拉曼光谱法是利用物质分子对入射光所产生的频率发生较大变化的散射现象，将单色入射光(包括圆偏振光和线偏振光) 激发受电极电位调制的电极表面，测定散射回来的拉曼光谱信号(频率、强度和偏振性能的变化)与电极电位或电流强度等的变化关系。一般物质分子的拉曼光谱很微弱，为了获得增强的信号，可采用电极表面粗化的办法，可以得到强度高 $10^4\sim10^7$ 倍的表面增强拉曼散射(surface enhanced Raman scattering，SERS) 光谱，当具有共振拉曼效应的分子吸附在粗化的电极表面时，得到的是表面增强共振拉曼散射(SERRS)光谱，其强度又能增强 $10^2\sim10^3$。电化学原位拉曼光谱法的测量装置主要包括拉曼光谱仪和原位电化学拉曼池两个部分。拉曼光谱仪由激光源、收集系统、分光系统和检测系统构成，光源一般采用能量集中、功率密度高的激光，收集系统由透镜组构成，分光系统采用光栅或陷波滤光片结合光栅以滤除瑞利散射和杂散光以及分光，检测系统采用光电倍增管检测器、半导体阵检测器或多通道的电荷耦合器件。原位电化学拉曼池一般具有工作电极、辅助电极和参比电极以及通气装置。为了避免腐蚀性溶液和气体侵蚀仪器，拉曼池必须配备光学窗口的密封体系。在实验条件允许的情况下，为了尽量避免溶液信号的干扰，应采用薄层溶液(电极与窗口间距为 0.1～1 mm)，这对于显微拉曼系统很重要，光学窗片或溶液层太厚会导致显微系统的光路改变，使表面拉曼信号的收集效率降低。电极表面粗化的最常用方法是电化学氧化-还原循环(oxidation-reduction cycle，ORC)法，一般可进行原位或非原位 ORC 处理。

目前采用电化学原位拉曼光谱法测定的研究进展主要有：一是通过表面增强处理把检测体系拓宽到过渡金属和半导体电极。虽然电化学原位拉曼光谱是现场检测较灵敏的方法，但仅有银、铜、金三种电极在可见光区能给出较强的 SERS。许多学者试图在具有重要应用背景的过渡金属电极和半导体电极上实现表面增强拉曼散射。二是通过分析研究电极表面吸附物种的结构、取向及对象的 SERS 光谱与电化学参数的关系，对电化学吸附现象作分子水平上的描述。三是通过改变调制电位的频率，可以得到在两个电位下变化的“时间分辨谱”，以分析体系的 SERS 谱峰与电位的关系，解决了由于电极表面的 SERS 活性位随电位而变化而带来的问题。光照射到物质上发生弹性散射和非弹性散射。弹性散射的散射光是与激发光波长相同的成分，非弹性散射的散射光有比激发光波长长的和短的成分，统称为拉曼效应。拉曼效应是光子与光学支声子相互作用的结果。

拉曼效应起源于分子振动（和点阵振动）与转动，因此从拉曼光谱中可以得到分子振动能级（点阵振动能级）与转动能级结构的知识。用虚的上能级概念可以说明拉曼效应：设散射物分子原来处于基电子态，当受到入射光照射时，激发光与此分子的作用引起的极化可以看作为虚的吸收，表述为电子跃迁到虚态（virtual state），虚能级上的电子立即跃迁到下能级而发光，即为散射光。因而散射光中既有与入射光频率相同的谱线，也有与入射光频率不同的谱线，前者称为瑞利线，后者称为拉曼线。在拉曼线中，又把频率小于入射光频率的谱线称为斯托克斯线，而把频率大于入射光频率的谱线称为反斯托克斯线。

附加频率值与振动能级有关的称作大拉曼位移，与同一振动能级内的转动能级有关的称作小拉曼位移。拉曼散射光谱具有以下明显的特征：①拉曼散射谱线的波数虽然随入射光的波数而不同，但对同一样品，同一拉曼谱线的位移与入射光的波长无关，只和样品的振动转动能级有关；②在以波数为变量的拉曼光谱图上，斯托克斯线和反斯托克斯线对称地分布在瑞利散射线两侧，这是由于在上述两种情况下分别相应于得到或失去了一个振动量子的能量；③一般情况下，斯托克斯线比反斯托克斯线的强度大。这是由于 Boltzmann 分布，处于振动基态上的粒子数远大于处于振动激发态上的粒子数。

通过结构分析解释光谱：分子为四面体结构，一个碳原子在中心，四个氯原子在四面体的四个顶点。当四面体绕其自身的一轴旋转一定角度，或记性反演（r——r）、或旋转加反演之后，分子的几何构形不变的操作称为对称操作，其旋转轴成为对称轴。CCl_4 有 13 个对称轴，有案可查 4 个对称操作。我们知道，N 个原子构成的分子有（$3N$—6）个内部振动自由度。因此分子可以有9个(3×5—6)自由度,或称为9个独立的简正振动。根据分子的对称性,这9种简正振动可归纳成下列四类:第一类,只有一种振动方式,4个氯原子沿与C原子的连线方向作伸缩振动,记作v1,表示非简并振动。第二类,有两种振动方式,相邻两对Cl原子在与C原子联线方向上,或在该连线垂直方向上同时作反向运动,记作v2,表示二重简并振动。第三类,有三种振动方式,4个Cl与C原子作反向运动,记作v3,表示三重简并振动。第四类,有三种振动方式,相邻的一对Cl原子作伸张运动,另一对作压缩运动,记作v4,表示另一种三重简并振动。上面所说的“简并”,是指在同一类振动中,虽然包含不同的振动方式但具有相同的能量,它们在拉曼光谱中对应同一条谱线。因此,分子振动拉曼光谱应有4个基本谱线,根据实验中测得各谱线的相对强度依次为v1>v2>v3>v4。

拉曼光谱技术的优越性:提供快速、简单、可重复、且更重。要的是无损伤的定性定量分析,它无需样品准备,样品可直接通过光纤探头或者通过玻璃、石英和光纤测量。此外:①由于水的拉曼散射很微弱,拉曼光谱是研究水溶液中的生物样品和化学化合物的理想工具。②拉曼一次可以同时覆盖50～4000波数的区间,可对有机物及无机物进行分析。相反,若让红外光谱覆盖相同的区间则必须改变光栅、光束分离器、滤波器和检测器。③拉曼光谱谱峰清晰尖锐,更适合定量研究、数据库搜索,以及运用差异分析进行定性研究。在化学结构分析中,独立的拉曼区间的强度可以和功能集团的数量相关。④因为激光束的直径在它的聚焦部位通常只有0.2～2 mm,常规拉曼光谱只需要少量的样品就可以得到。这是拉曼光谱相对常规红外光谱一个很大的优势。而且,拉曼显微镜物镜可将激光束进一步聚焦至20 μm甚至更小,可分析更小面积的样品。⑤共振拉曼效应可以用来有选择性地增强大生物分子发色基团的振动,这些发色基团的拉曼光强能被选择性地增强1 000～10 000倍。

生物传感器是用生物活性材料(酶、蛋白质、DNA、抗体、抗原、生物膜等)与物理化学换能器有机结合的分析工具,生物传感器技术是发展生物技术必不可少的一种先进的检测方法与监控方法,也是物质分子水平的快速、微量分析方法。各种生物传感器有以下共同的结构:包括一种或数种相关生物活性材料(生物膜)及能把生物活性表达的信号转换为电信号的物理或化学换能器(传感器),二者组合在一起,用现代微电子和自动化仪表技术进行生物信号的再加工,构成各种可以使用的生物传感器分析装置、仪器和系统。待测物质经扩散作用进入生物活性材料,经分子识别,发生生物学反应,产生的信息继而被相应的物理或化学换能器转变成可定量和可处理的电信号,再经二次仪表放大并输出,便可知道待测物浓度。按照其感受器中所采用的生命物质分类，可分为微生物传感器、免疫传感器、组织传感器、细胞传感器、酶传感器、DNA 传感器等。按照传感器器件检测的原理分类，可分为热敏生物传感器、场效应管生物传感器、压电生物传感器、光学生物传感器、声波道生物传感器、酶电极生物传感器、介体生物传感器等。按照生物敏感物质相互作用的类型分类，可分为亲和型和代谢型两种。

视觉传感器是指具有从一整幅图像捕获光线的数以千计像素的能力，图像的清晰和细腻程度常用分辨率来衡量，以像素数量表示。视觉传感器具有从一整幅图像捕获光线的数以千计的像素。图像的清晰和细腻程度通常用分辨率来衡量，以像素数量表示。在捕获图像之后，视觉传感器将其与内存中存储的基准图像进行比较，以做出分析。例如，若视觉传感器被设定为辨别正确地插有 8 颗螺栓的机器部件，则传感器知道应该拒收只有 7 颗螺栓的部件，或者螺栓未对准的部件。此外，无论该机器部件位于视场中的哪个位置，无论该部件是否在 360°范围内旋转，视觉传感器都能做出判断。

视觉传感器的低成本和易用性已吸引机器设计师和工艺工程师将其集成入各类曾经依赖人工、多个光电传感器，或根本不检验的应用。视觉传感器的工业应用包括检验、计量、测量、定向、瑕疵检测和分拣。如：在汽车组装厂，检验由机器人涂抹到车门边框的胶珠是否连续，是否有正确的宽度；在瓶装厂，校验瓶盖是否正确密封、装罐液位是否正确，以及在封盖之前没有异物掉入瓶中；在包装生产线，确保在正确的位置粘贴正确的包装标签；在药品包装生产线，检验阿司匹林药片的泡罩式包装中是否有破损或缺失的药片；在金属冲压公司，以每分钟逾 150 片的速度检验冲压部件，比人工检验快13 倍以上。

位移传感器又称为线性传感器，把位移转换为电量的传感器。位移传感器是一种属于金属感应的线性器件，传感器的作用是把各种被测物理量转换为电量。它分为电感式位移传感器、电容式位移传感器、光电式位移传感器、超声波式位移传感器、霍尔式位移传感器。在这种转换过程中有许多物理量（例如压力、流量、加速度等）常常需要先变换为位移，然后再将位移变换成电量。因此位移传感器是一类重要的基本传感器。在生产过程中，位移的测量一般分为测量实物尺寸和机械位移两种。机械位移包括线位移和角位移。按被测变量变换的形式不同，位移传感器可分为模拟式和数字式两种。模拟式又可分为物性型（如自发电式）和结构型两种。常用位移传感器以模拟式结构型居多，包括电位器式位移传感器、电感式位移传感器、自整角机、电容式位移传感器、电涡流式位移传感器、霍尔式位移传感器等。数字式位移传感器的一个重要优点是便于将信号直接送入计算机系统。这种传感器发展迅速，应用日益广泛。

压力传感器也是工业实践中最为常用的一种传感器，其广泛应用于各种工业自控环境，涉及水利水电、铁路交通、智能建筑、生产自控、航空航天、军工、石化、油井、电力、船舶、机床、管道等众多行业。

超声波测距离传感器采用超声波回波测距原理，运用精确的时差测量技术，检测传感器与目标物之间的距离，采用小角度，小盲区超声波传感器，具有测量准确、无接触、防水、防腐蚀、低成本等优点，可应于液位、物位检测，特有的液位、料位检测方式，可保证在液面有泡沫或大的晃动，不易检测到回波的情况下有稳定的输出，应用行业：液位、物位、料位检测，工业过程控制等。

24 GHz雷达传感器采用高频微波来测量物体运动速度、距离、运动、方向、方位角度信息，采用平面微带天线设计，具有体积小、质量轻、灵敏度高、稳定性强等特点，广泛运用于智能交通、工业控制、安防、体育运动、智能家居等行业。工业和信息化部2012年11月19日正式发布了《工业和信息化部关于发布24 GHz频段短距离车载雷达设备使用频率的通知》(工信部无〔2012〕548号)，明确提出将24 GHz频段短距离车载雷达设备作为车载雷达设备。

一体化温度传感器一般由测温探头(热电偶或热电阻传感器)和两线制固体电子单元组成。采用固体模块形式将测温探头直接安装在接线盒内，从而形成一体化的传感器。一体化温度传感器一般分为热电阻和热电偶型两种类型。热电阻温度传感器是由基准单元、R/V转换单元、线性电路、反接保护、限流保护、V/I转换单元等组成。测温热电阻信号转换放大后，再由线性电路对温度与电阻的非线性关系进行补偿，经V/I转换电路后输出一个与被测温度呈线性关系的4～20 mA的恒流信号。热电偶温度传感器一般由基准源、冷端补偿、放大单元、线性化处理、V/I转换、断偶处理、反接保护、限流保护等电路单元组成。它是将热电偶产生的热电势经冷端补偿放大后，再由线性电路消除热电势与温度的非线性误差，最后放大转换为4～20 mA电流输出信号。为防止热电偶测量中由于电偶断丝而使控温失效造成事故，传感器中还设有断电保护电路。当热电偶断丝或接触不良时，传感器会输出最大值(28 mA)以使仪表切断电源。一体化温度传感器具有结构简单、节省引线、输出信号大、抗干扰能力强、线性好、显示仪表简单、固体模块抗震防潮、有反接保护和限流保护、工作可靠等优点。一体化温度传感器的输出为统一的4～20 mA信号；可与微机系统或其他常规仪表匹配使用，也可用户要求做成防爆型或防火型测量仪表。

浮球式液位传感器由磁性浮球、测量导管、信号单元、电子单元、接线盒及安装件组成。一般磁性浮球的比重小于0.5，可漂于液面之上并沿测量导管上下移动。导管内装有测量元件，它可以在外磁作用下将被测液位信号转换成正比于液位变化的电阻信号，并将电子单元转换成 4～20mA 或其他标准信号输出。该传感器为模块电路，具有耐酸、防潮、防震、防腐蚀等优点，电路内部含有恒流反馈电路和内保护电路，可使输出最大电流不超过 28 mA，因而能够可靠地保护电源并使二次仪表不被损坏。

浮筒式液位传感器是将磁性浮球改为浮筒，它是根据阿基米德浮力原理设计的。浮筒式液位传感器是利用微小的金属膜应变传感技术来测量液体的液位、界位或密度的。它在工作时可以通过现场按键来进行常规的设定操作。

静压式液位传感器利用液体静压力的测量原理工作。它一般选用硅压力测压传感器将测量到的压力转换成电信号，再经放大电路放大和补偿电路补偿，最后以 4～20 mA 或 0～10 mA 电流方式输出。

真空度传感器采用先进的硅微机械加工技术生产，以集成硅压阻力敏元件作为传感器的核心元件制成的绝对压力变送器，由于采用硅-硅直接键合或硅-派勒克斯玻璃静电键合形成的真空参考压力腔，及一系列无应力封装技术及精密温度补偿技术，因而具有稳定性优良、精度高的突出优点，适用于各种情况下绝对压力的测量与控制。采用低量程芯片真空绝压封装，产品具有高的过载能力。芯片采用真空充注硅油隔离，不锈钢薄膜过渡传递压力，具有优良的介质兼容性，适用于对 316L 不锈钢不腐蚀的绝大多数气液体介质真空压力的测量。真空度传感器应用于各种工业环境的低真空测量与控制。

通常，在传感器的线性范围内，希望传感器的灵敏度越高越好。因为只有灵敏度高时，与被测量变化对应的输出信号的值才比较大，有利于信号处理。但要注意的是，传感器的灵敏度高，与被测量无关的外界噪声也容易混入，也会被放大系统放大，影响测量精度。因此，要求传感器本身应具有较高的信噪比，尽量减少从外界引入的干扰信号。传感器的灵敏度是有方向性的。当被测量是单向量，而且对其方向性要求较高，则应选择其他方向灵敏度小的传感器；如果被测量是多维向量，则要求传感器的交叉灵敏度越小越好。传感器的频率响应特性决定了被测量的频率范围，必须在允许频率范围内保持不失真。实际上传感器的响应总有一定延迟，希望延迟时间越短越好。传感器的频率响应越高，可测的信号频率范围就越宽。在动态测量中，应根据信号的特点（稳态、瞬态、随机等）决定响应特性，以免产生过大的误差。传感器的线性范围是指输出与输入成正比的范围。以理论上讲，在此范围内，灵敏度保持定值。传感器的线性范围越宽，则其量程越大，并且能保证一定的测量精度。在选择传感器时，当传感器的种类确定以后首先要看其量程是否满足要求。但实际上,任何传感器都不能保证绝对的线性,其线性度也是相对的。当所要求测量精度比较低时,在一定的范围内,可将非线性误差较小的传感器近似看作线性的,这会给测量带来极大的方便。

传感器使用一段时间后,其性能保持不变的能力称为稳定性。影响传感器长期稳定性的因素除传感器本身结构外,主要是传感器的使用环境。因此,要使传感器具有良好的稳定性,传感器必须要有较强的环境适应能力。在选择传感器之前,应对其使用环境进行调查,并根据具体的使用环境选择合适的传感器,或采取适当的措施,减小环境的影响。传感器的稳定性有定量指标,在超过使用期后,在使用前应重新进行标定,以确定传感器的性能是否发生变化。在某些要求传感器能长期使用而又不能轻易更换或标定的场合,所选用的传感器稳定性要求更严格,要能够经受住长时间的考验。中国传感器产业正处于由传统型向新型传感器发展的关键阶段,它体现了新型传感器向微型化、多功能化、数字化、智能化、系统化和网络化发展的总趋势。

传感器技术历经了多年的发展,其技术的发展大体可分三代:第一代是结构型传感器,它利用结构参量变化来感受和转化信号。第二代是20世纪70年代发展起来的固体型传感器,这种传感器由半导体、电介质、磁性材料等固体元件构成,是利用材料某些特性制成。如利用热电效应、霍尔效应、光敏效应,分别制成热电偶传感器、霍尔传感器、光敏传感器。第三代传感器是刚刚发展起来的智能型传感器,是微型计算机技术与检测技术相结合的产物,使传感器具有一定的人工智能。传感器技术及其产业的特点可以归纳为:基础、应用两头依附;技术、投资两个密集;产品、产业两大分散。基础依附是指传感器技术的发展依附于敏感机理、敏感材料、工艺设备和计测技术这四块基石。敏感机理千差万别,敏感材料多种多样,工艺设备各不相同,计测技术大相径庭,没有上述四块基石的支撑,传感器技术难以为继。应用依附是指传感器技术基本上属于应用技术,其市场开发多依赖于检测装置和自动控制系统的应用,才能真正体现出它的高附加效益并形成现实市场,也即发展传感器技术要以市场为导向,实行需求牵引。技术密集是指传感器在研制和制造过程中技术的多样性、边缘性、综合性和技艺性,它是多种高技术的集合产物,由于技术密集也自然要求人才密集。投资密集是指研究开发和生产某一种传感器产品要求一定的投资强度,尤其是在工程化研究以及建立规模经济生产线时,更要求较大的投资。产品结构和产业结构的两大分散是指传感器产品门类品种繁多(共10大类、42小类近6000个品种),其应用渗透到各个产业部门,它的发展既有各产业发展的推动力,又强烈地依赖于各产业的支撑作用。只有按照市场需求，不断调整产业结构和产品结构，才能实现传感器产业的全面、协调、持续发展。

非线性光学晶体是对于激光强电场显示二次以上非线性光学效应的晶体。非线性光学晶体是一种功能材料，其中的倍频（或称“变频”）晶体可用来对激光波长进行变频，从而扩展激光器的可调谐范围，在激光技术领域具有重要应用价值。具有非线性光学效应的晶体，广义指在强光或外场作用下能产生非线性光学效应的晶体。通常将强光作用下产生的称为非线性光学晶体；外场作用下产生的称电光、磁光、声光晶体。

此外，还有含共轭体系的有机分子组成的晶体或聚合物。广泛应用的有 KH_2PO_4(KDP)、$NH_4H_2PO_4$(ADP)、$C_sH_2A_5O_4$(CDA)；$KTiOPO_4$、$KNbO_3$、$NiNbO_3$、$Ba_2NaNb_5O_{15}$；BaB_2O_4（BBO）、LiB_3O_5（LBO）、$NaNO_2$；GaAs、InSb、InAs、ZnS 等。按状态分为块状、薄膜、纤维、液晶。利用二阶非线性效应产生的倍频、混频、参量振荡及光参量放大等变频技术，可拓宽激光的波长范围，已应用于核聚变、医疗、水下摄影、光通信、光测距等方面。

三硼酸锂晶体简称 LBO 晶体，分子式为 LiB_3O_5，属正交晶系，空间群为 Pna2 的一种非线性光学材料。福建物质结构研究所首次发现。密度为 2.48 g/cm，莫氏硬度为 6，具有较宽的透光范围（0.16～2.6 μm），较大的非线性光学系数，高的光损伤阈值（约为 KTP 的 4.1 倍，KDP 的 1.83 倍，BBO 的 2.15 倍）及良好的化学稳定性及抗潮解性，可用于 1.06 μm 激光的二倍频和三倍频，并可实现Ⅰ类和Ⅱ类相位匹配。用功率密度为 350 MW/cm 的锁模 Nd:YAG 激光，样品通光长度为 11 mm（表面未镀膜），可获得倍频转换效率高达 60%。LBO 晶体可制作激光倍频器和光参量振荡器。用高温溶液法可生长出光学质量的单晶。

三硼酸锂铯晶 CLBO 晶体的基本结构与三硼酸铮和三硼酸铯相同，其阴离子基团中平面基团和四面体基团的结合是其大的非线性效应来源。透光范围为 175 nm～2.75 μm，具有对紫外很宽范围良好的透过率，并具有更大的有效非线性系数，具有适中的双折射率，能够实现 Nd:YAG 激光的倍频、三倍频、四倍频乃至五倍频的位相匹配。CLBO 晶体也可采用熔盐法生长，能在较短的时间内生长大尺寸的优质单晶。其良好的温度稳定性，大的角度带宽和小的离散角，具有很高的抗光伤阈值，良好的化学稳定性，基本不潮解，但是从目前情况来看，该晶体的长期使用的稳定性尚待考验。

磷酸二氢钾晶体 KDP 晶体是水溶性晶体之一，是以离子键为主的多键型晶体，但是，在阴离子基团中存在着共价键和氢键，其非线性光学性质主要起源于这一基团。KDP 晶体在水中有较大的溶解度。通常用溶液流动法和温差流动法来生长。大尺寸 KDP 晶体采用特殊方法、工艺可达到快速生长的目的。由于KDP晶体采用水溶液生长，莫氏硬度为2.5，硬度较低，易潮解，所以需采取保护措施。KDP晶体除了作为频率转换晶体外，还有优良的电光性能，其电光系数大，半波电压低，良好的压电性能等。KDP晶体作为优良的频率转换晶体对1.064 μm激光实现二、三、四倍频，对染料激光实现倍频而被广泛应用，又用以制造激光Q开关、电光调制器和同态光阀显示器等。

20世纪60年代以来，我国在发展非线性光学晶体材料方面走过了一条从跟踪模仿国外到自主创新的道路，进而作出了举世公认的巨大贡献，发现和研制出一批极为宝贵的和具有特殊功能的新型非线性光学晶体材料，如BBO(低温相偏硼酸钡)、LBO(三硼酸锂)等晶体。这些晶体已形成规模化生产，产品畅销世界许多国家和地区，在国际上产生了巨大和深远的影响，极大地提高了中国科技在世界高科技领域中的地位。由于BBO、LBO晶体最先由中国科学家发现，而且性能优异，因此在国际上被誉为"中国牌晶体"。其中BBO晶体不同凡响的特点之一是具有很宽的调频范围而在紫外波段独领风骚，更重要的是利用它的频率下转换过程，可制成波长从可见到近红外连续可调全固化调谐激光器，这种激光器的出现宣告了染料调谐激光器时代的结束。LBO晶体的温度调谐非临界相位匹配和相位匹配折返现象等特性的开发应用，也已在国内外衍生出相应的多种激光器。

创建于1960年的中国科学院福建物质结构研究所是我国结构化学的主要研究基地之一，同时，该所在建所初期就开展晶体功能材料等方面的应用基础和应用研究。探索新型非线性光学晶体是晶体功能材料研究的一个重要方向，不过初期的工作与国内其他单位一样，基本上是跟踪仿制国外已有的晶体材料，虽然曾就 Mo_n($n=6,5,4,3,2$) 畸变型结构提出非线性光学晶体阴离子基团模型，并在这个理论基础上安排实验研究工作，作为初期探索的重点，但这些研究工作仍没有摆脱国外的思想框架，收获并不明显。20世纪70年代，卢嘉锡考虑到氧八面体畸变无机非线性光学材料在国内外已经进行了大量的研究工作，要在这种结构类型的无机化合物中发现新材料显然十分困难。他强调探索新型非线性光学晶体材料不应受国外学术思想的束缚，跟在外国人后面走，而应该走自主创新的道路。

1979年，研究人员采用无机和有机相结合的思路，从有机苯环共轭π电子离域授受将产生偶极矩和非线性光学性能的原理出发，考虑在无机化合物中寻找具有共轭π键类苯环结构的物质，同时参考苏联晶体化学家鲍基等人关于硼酸盐晶体化学分类的综述性论文，发现偏硼酸盐具有硼氧环(B_3O_6)阴离子基团可能满足这些结构要求，可作为探索新型非线性光学材料的研究重点。

在此基础上，经过反复试验，终于合成出具有很高倍频系数(为 ADP 的 4～5 倍)的粉末样品。当时国外文献报道的结构数据显示，无论是高温相还是低温相的偏硼酸钡晶体都具有中心对称结构，有“心”结构的物质不可能成为倍频材料。于是研究人员设想用加入钠离子的办法，使其晶格发生畸变，以破坏其中心对称的结构。为此在实验中加入氧化钠，降低烧结温度。在发现所合成的粉末样品具有可观的倍频效应后，便发表文章宣布已找到一种新型非线性光学材料——偏硼酸钡钠。随后有关相图和物相分析表明该化合物中不存在钠离子，确定所发现的物质是低温相偏硼酸钡。而结构分析证实了低温相的偏硼酸钡属于无中心对称结构，纠正了文献报道中的错误。

与此同时，晶体生长方面采用熔盐仔晶法培养出直径为 76×15 mm(中心后度)的大块单晶体，经测定其非线性光学性能，确定了 BBO 是优质的紫外倍频晶体。在晶体结构测定和性能测试完成的基础上用阴离子基团理论模型计算了 BBO 的倍频系数，通过马德隆常数的调整得到与实验基本符合的结果。

BBO 晶体被誉为中国人按照自己的科学思想创造出来的第一块“中国牌”晶体。美国非线性光学晶体材料科学界在比较了“新中国发现 BBO 晶体的研究小组和美国的研究情况”之后，一些权威专家曾为“非线性光学材料研究方面的大部分新思想不是发源于美国”而感到担忧。低温相偏硼酸钡晶体的发现和研制成功，开拓了硼酸盐非线性光学材料领域。在此基础上，福建物质结构研究所经过几年的努力发现了另一块新型非线性光学晶体三硼酸锂(LBO)。研究发现，该晶体具有两个很有实用价值的特殊性质可供开发应用：一是可在两个(类)主轴方向实现温度调谐非临界相位匹配(离散角≈0°)，利用这一特性物构所与中科院物理所合作研究出实用型绿光激光器和全固化红光激光器；二是具有相位匹配折返现象特性，物构所已利用这一特性，设计和研制出多波长光参量激光器产品，并成为“863”十周年成果展览的重要展品之一。

作为科研与开发方面的成果，BBO 曾获中国科学院科技进步奖特等奖(1984 年)，首届全国发明展览会发明一等奖(1985 年)，第三世界科学院化学奖(1988 年)，首届陈嘉庚物质科学奖(1988 年)；其开发应用成果获中国科学院科技进步奖二等奖(1988 年)，作为高技术工业化晶体产品，曾入选美国《激光与光电子》杂志编委会和编辑顾问委员会组织评选的“十大新技术尖端产品”(1987 年)，获美国《激光集锦》杂志授予的“工业成就奖”(1990 年)；其专利获中国发明专利金奖(1993 年)。LBO 曾获中国科学院科技进步奖一等奖(1990 年)，国家发明奖一等奖，并在中国、美国和日本拥有授权专利,其产品曾入选美国《激光与光电子》杂志编委会和编辑顾问委员会组织评选的1989年度激光与光电子技术领域十大尖端产品之列。利用LBO晶体开发出来的"高效率宽调谐激光器件"获中国科学院科技进步奖一等奖,"多波长光参量激光器"获中国科学院发明奖一等奖。为了适应市场的需要,在中国科学院的支持下,物质结构研究所从20世纪80年代后期就致力于将BBO、LBO晶体的生长发展为规模生产,并于1990年成立所办的福晶公司,该公司以两个晶体为拳头产品,迅速形成国际销售网络,产品销往世界上30多个国家和地区,两晶体创汇额累计已达数千万美元。该公司是我国为数不多、很有发展前景的外向型高科技企业。

目前LBO晶体的应用开发方兴未艾,美国浓缩铀公司激光同位素分离(AVLIS)研究计划正在用LBO晶体取代KTP晶体产生大于100 W的绿色激光输出,以取代大型氩离子激光器进行铀分离。他们曾到福建物质结构研究所商谈专利使用事宜和长期供应大批量LBO晶体器件的可能性。据初步研究结果,LBO晶体的使用寿命是KTP的3倍。为此他们提出每年向物质结构研究所订购10 000片大尺寸LBO晶体的意向。这为LBO晶体的市场开拓提供了良好的前景,其经济效益可望超过亿元。继BBO、LBO之后,国内外又相继发现了CBO、CLBO和结构上更为复杂的多聚硼氧化物非线性光学晶体,如KBBF、SBBO类晶体等,大大促进了非线性光学晶体材料和激光器件的研究与发展。诺贝尔化学奖获得者李远哲、印度科学院院长拉奥、美国晶体生长协会主席费杰尔逊和美国加州大学教授沈元壤等,在参观福建物质结构研究所之后,都十分赞赏卢嘉锡为该所制订的科研方向和学术指导思想。

1.3 负微分电子分子材料的基本概念和应用

负微分电阻一般是指n型的GaAs和InP等双能能谷半导体中由于电子转移效应(transferred-electr on effect)而产生的一种效果——电压增大、电流减小所呈现出的电阻。负微分电阻效应(negative differential resistance effect,NDR effect)指一些电路或电子元件在某特定埠的电流增加时,电压反而减少的特性。一般的电阻在电流增加时,电压也会增加,负阻特性恰好与电阻的特性相反。电压随电流变化的情形可以用微分电阻(differential resistance)r表示如下:

$$r=\frac{\mathrm{d}V}{\mathrm{d}I} \tag{1-1}$$

没有一个单一的电子元件可以在所有工作范围都呈现负阻特性，不过有些二极管（例如隧道二极管）在特定工作范围下会有负阻特性。有些气体在放电时也会出现负阻特性。而一些硫族化物的玻璃、有机半导体及导电聚合物也有类似的负阻特性。负阻元件在电子学中可制作双稳态的切换电路及频率接近微波频率的震荡电路。依欧姆定律，电阻两端的电压和电流成正比，其电流-电压关系的斜率为正，且会通过原点。理想负电阻其电流-电压关系的斜率为负，且会通过原点，因此只在第二和第四象限出现。像隧道二极管之类的元件，其斜率为负的部分未通过原点，因此隧道二极管中没有能量源。

以往研究时有注意到气体放电元件及一些真空管（例如负耗阻性管）会有负阻效应。不过实用且有经济效益的元件一直到固态电子技术普及后才出现。典型的负阻抗电路——负阻抗变换器是由约翰·林维尔（John Linvill）在 1953 年发明。而典型差动电阻为负值的元件——隧道二极管则是由江崎玲于奈（Reona Esaki）在 1958 年发明。隧道二极管有重掺杂的半导体接面，其转换曲线为“N”形，部分区域有负阻特性。真空管也可以设计成有负阻特性。其他有负阻特性的二极管一般会有“S”形转换曲线。当对元件施加偏压，使工作点在负阻区域时，这些元件可以作为放大器，也可以对元件施加偏压，使得在电压变化时，元件可以在两个状态之间快速切换。利用由运算放大器组成的负阻抗转换器可以产生负电阻的电路。两个电阻 R_1 及运算放大器构成了一个负回授的非反向型放大器，增益为 2。若 $Z=R$，假设运算放大器为理想元件，则电路的输入电阻为 $R_{in}=-Z=-R$，电路的输入埠可以视为是一个负电阻。一般情形下也可以调整 Z，使电路产生类似负电容或负电感的特性。

许多振荡电路会使用一埠的负阻元件，例如负耗阻性管、隧道二极管及耿氏二极管等。在振荡电路中，像 LC 电路、石英晶体谐振器或谐振腔等会和有施加偏压的负阻元件相接。负阻元件可以抵消振荡电路中电阻带来的能量损失，使振荡电路可以持续振荡。这类电路多半是用在微波波长的振荡电路。振荡电路也会使用一些功率扩大元件（如真空管）的负阻，像负耗阻性管振荡器即为一例。隧道二极管高度非线性的特性可用在混频器中，隧道混频器若配合偏压，使隧道二极管工作在负阻的区域，隧道混频器的转换增益至少会提高 20 dB。无线电天线设计的领域也会用到负阻的概念，一般会称为负阻抗。天线上常会配合主动元件，再利用一到多个主动元件来产生显著的负阻抗。负阻抗也可以用来抵消正阻抗的影响，例如抵消电压源中的内阻或是使电流源的内阻变成无限大。此技术已用在电路线的中继器及类似 Howland 电流源（Howland current source）、Deboo 积分器

(Deboo integrator)及负载抵消电路等。

晶体二极管在正向导通时,电流随电压指数的增加,呈现明显的非线性特性。在某一正向电压下,电压增加微小量 ΔV,正向电流相应增加 ΔI,则 $\Delta V/\Delta I$ 称微分电阻。原子尺度的负微分电阻——原子尺度的器件不久将问世。科学家们总是不断地努力减小微电子器件的尺寸,并了解尺寸限制带来的效应。在小尺寸下,大多数传统的器件结构将遇到基本的及工艺上的限制。因为,此时特征的量子效应变得很突出。由此,能够研制成新型的量子效应器件,例如,量子阱、量子线和量子点等。基于量子效应,特别是隧穿效应,另一类器件是 Esaki(江崎)二极管。这两类器件的电流-电压(I-V)特性曲线都显示出负微分电阻区,这是制作快速开关管、振荡器以及锁频电路所必需的基本特性。

最近,美国 IBM 公司研究部的科学家报道了在原子尺度(~1 nm)的结构中,观测到负微分电阻行为。在由扫描隧道电子显微镜(STM)的端部与 Si(III)的表面上的特殊位置上外露的 B 原子组成的隧道二极管组态中,观测到负微分电阻(NDR)。一种控制负微分电阻元件的方法,它包括在执行不同的 NDR 模式运作期间改变各种 NDR 特性。通过改变加在 NDR 元件(诸如硅基的 NDRFET)的偏压条件,可动态修改元件的峰谷比(PVR)(或某个别的特性)以容纳使用 NDR 元件的电路中所需要的运作变化。在某个存储或逻辑应用中,例如,能在静态周期削减谷值电流以降低运作功率。因此,适用的 NDR 能够在传统的半导体电路中被有益地利用。

一个适用的硅基负微分电阻器件在集成电路的运作方法的步骤如下:在第一个时间周期里,采用第一个电流-电压关系运作硅基 NDR 器件;及在第二个时间周期里,采用第二个电流-电压关系运作硅基 NDR 器件;而且在此所述的第一个电流-电压关系和所述的第二个电流-电压关系的 NDR 特性有充分的差异,以使所述适用的硅基 NDR 器件具有两个截然不同的运作模式,分别包括第一个运作的模式和第二个运作的模式;在响应集成电路上控制电路所产生的控制信号时,所述适用的硅基 NDR 器件在所述第一个运作模式和所述第二个运作模式之间转换。

分子基磁体(molecule-based magnets)是一种铁磁材料。它把磁体扩充到低密度、透明、绝缘、低温制造和把磁性和光响应性质结合等,并具有普通过渡-金属和以稀土基磁体所有的磁现象。分子基磁体是由一种和普通磁体不同的磁性材料做成。传统的磁性材料由纯金属(Fe,Co,Ni)或金属氧化物(CrO_2)所组成。后者的不成对电子自旋都仅在金属原子内的 d 或 f 轨道上。分子基磁体的结构块是分子。这些结构块或者是纯有机分子、并列化合物或二者的结合。在这种情况下,不对消的电子自旋可在孤立的金属原子的 d 或 f 轨道上,但也有在高局部的 s 或 p 轨道或纯有机块上。和普通磁体相同,它们也可根据其矫顽力的大小分为硬磁或软磁两类;另一显著的特点是分子基磁体是用低温溶液为基的技术制成。它可用拼化学结构块来调整磁性。特别材料包括有机基组成的纯有机磁体,如:p-nitropheny,nitrony,nitroxides,decamethylferrcenium tetrac-yanoethenide,与普鲁士蓝相关的化合物,以及电荷传输的合成物等。分子基磁体的磁矩由共同组成分子的净磁矩所构成,能显示宏观的有临界温度的铁磁性或亚铁磁性。它们和单分子磁体不同,后者是超顺磁性。而分子基磁体具有临界温度,在此温度时材料从简单的顺磁变成整体的磁体。这可由交流磁化率和比热测量中观察出来。分子基磁体具有稳定净磁矩的机理,和传统的金属及陶磁基磁体的十分不同。金属磁体的未对消自旋磁矩通过量子效应而取向;而大多数氧化物基陶磁磁体,金属中心的未对消电子自旋磁矩通过超交换而取向。而分子基磁体磁矩则通过下述三种机理达到稳定:①通过空间或偶极子;②由相同空间的正交轨道间的交换作用;③由非相等自旋中心的反铁磁偶合产生净磁矩。

分子开关是指通过激活机制或失活机制精确控制细胞内一系列信号传递的级联反应的蛋白质。细胞内信号传递作为分子开关的蛋白质可分两类:一类是开关蛋白;另一类主要开关蛋白由 GTP 结合蛋白组成。分子开关(molecular switches)或者叫摩尔开关(mol. switches)就是这样一种能够控制比它们本身稍大的纳米装置的精巧结构。它们可以在纳米世界中发送信息遥控正常大小的传感器。

细胞内信号传递作为分子开关的蛋白质可分两类:一类开关蛋白(switch protein)的活性由蛋白激酶使之磷酸化而开启,由蛋白磷酸酯酶使之去磷酸化而关闭,许多由可逆磷酸化控制的开关蛋白是蛋白激酶本身,在细胞内构成信号传递的磷酸化级联反应;另一类主要开关蛋白由 GTP 结合蛋白组成,结合 GTP 而活化,结合 GDP 而失活。

对于通过细胞表面受体所介导的信号通路而言,除受体本身作为离子通道而起效应器作用的情况之外,其他的信号通路首先要完成配体结合所诱发的信号跨膜转导,随之要通过细胞内信号分子(包括第二信使)完成信号的逐级放大和终止。在细胞内一系列信号传递的级联反应中,必须有正、负两种相辅相成的反馈机制进行精确控制,因此分子开关的作用举足轻重,即对每一步反应既要求有激活机制又必然要求有相应的失活机制,而且二者对系统的功能同等重要。细胞内信号传递作为分子开关的蛋白质可分两类:一类开关蛋白的活性由蛋白激酶使之磷酸化而开启,由蛋白磷酸酯酶使之去磷酸化而关闭,许多由可逆磷酸化控制的开关蛋白是蛋白激酶本身,在细胞内构成信号传递的磷酸化级联反应;另一类主要开关蛋白由GTP结合蛋白组成,结合GTP而活化,结合GDP而失活。任何机器都需要开关控制启动或关闭,麻雀虽小、五脏俱全的纳米机器也一样有和它们匹配的微小开关。英国朴次茅斯大学的科学家指出:有一天,这些微小的开关很可能形成微电子回路的基础,帮助人们更加快速和准确地解决DNA的排序问题。这种新型的分子开关是通过固定在DNA上的微小金属珠的摆动来拉动一根DNA链的。双螺旋链的一端被附着在一个微芯片的微小通道上,DNA的另一端安放金属珠。这些金属珠只有1 μm宽,也就是一根人头发丝直径的1/50。珠子是顺磁性的,即在磁场中其行为就像其本身是一块磁铁。其结果,小珠子可以被拽向磁场,使DNA链立起。接下去科学家将把可在DNA上转动的发动机安装到DNA链上。这个发动机是一种自然产生的蛋白质,叫作限制修饰酶(restriction-modification enzyme),燃料是三磷酸腺苷(ATP)。由糖、磷酸盐和核苷碱基腺嘌呤组成的分子能够为肌肉和其他生物组分供能,蛋白质只是结合在DNA链的特定位点上。所有的DNA都由四种类型的核苷碱基组成,即腺嘌呤(A),鸟嘌呤(G),胞核嘧啶(C)和胸腺嘧啶(T)。

朴次茅斯大学的分子生物技术专家弗门(Keith Firman)说:“因为蛋白质发动机只能允许自己附着在DNA碱基的某些特定顺序上。这就使得科学家得以准确地控制它在DNA上的位置。”当ATP燃料被添加在开关周围时,发动机会拉动DNA,在它下面绕圈,一直到它抵达金属珠。然后金属珠会撞上发动机,就像一根多节的绳子卡到了一个滑轮里一般。当发动机耗尽了燃料的时候,它就脱离开DNA链,磁场于是重新将DNA拉紧。正像任何磁性材料,顺磁的珠子在通过磁场的时候也将产生电信号。为了侦察到这种微弱的信号,科学家在DNA的通道基部放置了一些叫作“霍尔效应传感器”(Hall Effect sensor)的灵敏传感器。这些传感器可以感受到磁体的移动。所以,在添加了燃料的时候,这个微装置就能发出开关的控制信号。弗门说:叫它开关,因为它是被ATP燃料激活的,是用在发动机上的。当它被激活时,它就会打开电子装置,而当它没有被激活时,就关闭了。弗门还指出:未来,人们有可能制造出可以控制纳米管中流动材料的珠子,直接拉动DNA链,让珠子移动进入纳米管,可以封锁住液体的流动;直接用开关释放DNA,让金属珠移向磁场,就可以让液体再次通过。

自由基,化学上也称为“游离基”,是指化合物的分子在光热等外界条件下,共价键发生均裂而形成的具有不成对电子的原子或基团。共价键不均匀裂解时,两原子间的共用电子对完全转移到其中的一个原子上,其结果是形成了带正电和带负电的离子,这种断裂方式称之为键的异裂。在书写时,一般在原子符号或者原子团符号旁边加上一个“·”表示没有成对的电子。如氢自由基(H·,即氢原子)、氯自由基(Cl·,即氯原子)、甲基自由基(CH_3·)。自由基反应在燃烧、气体化学、聚合反应、等离子体化学、生物化学和其他各种化学学科中扮演很重要的角色。历史上第一个被发现和证实的自由基是由摩西·冈伯格(Moses Gmoberg)在1900年于密歇根大学发现的三苯甲基自由基,该自由基在隔绝空气的条件下发生二聚,形成“六苯基乙烷”。简单的有机自由基,如甲基自由基、乙基自由基,是在20年代通过气相反应证实的。有机自由基作为活泼中间体,是在30年代由D. H. 海伊(D. H. Hay)、W. A. 沃特斯(W. A. Waters)和M. S. 卡拉施(M. S. Krash)等人研究发现的。

在一个化学反应中,或在外界(光、热、辐射等)影响下,分子中共价键断裂,使共用电子对变为一方所独占,则形成离子;若分裂的结果使共用电子对分属于两个原子(或基团),则形成自由基。有机化合物(organic compounds)发生化学反应时,总是伴随着一部分共价键(covalent bond)的断裂和新的共价键的生成。当共价键发生均裂(homolyticbondcleavage)时,两个成键电子的分离,所形成的碎片有一个未成对电子,如H·,CH·,Cl·等。若是由一个以上的原子组成时,称为自由基(radical)。因为存在未成对电子,自由基和自由原子非常活泼,通常无法分离得到。不过在许多反应中,自由基和自由原子以中间体的形式存在,尽管浓度很低,存留时间很短。外界辐射、空气污染、吸烟、农药等都会使人体产生更多活性氧自由基,使核酸突变,这是人类衰老和患病的根源。体内活性氧自由基具有一定的功能,如免疫和信号传导过程。但过多的活性氧自由基就会有破坏作用,导致人体正常细胞和组织的损坏,从而引起多种疾病。如心脏病、老年痴呆症、帕金森病和肿瘤。

自由基还可以通过一个原子或者分子的氧化还原过程来形成。自由基又称游离基,是具有非偶电子的基团或原子,它有两个主要特性:一是化学反应活性高;二是具有磁矩。在一个化学反应中,或在外界(光、热等)影响下,分子中共价键分裂的结果,使共用电子对变为一方所独占,则形成离子;若分裂的结果使共用电子对分属于两个原子(或基团),则形成自由基。包括以下产生方式:①引发剂引发,通过引发剂分解产生自由基。②热引发,通过直接对单体进行加热,打开乙烯基单体的双键生成自由基。③光引发,在光的激发下,使许多烯类单体形成自由基而聚合。④辐射引发,通过高能辐射线,使单体吸收辐射能而分解成自由基。⑤等离子体引发,等离子体可以引发单体形成自由基进行聚合,也可以使杂环开环聚合。⑥微波引发,微波可以直接引发有些烯类单体进行自由基聚合。众多医学研究及临床试验证明:人体细胞电子被抢夺是万病之源,自由基是一种缺乏电子的物质(不饱和电子物质),进入人体后到处争夺电子,如果夺去细胞蛋白分子的电子,使蛋白质接上支链发生烷基化,形成畸变的分子而致癌。该畸变分子由于自己缺少电子,又要去夺取邻近分子的电子,又使邻近分子也发生畸变而致癌。这样,恶性循环就会形成大量畸变的蛋白分子。基因突变,形成大量癌细胞,最后出现癌症。而当自由基或畸变分子抢夺了基因的电子时,人就会直接得癌症。人体得到负离子后,由于负离子带负电有多余的电子,可提供大量电子,而阻断恶性循环,癌细胞就可防止或被抑制。

有机化合物(organic compounds)发生化学反应时,总是伴随着一部分共价键(covalent bond)的断裂和新的共价键的生成。例如酪氨酸自由基(tyrosine radical),共价键的断裂可以有两种方式:均裂(homolytic bond cleavage)和异裂(heterolyticcleavage)。键的断裂方式是两个成键电子在两个参与原子或碎片间平均分配的过程称为键的均裂。两个成键电子的分离可以表示为从键出发的两个单箭头。所形成的碎片有一个未成对电子,如 H·,CH3·,Cl·等。若是由一个以上的原子组成时,称为自由基(radical)。因为它有未成对电子,自由基和自由原子非常的活泼,通常无法分离得到。不过在许多反应中,自由基和自由原子以中间体的形式存在,尽管浓度很低,存留时间很短。这样的反应称为自由基反应(radical reactions)。

比起细菌学、病毒学等很多学术领域来说,自由基还是一门比较年轻的学科。人类对自由基的研究开始于21世纪初,最初的研究主要是自由基的化学反应过程,随后自由基知识渗透到生物学领域。虽然在20世纪60年代人们已经认识到自由基与疾病的密切关系,但由于受到技术方法的限制,研究进展缓慢。研究短寿命自由基的技术有了新的突破,推动了生物学的迅速发展,形成了一个以化学、物理学和生物医学相结合的蓬勃发展的新领域即自由基生物学、医学领域。这是一个跨学科的边缘学。人类对自然界的认识总是随着科技手段的发展而逐渐深入的。

20世纪80年代,人类认识焦油对人体的攻击与危害后运用了大量的科技手段进行阻断,进入21世纪,对自由基的认识也毫不例外地需要依靠先进的技术手段。由于含有一个不成对电子的自由基很活跃,大多数自由基的寿命都非常短,常以ms或μs记,因此,对自由基研究的难度可想而知。借助与电子自旋共振技术和自旋捕集剂,国内外的科学家们已经捕捉到了一部分自由基。但在成千上万种自由基中,被直接捕捉到的自由基还有限。自从发现自由基对人类健康的危害后,如何能更接近生命现象,进一步研究自由基的反应机理和损伤的分子机理就成为这个领域国际上期待解决的前沿课题。从国内外的大量报导看,很多自由基的反应规律和损伤机理中的一些关键问题至今尚在研究中。随着对自由基研究的逐步深入，科学家们越来越清楚地认识到，清除多余自由基的措施有益于某些疾病的预防和治疗，而自由基清除剂的研究对人体健康的意义便显得更为重大。因此，开发和利用高效无毒的天然抗氧化剂——自由基清除剂，已成为当今科学发展的趋势。科学家们相信，在 21 世纪，人类一定能认识和控制自由基，使我们的生命质量再实现一个新的飞跃。

简单地说，在我们这个由原子组成的世界中，有一个特别的法则，这就是，只要有两个以上的原子组合在一起，它的外围电子就一定要配对，如果不配对，它们就要去寻找另一个电子，使自己变成稳定的物质。科学家们把这种有着不成对的电子的原子或分子叫做自由基。自由基非常活跃，非常不安分。那它是如何产生的呢？又如何对人的身体产生危害的呢？早在 20 世纪 90 年代初期，中国大陆对自由基的认知来自于北京卷烟厂在出口产品订单中外方产品的要求，外方，尤其是日本提出，吸烟危害人体健康，不仅仅是尼古丁、焦油，还有一种更厉害的物质是自由基。

当一个稳定的原子的原有结构被外力打破，而导致这个原子缺少了一个电子时，自由基就产生了。于是它就会马上去寻找能与自己结合的另一半。它活泼，很容易与其他物质发生化学反应。当它与其他物质结合的过程中得到或失去一个电子时，就会恢复平衡，变成稳定结构。这种电子得失的活动对人类可能是有益的，也可能是有害的。

一般情况下，生命是离不开自由基活动的。我们的身体每时每刻都从里到外的运动，每一瞬间都在燃烧着能量，而负责传递能量的搬运工就是自由基。当这些帮助能量转换的自由基被封闭在细胞里不能乱跑乱窜时，它们对生命是无害的。但如果自由基的活动失去控制，超过一定的量，生命的正常秩序就会被破坏，疾病可能就会随之而来。

自由基由于含有不成对电子，表现得非常活跃，而存在空间相当广泛。科学家在 20 世纪初从烟囱和汽车尾气中发现了这种十分活跃的物质。随后的研究表明，自由基的生成过程复杂多样，比如，加热、燃烧、光照，一种物质与另一种物质的接触或任何一种化学反应都会产生自由基。简单地说，在日常生活中，烹饪、吸烟等活动都会产生自由基。化妆品等化工产品中，也含有一定量的自由基。自由基的种类非常多，自由基存在的空间也是无处不在。它们以不同的结构特征，在与其他元素结合时，发挥着不同的作用。人体里也有自由基。受控的自由基对人体是有益的。它们既可以帮助传递维持生命活力的能量，也可以被用来杀灭细菌和寄生虫，还能参与排除毒素。但当人体中的自由基超过一定的量，便会失去控制，给我们的生命带来伤害。生命体内的自由基是与生俱来的，既然生命能力历经 35 亿年沧桑而延续至今，就说明生命本身具有平衡自由基，或者说，清除多余自由基的能力。然而，随着人类文明的飞速发展，在科学技术给人类创造了巨大生产力的同时也带来了大量的副产品，其中就有与日俱增的自由基。化学制剂的大量使用、汽车尾气和工业生产废气的增加、还有核爆炸……这些活动都会导致自由基的产生。人类文明活动还在不断破坏着生态环境，制造着更多的自由基。骤然增加的自由基，早已超过了人以及生命所能正常保持平衡的标准，人类健康面临着前所未有的严峻挑战。

负微分电阻(NDR)器件在高速开关、存储等器件中都有着十分重要的应用。通常负微分电阻效应产生的机制是由于两个电极分别具有在能量上较为局域乃至分立的态密度，当一个电极上的局域电子态与另一电极的局域电子态能级匹配时，就会产生强的共振隧穿电流，反之，当两个电极上的局域电子态能级不匹配时，电流急剧减小，从而产生负微分电阻效应。对于分子体系，要构建 NDR 器件，需要利用分子的局域分立能级即其分子轨道，然而这些轨道除了具有特定的能量，还具有特定的空间分布和空间对称性。在实验中采用了 CoPc 分子作为电极之一，Ni 针尖则作为另一电极，在扫描隧道谱中观测到了显著而稳定的负微分电阻现象。通过分析 CoPc 分子和 Ni 针尖的电子结构，发现 CoPc 分子和 Ni 针尖组成的体系中产生的 NDR 。NDR 现象不同于传统的共振隧穿电流机制。实验和理论计算结果表明，该体系中产生的 NDR 现象是由 CoPc 和 Ni 针尖的相关轨道的空间对称性匹配关系引起的。CoPc 分子占据轨道和 Ni 针尖费米能级附近的未占据态中都存在较强成分的 $dxz(yz)$ 轨道，在合适偏压下，CoPc 分子占据轨道和 Ni 针尖未占据态的 $dxz(yz)$ 轨道发生波函数空间对称性的匹配，产生电流极大值，反之则电流减小，从而产生负微分电阻效应。这种由轨道空间分布匹配支配的机制有别于传统的负微分电阻效应机制，与纳米结构或者分子的前线轨道中各个分子轨道的波函数空间对称性密切相关，将单分子负微分电阻器件扩展到了分子轨道层次。

加拿大阿尔伯塔大学国家纳米中心的研究团队近日发现了引起负微分电阻(NDR)效应的精确原子结构，解开了困扰科学家几十年的难题。相关研究成果发表在 2016 年 12 月 30 日的《物理评论快报》(*Physical Review Letters*)杂志上。NDR 效应是一种奇怪的效应。通常情况下，当电子在电路中流动时，电压越大，电流越大。但是在特定环境下，电子会出现逆向的、违反直觉的效应，即电压越大，电流越小，这种现象被称为 NDR 效应。NDR 效应早在 1958 年被首次观测到，并被第一次实际应用在江琦二极管中。江琦二极管以其发明者日本物理学家江崎玲于奈命名，在当时取得令人振奋的实验结果，被宣称比晶体管还重要。虽然江琦二极管以及其他替代品如混合晶体管/NDR电路的价值在几十年前就被人们认识到,但由于大量生产非常困难,限制了它们的广泛应用。加拿大团队利用扫描隧道电子显微镜,不仅发现了引起NDR效应的精确原子结构,阐释了电子通过一个单一原子的特定量子力学原理,第一次成功解释了令人困惑的电压提高、电流降低的现象,并能很容易地控制这种效应。这意味着可以将NDR效应广泛应用在现有的电子晶体管中,制造出更小、速度更快、更便宜的手机和计算机等设备,并可能产生几十亿加元的商业应用价值。

第2章 材料模拟计算的基本理论研究方法

本章主要介绍材料模拟计算的基本理论研究方法，主要包含密度泛函(微扰)理论、赝势平面波方法和全势线性缀加平面波方法。

2.1 密度泛函(微扰)理论

密度泛函理论(density functional theory，DFT)是一种利用量子力学研究多电子体系电子结构的方法，在物理和化学领域有广泛的应用，特别是用来研究分子和凝聚态的性质，是计算化学和凝聚态物理领域最常用的方法之一[1-12]。DFT是基于量子力学和玻恩-奥本海默绝热近似的从头算方法中的一类解法，与量子化学中基于分子轨道理论发展而来的众多通过构造多电子体系波函数的方法(如Hartree-Fock类方法)不同，这一方法构建在一个定理的基础上：体系的基态唯一的决定于电子密度的分布(Hohenberg-Kohn定理)，从而使得我们可以采用最优化理论，通过KS-SCF自洽迭代求解单电子多体薛定谔方程来获得电子密度分布。这一操作减少了自由变量的数量，减小了体系物理量振荡程度，并提高了收敛速度，并易于通过应用HF定理等手段，与分子动力学模拟方法结合，构成从头算的分子动力学方法。这一方法在早期通过与金属电子论、周期性边界条件及能带论的结合，在金属、半导体等固体材料的模拟中取得了较大的成功，后来被推广到其他若干领域。目前常见的基于DFT的商业软件有VASP、CASTEP等。

DFT中的另一条重要定理是Hohenberg-Kohn第二定理证，它证明了以基态密度为变量，将体系能量最小化之后就得到了基态能量。最初的Hohenberg-Kohn定理仅仅指出了一一对应关系的存在，但是没有提供任何这种精确的对应关系。正是在这些精确的对应关系中存在着近似，这个理论可以被推广到时间相关领域，从而用来计算激发态的性质。DFT最普遍的应用是通过Kohn-Sham方法实现的。在Kohn-Sham DFT的框架中，最难处理的多体问题(由于处在一个外部静电势中的电子相互作用而产生的)被简化成了一个没有相互作用的电子在有效势场中运动的问题。这个有效势场包括外部势场以及电子间库仑相互作用的影响,例如,交换和相关作用。处理交换相关作用是 Kohn-Sham DFT 中的难点。目前并没有精确求解交换相关能 EXC 的方法。最简单的近似求解方法为局域密度近似(local-density approximation,LDA)。LDA 近似使用均匀电子气来计算体系的交换能(均匀电子气的交换能是可以精确求解的),而相关能部分则采用对自由电子气进行拟合的方法来处理。

自 1970 年以来,DFT 在固体物理学的计算中得到广泛的应用。在多数情况下,与其他解决量子力学多体问题的方法相比,采用局域密度近似的 DFT 给出了非常令人满意的结果,同时固态计算相比实验的费用要少。尽管如此,人们普遍认为量子化学计算不能给出足够精确的结果。直到 20 世纪 90 年代,理论中所采用的近似被重新提炼成更好的交换相关作用模型。DFT 是目前多种领域中电子结构计算的领先方法。尽管 DFT 得到了改进,但是用它来恰当地描述分子间相互作用,特别是范德瓦尔斯力,或者计算半导体的能隙还是有一定困难的。DFT 也有其半经验化的形式,如 DAW 和 BASKES 等所提出的 EAM 势模型就是将电子密度分布加以固定化,然后通过添加对势的改正函数和势的调节参数来实现减小计算模拟代价、并提高分子力学、分子动力学等基于牛顿力学的模拟方法的精度的目的。目前看来,这一努力还是取得了不小的成果,有着较为广泛的应用。

DFT 可以上溯到由托马斯(Thomas)和费米(Fermi)在 1920 年代发展的 Thomas-Fermi 模型。他们将一个原子的动能表示成电子密度的泛函,并加上原子核-电子和电子-电子相互作用(两种作用都可以通过电子密度来表达)的经典表达来计算原子的能量。Thomas-Fermi 模型是很重要的第一步,但是由于没有考虑 Hartree-Fock 理论指出的原子交换能,Thomas-Fermi 方程的精度受到限制。1928 年狄拉克(Dirac)在该模型基础上增加了一个交换能泛函项。然而,在大多数应用中 Thomas-Fermi-Dirac 理论表现得非常不够准确。其中最大的误差来自动能的表示,然后是交换能中的误差,以及对电子相关作用的完全忽略。

局域密度近似是 DFT 的其中一类交换相关能量泛函中使用的近似。该近似认为交换相关能量泛函仅仅与电子密度在空间各点的取值有关(而与其梯度、拉普拉斯等无关)[13-16]。尽管有多种方法都能体现局域密度近似,但在实际中最成功的是基于均匀电子气模型的泛函。一般地,对于非自旋极化的体系,局域密度近似的交换相关泛函可以写作

$$E_{xc}^{\mathrm{LDA}}[\rho]=\int\rho(r)\varepsilon_{xc}(\rho)\mathrm{d}r. \tag{2-1}$$

其中：ρ 为电子密度；ε_{xc} 为交换相关能量密度，它仅仅是电子密度的函数。

交换相关能可以分解为交换项与相关项：$E_{xc}=E_x+E_c$，于是问题就变为分别寻找交换项和相关项的表达式。对于均匀电子气模型来说，交换项有着简单的解析式，而相关项只在特殊情况下有着精确的表达式。对相关作用的不同近似能够得到不同的 E_c。对于实际应用的泛函来说，相关作用能量密度项的形式总是很复杂的。

在构建泛函的过程中，局域密度近似有着重要的地位。基于局域密度近似的泛函是其他更复杂的泛函[如基于广义梯度近似（GGA）的泛函和杂化泛函]的基础。一般来说，人们要求所有的泛函都能正确处理均匀电子气模型，因此所有的泛函中都或多或少地包含局域密度近似项。局域密度近似（LDA）是目前应用最广泛、最简单的一种交换关联能近似。局域密度的概念最早是由 Thomas-Fermi 提出的，后来在 Kohn-Sham 的论文中得到了进一步的深化。LDA 基本思想是：利用更均匀电子气的密度函数 $\rho(r)$ 得到非均匀电子气的交换-关联泛函的具体形式，通过 Kohn-Sham 方程和 veff 方程进行自洽计算。在 Hohenberg-Kohn-Sham 理论的框架下，多电子系统基态问题在形式上已经转化成有效单电子问题。但是只有找到交换-关联相互作用泛函的准确、有效的表达形式时才能有效求解单电子 Kohn-Sham 方程。因此，交换-关联相互作用泛函的表达形式在 DFT 中占有重要地位。LDA 适用于电荷密度变化缓慢的体系、电荷密度较高的体系以及大多数晶体结构。但是对于电子分布体现出较强定域性，电荷密度分布不均匀的体系并不适用，而且体系的束缚能的绝对值和禁带宽度的绝对值也不适合用 LDA 进行分析。由于 LDA 是建立在理想的均匀电子气模型基础上，而实际原子和分子体系的电子密度远非均匀的，所以通常由 LDA 计算得到的原子或分子的化学性质往往不能够满足化学家的要求。

要进一步提高计算精度，就需要考虑电子密度的非均匀性，这一般是通过在交换相关能泛函中引入电子密度的梯度来完成，即广义梯度近似 GGA。对于非常高的电子密度，交换能起主导作用，其 GGA 的非局域性更适合处理密度的非均匀性。GGA 大大改进了原子的交换能和相关能计算结果，但是价层电子的电离能仅有小的改变。分子中的键长和固体中的晶格常数稍有增加，离解能和内聚能明显下降。对于较轻的元素 GGA 的结果一般与实验符合得很好，不仅共价键和金属键，氢键和范德华键的键能计算值都得到了改善。

要确定固体电子能级，其出发点便是组成固体的多粒子系统的薛定谔方程：

$$H\Psi(r,R)=E^H\Psi(r,R). \tag{2-2}$$

式中：r 表示所有电子坐标 $\{r_i\}$ 的集合；R 表示所有原子核坐标 $\{R_j\}$ 的集合。如不考虑其他外场的作用，哈密顿量应包括组成固体的所有粒子（原子核和电子）的动能和这些粒子之间的相互作用能[17-23]，形式上写成

$$H = H_e + H_N + H_{e-N}. \tag{2-3}$$

这里

$$H_e(r) = T_e(r) + V_e(r) = -\sum_i \frac{\hbar^2}{2m}\nabla_{r_i}^2 + \frac{1}{2}\sum_{i,i'}{}' \frac{e^2}{|r_i - r_{i'}|}. \tag{2-4}$$

式中：第一项为电子的动能；第二项为电子与电子间库仑相互作用能（CGS 制），若用 SI 制此项应乘以因子 $(4\pi\varepsilon_0)^{-1}$（ε_0 为真空介电常数），求和遍及除 $i=i'$ 外的所有电子；m 是电子质量。而

$$H_N(R) = T_N(R) + V_N(R) = -\sum_j \frac{\hbar^2}{2M_j}\nabla_{R_j}^2 + \frac{1}{2}\sum_{j,j'}{}' V_N(R_j - R_{j'}). \tag{2-5}$$

式中：第一项为核的动能；第二项为核与核的相互作用能，求和遍及除 $j=j'$ 外的所有原子核；M_j 是第 j 个核的质量。我们没有给出核与核的相互作用能的具体形式，只是假定它与两核之间的位矢差 $R_j - R_{j'}$ 有关。电子和核的相互作用能形式上给出为

$$H_{e-N}(r,R) = -\sum_{i,j} V_{e-N}(r_i - R_j). \tag{2-6}$$

式(2-1)～式(2-5)构成了固体的非相对论量子力学描述的基础。注意到在每平方米中对 i 和 j 的求和是 10^{29} 数量级，显然，直接求解是不现实的，必须针对特定的、所关心的物理问题作合理的简化和近似。

在 H_e 中，只出现电子坐标 r；而在 H_N 中，只出现原子核坐标 R；只有在电子和原子核相互作用项 H_{e-N} 中，电子坐标和原子核坐标才同时出现。简单地略去该项是不合理的，因为它与其他相互作用是同一数量级的。但是，还是有可能将原子核的运动和电子的运动分开考虑，其理由便是核的质量比电子的质量大得多。原子核的质量 M_j 大约是电子质量 m 的 1000 倍，因此速度比电子的小得多。电子处于高速运动中，而原子核只是在它们的平衡位置附近振动；电子能绝热于核的运动，而原子核只能缓慢地跟上电子分布的变化。因此，有可能将整个问题分成两部分考虑：考虑电子运动时原子核是处在它们的瞬时位置上，而考虑核的运动时则不考虑电子在空间的具体分布。这就是 M. 玻恩（M. Born）和 J. E. 奥本海默（J. E. Oppenheimer）提出的绝热近似或称玻恩-奥本海默近似。

对多粒子系统的薛定谔方程(2-2)，其解可写为

$$\Psi_n(r,R) = \sum_n x_n(R)\Phi_n(r,R). \tag{2-7}$$

其中，$\Phi_n(r,R)$为多电子哈密顿量

$$H_0(r,R)=H_e(r)+V_N(R)+H_{e-N}(r,R). \tag{2-8}$$

所确定的薛定谔方程

$$H_0(r,R)\Phi_n(r,R)=E_n(R)\Phi_n(r,R) \tag{2-9}$$

的解。这里 n 是电子态量子数，原子核坐标的瞬时位置 R 在电子波函数中只作为参数出现。

为表示核动能算符 $T_N(R)$对电子哈密顿量 H_0 的微扰程度，引入一个表示微扰程度的小量 κ：

$$\kappa=(m/M_0)^{1/4}. \tag{2-10}$$

其中，M_0 为任一原子核的质量或平均质量，并用$\kappa u=R-R^0$ 表示原子核相对于其平衡位置 R^0 的位置，这样可将核的动能算符 $T_N(R)=-\sum_j(\hbar^2/2M_j)\nabla^2_{R_j}$用对 u_j 的导数和表示微扰程度的小量 k 表示成

$$T_N(R)=-k^2\sum_j(M_0/M_j)(\hbar^2/2m)\nabla^2_{u_j}. \tag{2-11}$$

此外，将 $\Phi_n(r,R)$也展开成 u 的级数：

$$\Phi_n(r,R)=\Phi_n(r,R^0+ku)=\Phi_n^{(0)}+k\Phi_n^{(1)}+k^2\Phi_n^{(2)}+k^3\Phi_n^{(3)}+\cdots \tag{2-12}$$

其中 $\Phi_n^{(v)}$ 是 u 的 v 次导数。

现在将式(2-6)代入式(2-1)，左乘 $\Phi_{n'}(r,R)$后对 r 积分，可得

$$[T_N(R)+E_n(R)+C_n(u)]x_n(R)+\sum_{n'(\neq n)}C_{nn'}(u)x_{n'}(R)=E^Hx_n(R). \tag{2-13}$$

其中算符 $C_{nn'}(u)$为

$$C_{nn'}(u)=-k^2\sum_i(M_0/M_i)(\hbar^2/2m)\int\mathrm{d}r\Phi_n^*(r,u)[\nabla_{u_i}\Phi_{n'}(r,u)\nabla_{u_i}+\nabla^2_{u_i}\Phi_{n'}(r,u)]. \tag{2-14}$$

而 $C_n(u)$为

$$C_n(u)=-k^2\sum_i(M_0/M_i)(\hbar^2/2m)\int\mathrm{d}r\Phi_n^*(r,u)\nabla^2_{u_i}\Phi_n(r,u). \tag{2-15}$$

因为 $\Phi^{(v)}$ 是 u 的 v 次导数，所以算符 $C_{nn'}(u)$的前一项是 k 的三阶小量，后一项及 $C_n(u)$是 k 的四阶小量，而 T_N 为 k 的二阶小量。用微扰方法，可先令算符 $C_{nn'}(u)$为零，这样方程(2-13)成为

$$[T_N(R)+E_n(R)+C_n(u)]x_{n\mu}(R)=E^H_{n\mu}x_{n\mu}(R). \tag{2-16}$$

其中 $E^H_{n\mu}$和 $x_{n\mu}(R)$即为其解，μ 为振动态量子数。描写原子核运动的波函

数 $x_{n\mu}(R)$ 只与电子系统的第 n 个量子态有关，而原子核运动对电子运动没有影响。对应本征能量 $E_{n\mu}^{H}$ 的系统波函数为

$$\Psi_{n\mu}(r,R)=x_{n\mu}(R)\Phi_n(r,R). \tag{2-17}$$

式(2-17)表示的就是绝热近似：第一个因子 $x(R)$ 描写原子核的运动，原子核就是在 $-E_n(R)+C_n(R)$ 的势阱中运动；第二个因子 $\Phi(r,R)$ 描写电子的运动，电子运动时原子核是固定在其瞬时位置的。核的运动不影响电子的运动，即电子是绝热于核的运动。显然，算符 $C_{nn'}(u)$ 是一个将原子核运动和电子运动耦合在一起的算符，即非绝热算符。

通过绝热近似，把电子的运动与原子核的运动分开，得到了多电子薛定谔方程

$$\left[-\sum_i \nabla_{r_i}^2+\sum_i V(r_i)+\frac{1}{2}\sum_{i,i'}{}'\frac{1}{|r_i-r_{i'}|}\right]\varphi=$$

$$\left[\sum_i H_i+\sum_{i,i'} H_{ii'}\right]\varphi=E\varphi. \tag{2-18}$$

已采用原子单位：$e^2=1$，$\hbar=1$，$2m=1$。为方便起见，上式写成单粒子算符 H_i 和双粒子算符 $H_{ii'}$ 的形式。解这个方程的困难在于电子之间的相互作用项 $H_{ii'}$。假定没有该项，那么多电子问题就可变为单电子问题，即可用互不相关的单个电子在给定势场中的运动来描述。这时多电子薛定谔方程简化为

$$\sum_i H_i\varphi=E\varphi. \tag{2-19}$$

它的波函数是每个电子波函数 $\varphi_i(r_i)$ 连乘积

$$\varphi(r)=\varphi_1(r_1)\varphi_2(r_2)\cdots\varphi_n(r_n). \tag{2-20}$$

这种形式的波函数被称为哈特利(Hartree)波函数。代入式(2-18)后分离变量，并令 $E=\sum_i E_i$ 后就可得到单电子方程

$$H_i\varphi_i(r_i)=E_i\varphi_i(r_i). \tag{2-21}$$

由于在式(2-17)中存在双粒子算符 $H_{ii'}$，这显然是不可能的。尽管如此，单电子波函数乘积式(2-19)仍是多电子薛定谔方程(2-17)的近似解。这种近似称为哈特利近似。现用波函数式(2-19)计算能量期待值 $E=\langle\varphi|H|\varphi\rangle$。假定 φ_i 正交归一化，即 $\langle\varphi_i|\varphi_j\rangle=\delta_{ij}$，就有

$$E=\langle\varphi|H|\varphi\rangle=\sum_i\langle\varphi_i|H_i|\varphi_i\rangle+\frac{1}{2}\sum_{i,i'}{}'\langle\varphi_i\varphi_{i'}|H_{ii'}|\phi_i\phi_{i'}\rangle. \tag{2-22}$$

根据变分原理，由每一个 φ_i 描写的最佳基必给出系统能量 E 的极小值。将 E 对 φ_i 作变分，E_i 作为拉格朗日乘子，

$$\delta\left[E-\sum_i E_i(\langle\varphi_i|\varphi_i\rangle-1)\right]=0. \tag{2-23}$$

就得到

$$\langle\delta\varphi_i|H_i|\varphi_i\rangle+\sum_{i'(\neq i)}\langle\delta\varphi_i\varphi_{i'}\left|\frac{1}{|r_{i'}-r_i|}\right|\varphi_i\varphi_{i'}\rangle-E_i\langle\delta\varphi_i|\varphi_i\rangle=$$

$$\langle\delta\varphi_i\left|H_i+\sum_{i'(\neq i)}\langle\varphi_{i'}\left|\frac{1}{|r_{i'}-r_i|}\right|\varphi_{i'}\rangle-E_i\right|\varphi_i\rangle=0. \tag{2-24}$$

上式与 $\delta\varphi_i^*$ 无关，因此省去位矢的下标后有

$$\left[-\nabla^2+V(r)+\sum_{i'(\neq i)}\int\mathrm{d}r'\frac{|\varphi_{i'}(r')|^2}{|r'-r|}\right]\varphi_i(r)=E_i\varphi_i(r). \tag{2-25}$$

式(2-24)所表示的就是单电子方程，称为哈特利方程[50]。它描写了 r 处单个电子在晶格势 $V(r)$ 和其他所有电子的平均势中的运动。拉格朗日乘子 E_i 具有单电子能量的意义，后面我们还将讨论这个乘子和方程的意义。

虽然哈特利波函数中每个电子的量子态不同，满足不相容原理，但还没有考虑电子交换反对称性。现在我们先来看如何使单电子波函数乘积满足交换反对称性。对处于位矢 $r_1,\cdots,r_N$ 的 N 个电子，共有 $N!$ 种不同的排列，由于电子的不可区分，这 $N!$ 种不同的排列都是等价的。如果记第 i 个电子在坐标 q_i 处的波函数为 $\varphi_i(q_i)$，这里 q_i 已包含位置 r_i 和自旋，那么形如

$$\varphi=\frac{1}{\sqrt{N!}}\begin{vmatrix}\varphi_1(q_1) & \varphi_2(q_1) & \cdots & \varphi_N(q_1)\\ \varphi_1(q) & \varphi_2(q_2) & \cdots & \varphi_N(q_2)\\ & & \cdots & \\ \varphi_1(q_N) & \varphi_2(q_N) & \cdots & \varphi_N(q_N)\end{vmatrix} \tag{2-26}$$

的 Siater 行列式是满足上述要求的：交换任意两个电子，相当于交换行列式的两行，行列式差一符号。于是，如果两个电子有相同的坐标，则 $\varphi=0$。行列式前的因子是为了归一化的需要，已假定 φ_i 是正交归一化的。

现在用 Siater 行列式来求能量的期待值

$$E=(\varphi|H|\varphi)=$$

$$\sum_i\int\mathrm{d}r_1\varphi_i^*(q_1)H_i\varphi_i(q_1)+\frac{1}{2}\sum_{i,i'}{}'\int\mathrm{d}r_1\mathrm{d}r_2\frac{|\varphi_i(q_1)|^2|\varphi_{i'}(q_2)|^2}{|r_1-r_2|}-$$

$$\frac{1}{2}\sum_{i,i'}{}'\int\mathrm{d}r_1\mathrm{d}r_2\frac{\varphi_i^*(q_1)\varphi_i(q_2)\varphi_{i'}{}^*(q_2)\varphi_{i'}(q_1)}{|r_1-r_2|}. \tag{2-27}$$

积分元已包含自旋坐标。现在能量期待值式(2-26)与式(2-21)相比多出一交换项，变分条件也多出一项

$$\delta\Big[E-\sum_{i,i'}\lambda_{ii'}([\varphi_i|\varphi_{i'}]-\delta_{ii'})\Big]=0. \tag{2-28}$$

取变分后得

$$[-\nabla^2+V(r_1)]\varphi_i(q_1)+\sum_{i'}\int \mathrm{d}r_2\,\frac{|\varphi_{i'}(q_2)|^2}{|r_1-r_2|}\,\varphi_i(q_1)-$$
$$\sum_{i'}\int \mathrm{d}r_2\,\frac{\varphi_{i'}^*(q_2)\varphi_i(q_2)}{|r_1-r_2|}\,\varphi_{i'}(q_1)=\sum_{i'}\lambda_{ii'}\varphi_{i'}(q_1). \tag{2-29}$$

容易证明，式(2-29)左边的算符是厄密的。适当地选择变换矩阵 u_{ij}，总是能通过一个变换 $\varphi'_i=\sum{}_j u_{ij}\varphi_j$，使 $\lambda_{ii'}$ 成为对角形式，即 $\lambda'_{ii'}=E_i\delta_{ii'}$。现在，仍记 φ' 为 φ，式(2-29)的右边写为 $E_i\varphi_i(q_1)$ 的形式。还要注意，不计自旋-轨道相互作用，可将 $\varphi_i(q_i)$ 写成坐标和自旋函数的乘积。于是，式(2-29)左边第三项只对自旋相同的电子求和，第二项自旋求和由于自旋函数的正交性而消失。如果考虑到这点，自旋指标将不再出现，式(2-29)中的 q_i 可用 r_i 代替。省去位矢的下标，用"∥"表示自旋平行，式(2-29)为

$$[-\nabla^2+V(r)]\varphi_i(r)+\sum_{i'(\neq i)}\int \mathrm{d}r'\,\frac{|\varphi_{i'}(r')|^2}{|r-r'|}\,\varphi_i(r)-$$
$$\sum_{i'(\neq i),\parallel}\int \mathrm{d}r'\,\frac{\varphi_{i'}^*(r')\varphi_i(r')}{|r-r'|}\,\varphi_{i'}(r)=E_i\varphi_i(r). \tag{2-30}$$

式(2-30)表示的单电子方程就是哈特利-福克方程。

与哈特利方程相比，哈特利-福克方程多出了一项，该项称为交换相互作用项。我们来看该项的意义。将哈特利方程的第三项改写为

$$\begin{aligned}&\sum_{i'(\neq i)}\int \mathrm{d}r'\,\frac{|\varphi_{i'}(r')|^2}{|r-r'|}\varphi_i(r)\\&=\sum_{i'}\int \mathrm{d}r'\,\frac{|\varphi_{i'}(r')|^2}{|r-r'|}\varphi_i(r)-\int \mathrm{d}r'\,\frac{|\varphi_i(r')|^2}{|r-r'|}\,\varphi_i(r).\end{aligned} \tag{2-31}$$

式(2-31)右边第一项表示所考虑的电子与所有电子(包括其本身)的相互作用，而第二项则是在式(2-24)中不出现的该电子和自身电荷分布

$$\int \mathrm{d}r'\,\frac{\rho_i^{\mathrm{H}}(r')}{|r-r'|}\varphi_i(r). \tag{2-32}$$

其中：　　$\rho_i^H(r')=-|\varphi_i(r')|^2$；　　$\int \mathrm{d}r'\rho_i^H(r')=-1.$

对哈特利-福克方程左边的最后两项，可使两求和中的 $i'=i$，因两项相互抵消，这样，最后一项与式(2-30)的右边最后一项相同。另一项，可类似地写出

$$\sum_{i',\parallel}\int \mathrm{d}r'\,\frac{\varphi_{i'}^*(r')\varphi_i(r')}{|r-r'|}\varphi_{i'}(r)=-\int \mathrm{d}r'\,\frac{\rho_i^{\mathrm{HF}}(r,r')}{|r-r'|}\varphi_i(r). \tag{2-33}$$

而

$$\rho_i^{HF}(r,r') = -\sum_{i',} \frac{\varphi_{i'}^*(r')\varphi_i(r')\varphi_i^*(r)\varphi_{i'}(r)}{\varphi_i^*(r)\varphi_i(r).}. \tag{2-34}$$

且

$$\int \rho_i^{HF}(r,r')\mathrm{d}r' = -1.$$

式(2-32)中 ρ^H 的位置现由交换电荷分布 ρ^{HF} 代替，ρ^{HF} 可解释为交换电子产生的密度，对空间积分也为－1。ρ^H 和 ρ^{HF} 的区别在于：ρ^H 与 $n-1$ 个其他电子一样以同样的方式在整个晶体中分布，而 ρ^{HF} 却与所考虑的电子的位置 r 有关。式(2-29)所描写的电荷分布与电子的相互作用通过此种方式依赖于电子的位置，即由于泡利原理，电子的运动是相同自旋相关的。

除了自由电子这一特殊情况外，交换电荷密度的空间分布一般很难给出。用 $\rho = \sum_i \rho_i^H$ 和 ρ_i^{HF} 可把哈特利－福克方程写为

$$\left[-\nabla^2 + V(r) - \int \mathrm{d}r' \frac{\rho(r') - \rho_i^{HF}(r,r')}{|r-r'|}\right]\varphi_i(r) = E_i\varphi_i(r). \tag{2-35}$$

求解这一方程的困难之处首先在于，上式中与 ρ 有关的相互作用项里含解 φ_i。因此，只能自洽迭代求解，即先假定一 φ_i，得到 ρ 后解方程而得到更好的 φ_i，重复这一过程直至自洽，即直至 φ_i 在所考虑的计算精度内不再变化，这就是哈特利－福克自洽场近似方法。第二个困难在于，式(2-35)的第三项是与其他电子相关的，这导致 n 个联立的方程组。J. C. SLater 提出了对 i 平均的方法来解决这一困难。

$$\bar{\rho}^{HF}(r,r') = \frac{\sum_i \varphi_i^*(r)\varphi_i(r)\rho_i^{HF}(r,r')}{\sum_i \varphi_i^*(r)\varphi_i(r)} = -\frac{\sum_{i,i',} \varphi_i^*(r')\varphi_{i'}(r')\varphi_{i'}^*(r)\varphi_i(r)}{\sum_i \varphi_i^*(r)\varphi_i(r)}. \tag{2-36}$$

于是，式(2-18)改写成

$$\left[-\nabla^2 + V(r) - \int \mathrm{d}r' \frac{\rho(r') - \bar{\rho}^{HF}(r,r')}{|r-r'|}\right]\varphi_i(r) = E_i\varphi_i(r). \tag{2-37}$$

现在，第三项只与 r 有关，它与第二项一起作为一个对所有电子均匀分布的有效势场出现

$$[-\nabla^2 + V_{eff}(r)]\varphi_i(r) = E_i\varphi_i(r). \tag{2-38}$$

这样已经将一个多电子的薛定谔方程通过哈特利－福克近似简化为单电子的效势方程。在哈特利－福克近似中，已包含了电子与电子的交换相互作用，但自旋反平行电子间的排斥相互作用没有被考虑：在 r 处已占据了

一个电子,那么在 r' 处的电子数密度就不再是 $\rho(r')$ 而应减去一点;或考虑电子关联相互作用。

最后来看拉格朗日乘子 E_i 的意义。将第 i 个电子从系统中移走,看系统的能量变化。对于一个电子数为 10^{29} 数量级的系统,可以假定移走第 i 个电子并不改变其他单电子波函数 $\varphi_{i'}(i'\neq i)$,于是,能量的改变为

$$\Delta E=\langle\varphi'|H|\varphi'\rangle-\langle\varphi|H|\varphi\rangle. \tag{2-39}$$

式中:$\langle\varphi|H|\varphi\rangle$ 由式(2-26)确定;φ' 是从式(2-26)得到,即将第 i 行和第 i 列去掉而得到。上式能量差中,只有 i' 或 i' 等于 i 的项仍保留,

$$-\Delta E=\int \mathrm{d}r_1\varphi_i^*(q_1)H_i\varphi_i(q_1)+\sum_{i'(\neq i)}\int \mathrm{d}r_1\,\mathrm{d}r_2\,\frac{|\varphi_i(q_1)|^2|\varphi_{i'}(q_2)|^2}{|r_1-r_2|}-$$

$$\sum_{i'(\neq i)}\int \mathrm{d}r_1\mathrm{d}r_2\,\frac{\varphi_i^*(q_1)\varphi_i(q_2)\varphi_{i'}^*(q_2)\varphi_{i'}(q_1)}{|r_1-r_2|}=E_i \tag{2-40}$$

式中,E_i 具有单电子能量的意义,即 $-E_i$ 是从该系统中移走一个电子所需的能量;换句话说,将一个电子从 i 态移到 k 态所需能量为 E_k-E_i。这一表述归结为 Koopmans 定理。能带理论中的电子能级的概念来源于此。

目前,最有效的单电子近似理论就是 DFT。建立于 Hohenberg-Kohn 定理上的 DFT 不但给出了将多电子问题简化为单电子问题的理论基础,同时也成为分子和固体的电子结构和总能量计算的有力工具,因此 DFT 是多粒子系统理论基态研究的重要方法。DFT 是建立在 P. Hohenberg 和 W. Kohn 的关于非均匀电子气理论基础上的,它可归结为以下两个基本定理:

1)定理一:不计自旋的全同费密子系统的基态能量是粒子数密度函数 $\rho(r)$ 的唯一泛函。

2)定理二:能量泛函 $E[\rho]$ 在粒子数不变条件下对正确的粒子数密度函数 $\rho(r)$ 取极小值,并等于基态能量。

这里所处理的基态是非简并的,不计自旋的全同费密子(这里指电子)系统的哈密顿量为

$$H=T+U+V. \tag{2-41}$$

其中动能项

$$T=\int \mathrm{d}r\,\nabla\Psi^+(r)\cdot\nabla\Psi(r). \tag{2-42}$$

库仑排斥项为

$$U=\frac{1}{2}\int \mathrm{d}r\mathrm{d}r'\,\frac{1}{|r-r'|}\Psi^+(r)\Psi^+(r')\Psi(r)\Psi(r'). \tag{2-43}$$

V 为由对所有粒子都相同的局域势 $\upsilon(r)$ 表示的外场的影响,即

$$V=\int \mathrm{d}r\upsilon(r)\Psi^+(r)\Psi(r). \tag{2-44}$$

式中，$\Psi^{+}(r)$和 $\Psi(r)$分别表示在 r 处产生和湮灭一个粒子的费密子场算符。下面介绍这两个定理的论证。

定理一的核心是：粒子数密度函数 $\rho(r)$是一个决定系统基态物理性质的基本变量。

粒子数密度函数 $\rho(r)$定义为

$$\rho(r) \equiv \langle \Phi | \Psi^{+}(r) \Psi(r) | \Phi \rangle. \tag{2-45}$$

式中，Φ 是基态波函数。先用反证法来证明：除一附加常数外，$\upsilon(r)$是$\rho(r)$的唯一泛函。

假设存在另外一个 $\upsilon'(r)$，也具有同样的密度函数 $\rho'(r)=\rho(r)$，我们来证明这是不可能的。

记 H 为含 $\upsilon(r)$的哈密顿量，它的基态为 Φ，能量期待值为 E；而 H'为含 $\upsilon'(r)$的哈密顿量，它的基态为 Φ'，能量期待值为 E'。根据变分原理，对于真正的基态 Φ，总有

$$E' = \langle \Phi' | H' | \Phi' \rangle < \langle \Phi | H' | \Phi \rangle =$$

$$\langle \Phi | H + V' - V | \Phi \rangle = E + \int \mathrm{d}r \rho(r) \langle \upsilon'(r) - \upsilon(r) \rangle. \tag{2-46}$$

于是得到

$$E' < E + \int \mathrm{d}r \rho(r) [\upsilon'(r) - \upsilon(r)]. \tag{2-47}$$

完全同样地可从

$$E = \langle \Phi | H | \Phi \rangle < \langle \Phi' | H | \Phi' \rangle =$$

$$\langle \Phi' | H' + V - V' | \Phi' \rangle = E' + \int \mathrm{d}r \rho(r) \langle \upsilon(r) - \upsilon'(r) \rangle \tag{2-48}$$

得到

$$E < E' + \int \mathrm{d}r \rho(r) [\upsilon(r) - \upsilon'(r)]. \tag{2-49}$$

综合式(2-46)和(2-48)，得到 $E+E'<E'+E$，这是不可能的。因此，必定有 $\rho(r) \neq \rho'(r)$。即 $\upsilon(r)$是 $\rho(r)$的唯一泛函；也就是说，如果基态粒子数密度已知，则 $\upsilon(r)$进而 H 就被唯一地确定。因此，多粒子系统的所有基态性质、能量、波函数以及所有算符的期待值等，都是密度函数的唯一泛函，都由密度函数唯一确定。此即定理一。

定理二的要点是：在粒子数不变条件下能量泛函对密度函数的变分就得到系统基态的能量 $E_G[\rho]$。

对于给定的 $\upsilon(r)$，能量泛函 $E[\rho]$定义为

$$E[\rho] \equiv \int \mathrm{d}r \upsilon(r) \rho(r) + \langle \Phi | T + U | \Phi \rangle. \tag{2-50}$$

再定义未知的与外场无关的泛函

$$F[\rho]\equiv\langle\Phi|T+U|\Phi\rangle. \tag{2-51}$$

它与能量泛函之差仅在于少了一项外场的贡献。根据变分原理，粒子数不变时，任意态 Φ' 的能量泛函

$$E_G[\Phi']\equiv\langle\Phi'|V|\Phi'\rangle+\langle\Phi'|T+U|\Phi'\rangle. \tag{2-52}$$

在 Φ' 为基态 Φ 时取极小值。令任意态 Φ' 是与 $\upsilon'(r)$ 相联系的基态；而 Φ' 和 $\upsilon'(r)$ 依赖于系统的密度函数 $\rho'(r)$，那么 $E_G[\Phi']$ 必是 $\rho'(r)$ 的泛函。依照变分原理有

$$\begin{aligned}E_G[\Phi'] = \langle\Phi'|T+U|\Phi'\rangle+\langle\Phi|V|\Phi'\rangle = \\ E_G[\rho'] = \\ F[\rho']+\int \mathrm{d}r\upsilon'(r)\rho'(r) > E_G[\Phi] = \\ F[\rho]+\int \mathrm{d}r\upsilon(r)\rho(r) = E_G[\rho].\end{aligned} \tag{2-53}$$

这样，对所有其他的与 $\upsilon'(r)$ 相联系的密度函数 $\rho'(r)$ 来说，$E_G[\Phi]$ 为极小值；也就是说，如果得到了基态密度函数，那么也就确定了能量泛函的极小值，并且这个极小值等于基态的能量 $E_G[\rho]$。此即定理二。

对于计入自旋、考虑相对论效应以基态为简并情况的 Hohenberg-kohn 定理的推广可参见文献。

上述泛函 $F[\rho]$ 是未知的。为说明 $F[\rho]$，现从中分出与无相互作用粒子相当的项

$$F[\rho] = T[\rho]+\frac{1}{2}\iint \mathrm{d}r\mathrm{d}r'\frac{\rho(r)\rho(r')}{|r-r'|}+E_{XC}[\rho] \tag{2-54}$$

式(2-54)第一和第二项可分别与无相互作用粒子模型的动能项和库仑排斥项相对应，第三项 $E_{XC}[\rho]$ 称为交换关联相互作用，代表了所有未包含在无相互作用粒子模型中的相互作用项，包含了相互作用的全部复杂性。$E_{XC}[\rho]$ 也是 ρ 的泛函，仍然是未知的。

上述 Hohenberg-Kohn 定理说明粒子数密度函数是确定多粒子系统基态物理性质的基本变量以及能量泛函对粒子数密度函数的变分是确定系统基态的途径，但仍存有下述三个问题悬而未决：

1)如何确定粒子数密度函数 $\rho(r)$。

2)如何确定动能泛函 $T[\rho]$。

3)如何确定交换关联能泛函 $E_{XC}[\rho]$。

其中第一和第二个问题，由 W. Kohn 和 L. J. Sham(沈吕九)提出的方法解决，并由此得到了 Kohn-Sham 方程。第三个问题，一般通过采用所谓的局域密度近似(LDA)得到 LDA 得到，这构成了下两节的主要内容。

根据 P. Hohenberg 和 W. Kohn 定理，基态能量和基态粒子数密度函

数可由能量泛函对密度函数的变分得到，即

$$\int \mathrm{d}r\delta\rho(r)\left[\frac{\delta T[\rho(r)]}{\delta\rho(r)}+v(r)+\int \mathrm{d}r'\,\frac{\rho(r')}{|r-r'|}+\frac{\delta E_{\mathrm{XC}}[\rho(r)]}{\delta\rho(r)}\right]=0. \tag{2-55}$$

加上粒子数不变的条件：$\int \mathrm{d}r\delta\rho(r)=0$，就有

$$\frac{\delta T[\rho(r)]}{\delta\rho(r)}+v(r)+\int \mathrm{d}r'\,\frac{\rho(r')}{|r-r'|}+\frac{\delta E_{\mathrm{XC}}[\rho(r)]}{\delta\rho(r)}=\mu. \tag{2-56}$$

式中拉格朗日乘子 μ 有化学势的意义。如与式(2-38)比较，可知上式正是粒子在一有效势场中的形式，只需

$$V_{\mathrm{eff}}(r)=v(r)+\int \mathrm{d}r'\,\frac{\rho(r')}{|r-r'|}+\frac{\delta E_{\mathrm{XC}}[\rho(r)]}{\delta\rho(r)}, \tag{2-57}$$

而 $T[\rho]$仍是未知的。

由于对有相互作用粒子动能项一无所知，因此 W. Kohn 和 L. J. Sham 提出：假定动能泛函 $T[\rho]$可用一个已知的无相互作用粒子的动能泛函 $T_s[\rho]$来代替，它具有与有相互作用的系统同样的密度函数。这总是可以的，只需把 T 和 T_s 的差别中无法转换的复杂部分归入 $E_{\mathrm{XC}}[\rho]$，而 $E_{\mathrm{XC}}[\rho]$仍是未知的，为完成单粒子图像，再用 N 个单粒子波函数 $\psi_i(r)$构成密度函数

$$\rho(r)=\sum_{i=1}^{N}|\psi_i(r)|^2. \tag{2-58}$$

这样，

$$T_s[\rho]=\sum_{i=1}^{N}\int \mathrm{d}r\psi_i^*(r)(-\nabla^2)\psi_i(r). \tag{2-59}$$

现在，对 ρ 的变分可用对 $\psi_i(r)$的变分代替，拉格朗日乘子则用 E_i 代替，就有

$$\frac{\delta\left\{E[\rho(r)]-\sum_{i=1}^{N}E_i\left[\int \mathrm{d}r\psi_i^*(r)\psi_i(r)-1\right]\right\}}{\delta\psi_i(r)}=0 \tag{2-60}$$

于是可得

$$\{-\nabla^2+V_{\mathrm{KS}}[\rho(r)]\}\psi_i(r)=E_i\psi_i(r). \tag{2-61}$$

这里

$$\begin{aligned}V_{\mathrm{KS}}[\rho(r)]&\equiv v(r)+V_{\mathrm{Coul}}[\rho(r)]+V_{\mathrm{XC}}[\rho(r)]=\\&v(r)+\int \mathrm{d}r'\,\frac{\rho(r')}{|r-r'|}+\frac{\delta E_{\mathrm{XC}}[\rho]}{\delta\rho(r)}.\end{aligned} \tag{2-62}$$

这样，对于单粒子波函数 $\psi_i(r)$，也得到了与哈特利-福克方程式(2-30)相似的单电子方程。式(2-58)、式(2-61)和式(2-62)一起称为 Kohn-Sham

方程。相应于哈特利-福克方程中的有效势 $V_{eff}(r)$ 在这里是 $V_{KS}[\rho(r)]$。现在,基态密度函数可从解式(2-60)得到的 $\psi_i(r)$ 后根据式(2-57)构成。由 Hohenberg-Kohn 定理,这样得到的粒子数密度函数即可精确地确定了该系统基态的能量、波函数以及各物理量算符期待值等,只是没有解释这样得到的本征值 E_i 就是单粒子能量。对密度泛函理论中的 E_i,Koopmans 定理的单电子能量解释是不适用的。

实际上,式(2-57)一般形式应为

$$\rho(r) = \sum_{i=1}^{N} n_i |\psi_i(r)|^2. \tag{2-63}$$

这里 $\psi_i(r)$ 为 i 态的波函数,n_i 为 i 态的占据数,由费密统计理论可得到

$$n_i = \left\{ \exp\left[\frac{(E_i - \mu}{(k_B T)} \right] + 1 \right\}^{-1}. \tag{2-64}$$

其中:E_i 即为 i 态的能量,可解释为准粒子激发能;而 μ 与系统化学势一致。密度泛函理论中的单粒子能级将被具有单粒子能量 E_i 的粒子数占据。根据费密统计规则,在 $T=0$ 的极限,如果 $E_i<\mu$,占据数 n_i 为 1;如果 $E_i>\mu$,则占据数 n_i 为 0。因此,在实用中,E_i 可解释为单粒子能量。

20 世纪 80 年代以来,密度泛函理论有了很大的发展,对于 Hohenberg-Kohn 定理和 Kohn-Sham 方程的原始推导的限制,都有一些推广,可在 J. Callaway 和 N. H. March 的综述及其参考文献中找到。

Kohn-Sham 方程的核心是用无相互作用粒子模型代替有相互作用粒子哈密顿量中的相应项,而将有相互作用粒子的全部复杂性归入交换关联相互作用泛函 $E_{XC}[\rho]$ 中去,从而导出了形如式(2-61)的单电子方程。与哈特利-福克近似比较,密度泛函理论导出单电子 Kohn-Sham 方程的描述是严格的,因为多粒子系统相互作用的全部复杂性仍包含在 $E_{XC}[\rho]$ 中,而遗憾的是 $E_{XC}[\rho]$ 仍未知。

在 Hohenberg-Kohn-Sham 方程的框架下,多电子系统基态特性问题能在形式上转化成有效单电子问题。这种计算方案与哈特利-福克近似是相似的,但其解释比哈特利-福克近似更简单、更严密,然而这只有在找出了交换关联势能泛函 $E_{XC}[\rho]$ 的准确的、便于表达的形式才有实际意义。因此,交换关联泛函在密度泛函理论中占有重要地位。

一般说来,密度函数 $\rho(r)$ 是与交换关联势 $V_{xc}[\rho(r)]$ 有关的,因此,交换关联势在这个意义上是非局域的,要精确地表述很困难。形式上,交换关联能可用交换关联空穴函数

$$\rho_{xc}(r, r') = \rho(r') \int_0^1 d\lambda [g_\lambda(r, r') - 1] \tag{2-65}$$

表示成

$$E_{xc}[\rho]=\iint \mathrm{d}r\mathrm{d}r' \frac{\rho(r)\rho_{xc}(r,r')}{|r-r'|}. \tag{2-66}$$

这里 $g_\lambda(r,r')$ 是非均匀电子气对关联函数，它的库仑相互作用是通过 λ 调制的，其定义为

$$\rho(r)\rho(r')g_\lambda(r,r')=\langle\rho(r)\rho(r')\rangle_\lambda-\delta(r-r')\rho(r). \tag{2-67}$$

式中的期待值是用属于 λ 的基态构成。交换空穴对所有的 r 满足如下的求和规则：

$$\int \mathrm{d}r'\rho_{xc}(r,r') = -1. \tag{2-68}$$

形式上交换关联泛函式(2-66)被解释为电子分布 $\rho(r)$ 的静电能的变化，而 $\rho(r)$ 是由围绕电子的空穴所产生的。求和规则式(2-68)则给出非均匀电子气关联函数近似的一个有用的辅助条件。

在具体计算中常用 W. Kohn 和 L. J. Sham 提出的交换关联泛函局域密度近似是一个简单可行而又富有实效的近似。其基本想法是在局域密度近似中，可利用均匀电子气密度函数 $\rho(r)$ 来得到非均匀电子气的交换关联泛函。如果对一变化平坦的密度函数，就像在原子和分子中常出现的，用一均匀电子气的交换关联能密度 $\varepsilon_{xc}[\rho(r)]$ 代替非均匀电子气的交换关联能密度

$$E_{xc}[\rho]=\int \mathrm{d}r\rho(r)\varepsilon_{xc}[\rho(r)]. \tag{2-69}$$

那么，Kohn-Sham 方程中的交换关联势近似为

$$V_{xc}[\rho(r)]=\frac{\delta E_{xc}[\rho]}{\delta\rho}\approx\frac{\mathrm{d}}{\mathrm{d}\rho(r)}(\rho(r)\varepsilon_{xc}[\rho(r)]). \tag{2-70}$$

从均匀电子气的计算中得到的 ε_{xc} 再被插值拟合成密度 $\rho(r)$ 的函数，进而得到交换关联势的解析形式。这种交换关联势的一般形式可用

$$V_{xc}(r)=f[\rho(r)]\rho^{1/3}(r) \tag{2-71}$$

表示，这里的函数 f 取决于所考虑的近似。将交换关联势用交换关联能密度 ε_{xc} 表示为

$$V_{xc}(r,\rho) = \frac{\delta E_{xc}[\rho]}{\delta\rho} = \varepsilon_{xc}(r,\rho) + \int \mathrm{d}r\rho(r') \frac{\delta\varepsilon_{xc}(r',\rho)}{\delta\rho}. \tag{2-72}$$

用局域密度近似，得到

$$V_{xc}(\rho)=\varepsilon_{xc}(\rho)+\rho\frac{\mathrm{d}\varepsilon_{xc}(\rho)}{\mathrm{d}\rho}. \tag{2-73}$$

如记

$$\rho^{-1}=\left(\frac{4\pi}{3}\right)r_s^3 \tag{2-74}$$

写成 r_s 的函数就得到

$$V_{xc}(r_s)=\varepsilon_{xc}(r_s)-\frac{r_s}{3}\frac{d\varepsilon_{xc}(r_s)}{dr_s}. \tag{2-75}$$

再将交换关联能分成交换和关联两部分,即

$$\varepsilon_{xc}=\varepsilon_x+\varepsilon_c. \tag{2-76}$$

其中交换部分用下面介绍的均匀电子气的结果

$$\varepsilon_x(r_s)=\frac{3e^2}{4\pi ar_s}, \tag{2-77}$$

而交换势为

$$V_x(r_s)=\frac{4}{3}\varepsilon_x(r_s). \tag{2-78}$$

在 DFT 的框架内,能量 $E(\{R\})$ 可以被看作电荷密度 $n(r)$ 的函数的最小值。固体中的电子结构计算要同时考虑电子和原子核,电子的质量要比原子核小得多,故其运动速度比后者高若干个数量级,电子处于高速运动中,而原子核只是在它们的平衡位置附近热振动。但当核的位置发生微小变化时,电子能迅速调整自己的运动状态使之与变化后的库仑场相适应。换句话说,电子能绝热于原子核的运动。基于这一特性,波恩(Born)与奥本海默(Oppenheimer)建议可将电子与原子核的运动分开处理,称之为玻恩-奥本海默近似或称核固定近似。其要点为:①将固体整体平移、转动(外运动)和核的振动运动(外运动)分离出去;②考虑电子运动时,以固体质心作为坐标系原点,并令其随固体整体一起平移和转动,同时令各原子核固定在他们振动运动的某一瞬间位置上;③考虑核的运动时不考虑电子在空间的具体分布。这样,通过分离变量就可以写出电子在空间的具体分布。在这个近似中,系统的晶格动力学特性由薛定谔方程的本征值 E 和本征函数决定。

如果对系统加上外场,或更一般地说,对系统施以某种扰动的话,则系统的一些性质,如热力学量,会产生相应的变化,这就叫响应(response)。如果外场(扰动)比较小,则热力学量的变化与外场(扰动)成正比,为线性关系,这就是线性响应。其比例系数(一般是个函数)称为线性响应函数(linear response function)。它可以用格林函数来表达。推导线性响应公式有两个前提:一是扰动较小,这里较小的含义是:由扰动引起的哈密顿可以作为微扰来处理。二是响应能够及时追随扰动。为了做到这一点,需要假定绝热条件,令扰动是缓慢加上去的。线性响应计算已经在各种第一原理代码中实现,并且常规地应用于越来越多的系统。相比之下,非线性响应公式主要限于量子化学问题。虽然已经计算了大量分子的超极化,考虑到电子和振动离子贡献,在凝聚物质物理学中的应用还集中在比较简单的情况。

基于密度泛函微扰理论，可以计算周期性固体的非线性相应函数和相应的物理性质。对于线性和非线性响应计算，计算原子位移，均匀的电场和应变反应的技术细节都是基于密度泛函微扰理论（DFPT）。对于线性和非线性响应计算，计算原子位移，均匀的电场和应变反应的技术细节都是基于密度泛函微扰理论（DFPT）[13-18]。为了获得非线性光学性质，利用基于 $2n+1$ 理论的三阶能量函数，该计算只需要第一阶波函数，考虑三个厄米扰动 λ_1，λ_2 和 λ_3，能量 E 混合三阶导数可以从基态波函数计算出结果，

$$E^{\lambda_1\lambda_2\lambda_3}=\frac{1}{6}\frac{\partial^3 E}{\partial\lambda_1\lambda_2\lambda_3}\bigg|_{\lambda_1=0,\lambda_2=0,\lambda_3=0}. \tag{2-79}$$

利用泰勒展开，极化强度 P 和宏观电场 ε 之间关系如下：

$$P_i=P_i^s+\sum_{j=1}^{3}x_{ij}^{(1)}\varepsilon_j+\sum_{j,l=1}^{3}x_{ijl}^{(2)}\varepsilon_j\varepsilon_l+\cdots, \tag{2-80}$$

其中：P_i^s 为零电场的自发极化；$x_{ij}^{(1)}$ 为线性介电常数；$x_{ijl}^{(2)}$ 为二阶非线性光学系数。对于非线性光学系数，只考虑电子的贡献（在固定位置的离子）和低频电场的能量的三阶导数，Ω_0 为原胞的体积

$$\chi_{ijl}^{(2)}=-\frac{3}{\Omega_0}E^{\varepsilon_i\varepsilon_j\varepsilon_l}. \tag{2-81}$$

基于上述定义式，可以考虑三个扰动电场时获得非线性光学系数。此外，它是非常适合于采用另一种非线性光学系数的表示形式 $x_{ijl}^{(2)}$，

$$d_{ijl}=\frac{1}{2}x_{ijl}^{(2)}. \tag{2-82}$$

2.2 赝势平面波和全势线性缀加平面波方法

在 Kohn-Sham DFT 的框架中，最难处理的多体问题（由于处在一个外部静电势中的电子相互作用而产生的）被简化成了一个没有相互作用的电子在有效势场中运动的问题。这个有效势场包括外部势场以及电子间库仑相互作用的影响，例如，交换和相关作用。处理交换相关作用是 KS DFT 中的难点。目前并没有精确求解交换相关能 EXC 的方法。最简单的近似求解方法为局域密度近似（local density approximation，LDA）。LDA 近似使用均匀电子气来计算体系的交换能（均匀电子气的交换能是可以精确求解的），而相关能部分则采用对自由电子气进行拟合的方法来处理。在凝聚态领域，根据基矢和近似方法的不同，现在比较常用的方法都有：FP-LCAO（full potential-Linear combination of atomic oribtals，全势-线性原子轨道

组合方法),FP-LMTO(full potential-linear muffin-tin orbitals,全势-线性 muffin-tin 轨道方法),FP-LAPW(full potential-linearized augmented plane-wave,全势-线性化缀加平面波方法),pseudopotential plane-wave (PP-PW,赝势-平面波方法)。

根据 Kahn-Sham 方程,可以计算多电子体系对应的基态性质。在求解 Kahn-Sham 方程的过程先选取基函数 φ_i,接着将单粒子的波函数用基函数展开。因此,选取适当的基函数构成了求解 Kahn-Sham 方程的关键性问题。在近自由电子模型中,假定周期性势场的变化起伏很小,一些金属计算得到的能带结果与实验室是相符合的。但是在实际的固体中,在原子核附近,由于库伦相互作用导致周期性势场偏离平均值很远。离子实内部势场对电子波函数影响很大,引起了电子波函数的剧烈变化。在原子核附近,显然势场不能看作是起伏很小的微扰场,这样的矛盾必须用赝势平面波来解决。由于原子核的外层电子对内层电子具有库伦屏蔽作用,导致它的化学性质不活跃,因此,在靠近原子核区域,人们将相对平缓的赝电子波函数来取代电子波函数,这就是赝势平面波方法。赝势平面波方法简捷而有效,在材料模拟计算过程中得到了普遍的应用。

但是如果要处理涉及近核区域的基本物理性质,赝势平面波方法就会显示出一定的局限性。在实际计算中,人们寻找其他类型基函数从而避免赝势平面波相应的缺点。其中,一种基函数为线性缀加平面波方法(linearized augmented plane wave ,LAPW)是比较常用的。在 LAPW 方法中,可以把整个固体划为以原子作为中心的 muffin-tin 球形区域以及原子球形区域外的间隙区域。以 LAPW 方法为基础,在某个能量附近,把球内基函数对应的径向波函数进行泰勒展开,可以获得 LAPW 的基函数。后来,LAPW 方法有了进一步的发展,改进了势的形状的限制,该方法即为全势线性缀加平面波方法(FP-LAPW)。

半导体、非线性光学材料、金属氧化物、玻璃、陶瓷等固体材料,对电子工业、航空航天以及石油、化工等工业领域有着非常重要的战略意义。对这些材料而言,其电子的结构与性质,以及表面和界面的性质与行为都非常重要。半导体和其他固体材料的许多性能由电子性质决定,而电子性质又由原子结构决定,特别是缺陷在改变电子结构上的作用对半导体性质尤为重要。分子模拟,特别是量子物理技术,可用来预测原子和电子结构及分析缺陷对材料性能的影响。Materials Studio(简称 MS)是美国 Accelrys 公司针对材料科学研究而开发的新一代的具有最高技术水平的材料模拟软件,在它的帮助下,人们可以解决当今材料、化学工业中的一系列重要问题。它支持 Windows 2000/Windows 2003/NT/XP/Windows 7、Unix、Linux 以及其他多种操作平台。现在最新的版本已经是 MS4.3 版本了。它采用很多种算法(蒙特卡罗、分子动力学、密度泛函等等方法),在几何结构优化、材料性质预测和分析、复杂的动力学模拟和量子化学计算及 X 射线衍射分析中,用户都可以通过一些简单易学的操作得到可靠的计算数据。模拟的内容包括聚合物、固体及表面、催化剂、晶体与衍射、化学反应等材料和化学研究领域的一系列问题。Materials Studio 程序包包括 CASTEP、DMol、Discover、COMPASS、VAMP 等十多个计算模块,本书的研究工作中用到了 CASTEP 和 DMoL3 模块。

2.2.1 CASTEP 软件介绍

CASTEP (cambridge sequential total energy package)模块是由英国剑桥大学凝聚态理论研究组编写开发的。此软件采用平面波赝势方法,广泛使用于半导体、陶瓷、金属等多种材料,能够用来研究半导体缺陷掺杂、固体和表面的电子结构、低维材料、表面化学、单分子和分子晶体、物理和化学吸附、非金属的热力学及晶体的光学性质等性质。CASTEP 中运用的基本算法是在 20 世纪六七十年代发展起来的,80 年代早期主要被美国的少数几个研究小组所使用。当时,计算仅限于原子数量很少的半导体系统,且人们认为不能把赝势技术实际应用到过渡金属中。对角化的哈密顿函数矩阵所决定了电子的本征状态,由于计算机硬件的限制,最大只能处理 1000×1000 的矩阵。在总能量的计算中,每个原子至少需要上百个左右平面波来表征其电子轨道,10 个原子至少需要上千个左右平面波,这就是可处理的最大体系。R. Car 和 M. Parrinello 于 1985 年优化和改进了算法:①将确定电子波函数的迭代与电子势能自洽的迭代进行重叠;②采用快速傅里叶变换来减少操作电子波函数哈密顿方程时所需要的内存和计算量;③在哈密顿函数矩阵的计算中,直接对角变换被迭代对角变换代替。这样就能够对数十个原子体系进行计算。随着算法的不断改进,如今 CASTEP 采用更有效的共轭梯度方法来寻找基态的电子构型,并提供两种更新选择:每次只更新单个波函数或者同时更新所有电子波函数(第一种方法节省所需内存,第二种方法节约计算时间)。

CASTEP 能有效地研究存在点缺陷、空位、替代杂质、位错等的半导体和其他材料中的性能。CASTEP 的量子力学方法,为深入了解固体材料的这些性质并进而设计新的材料,提供了强有力的工具。基于密度泛函平面波赝势方法的 CASTEP 软件可以对许多体系包括像半导体、陶瓷、金属、矿石、沸石等进行第一原理量子力学计算。典型的功能包括研究表面化学、带结构、态密度和光学性质。它也能够研究体系电荷密度的空间分布和体系波函数。CASTEP 还可以用来计算晶体的弹性模量和相关的机械性能，如泊松系数等。CASTEP 中的过度态搜索工具提供了研究气相或者材料表面化学反应的技术。

总的来说，CASTED 可以实现：计算体系的总能；进行结构优化；执行动力学任务；在设置的温度和关联参数下，研究体系中原子的运动行为；计算周期体系的弹性常数；化学反应的过度态搜索等。

除此之外，CASTED 还可以计算一些晶体的性质，如能带结构、态密度、聚居数分析、声子色散关系、声子太密度、光学性质、应力等。量子力学计算精确度高但计算密集。直到最近，表征固体和表面所需的扩展体系的量子力学模拟对大多数研究者来说才切实可行。然而，不断发展的计算机功能和算法的进步使这种计算越来越容易实现。

与许多该领域一流专家一起工作推动固体量子力学发展，通过提供可方便直接进入上述 CASTEP 计算方法中。CASTEP 软件的主要理论如下：

1）密度泛函理论（DFT）。CASTEP 的理论基础是电荷密度泛函理论在局域密度近似（LDA）或是广义梯度近似（GGA）的版本。DFT 所描述的电子气体交互作用被认为是对大部分的状况都是够精确的，并且它是唯一能实际有效分析周期性系统的理论方法。

2）Hohenberg-Kohn 理论。体系的电子行为由 Schrodinger 方程描述。如果只考虑系统的平衡态，则电子结构与时间无关，由定态 Schrodinger 方程描述为

$$H\psi = E\psi. \tag{2-83}$$

式中：E 为电子的能量；$\psi=\psi(X_1,X_2,\cdots,X_N)$ 是多电子波函数（X_i 为电子 i 的空间坐标和自旋坐标），H 为哈密度算符。在由原子组成的体系中，由于原子核比电子的质量大得很多（$10^3\sim10^5$ 倍），因此在研究电子结构时，可以认为原子核固定不动，这就是所谓的 Born-Oppenhermer 近似（或称绝热近似）。对于超过两个电子以上的体系，Schrodinger 方程是很难严格求解的，因此从 Schrodinger 方程更不能严格求解多电子体系的电子结构。而密度泛函理论将多电子波函数 $\psi(X_1,\cdots,X_N)$ 和 Schrodinger 方程用非常简单的电荷密度 $\rho(r)$ 和对应的计算方案来代替，提供了一条研究多电子系统的电子结构的有效途径。

1964 年，Hohenberg 和 Kohn 建立起密度泛函理论的基本框架。首先采用电荷密度 $\rho(r)$ 作为描述体系性质的基本变量并提出了两个定理。第一定理表述为：外场势是电荷密度的单值函数（可相差一常数），它的推论

是，任何一个多电子体系的基态总能量都是电荷密度$\rho(r)$的唯一泛函，$\rho(r)$唯一确定了体系的（非简并）基态性质。第二定理表述为：对任何一个多电子体系，总能的电荷密度泛函的最小值为基态能量，对应的电荷密度为该体系的基态电荷密度。Hohenberg-Kohn 的密度泛函理论（DFT）只有对基态才是严格成立的，这使得将 DFT 应用在考虑电子作用的核动力学的计算中受到一定的限制。

局域（自旋）密度近似在第一性原理计算中得到了广泛的应用，并且在大多数情况下给出了较好的结果，与实验结果符合的很好，然而，在某些方面还存在不足。严格地说局域密度近似只适用于密度足够缓慢变化或者高密度情况，对于一般的密度变化并不缓慢体系的描述，理论上并不清楚。在计算上，人们对局域密度近似进行了改进和修正，比如自相互作用修正（SIC）、自能修正（SEC 或 GWA）、在为库仑修正（L(S)DA＋U）以及本节中即将介绍的广义的梯度近似（GGA）。

在 CASTEP 里预设的是 GGA，在很多状况下它被认为是比较好的方法。LDA 会低估分子的键长（或键能）以及晶体的晶格参数，而 GGA 通常会补救这一缺点。梯度修正的方法在研究表面的过程、小分子的性质、氢键晶体以及有内部空间的晶体（费时）是比较精确的。有许多证据显示 GGA 会在离子晶体过度修正 LDA 结果；当 LDA 与实验符合得非常好的时候，GGA 会高估晶格长度。

3）赝势。电子-离子间的交互作用可以用赝势的观念来描述。CASTEP 中有两种赝势，一种是规范-守恒赝势（norm-conserving pseudo-petential），另一种是超软赝势（ultrasoft pseudopotential）。

Norm-conserving 赝势是相当有名的而且是经彻底验证的。在这种方法中，赝波函数在定义的核心区域的截止半径以上是符合全电子波函数的。它要求改造后的波函数其在截止半径 R_c 之内的总电荷量仍要等于未改造前 R_c 之内总量的大小，这样赝势的精确度能够大幅的提升。因此，取距原子中心 R_c 处为划分点，赝势产生 R_c 以上的波函数完全保留，而 R_c 以内则对波函数加以改造。主要是要把振荡剧烈的波函数改造成一个变化缓慢的波函数，而它需要是没有节点的。少了剧烈振荡不但允许只以相对很少的平面波来展开波函数，没有节点的（径向）波函数也意味着没有比它本征值更低的量子态来与它正交。求解内层电子的需要就自动消失了。以这样一个假的赝势能够在同样的本征值的情况下给出一价电子近似解，把它叫做是赝势 Vpseudo(Vp)。在 CASTEP 中引用的是最佳化的方法，然而描述第一列（碳、氮、氧）或过渡金属（镍、铜、钯）等局域化价电子轨域的所需之截止能量仍然经常还是太高。norm-conserving 赝势能够在实空间或是倒空间的波函数来使用;实空间的方法提供了对于系统而言比较好的可测量性。

超软赝势(ultrasoft pseudopotential)其特色是让波函数变得更平滑,也就是所需的平面波基底函数更少。Vanderbilt 所提出来的超软赝势的想法是不用释放非收敛性条件,用这样的方法来产生更软的赝势。在这个方法里,虚波函数在核心范围是被允许作成尽可能越软(平滑),以至于截止能量可以被大大地减小。就技术上而言,这是靠着广义的正交条件来达成的。为了要重建整个总的电子密度,波函数平方所得到电荷密度必须在核心范围再加以附加额外的密度进去。这个电子云密度因此就被分成两各部分,第一部分是一个延伸,是整个单位晶包平滑部分,第二部分是一个局域化在核心区域的自旋部分。前面所提的附加部分只是出现在密度,并不在波函数。这和像 LAPW 那样的方法不同,在那些方法中类似的方式是运用到波函数。

超软赝势(USP)产生算法保证了在预先选择的能量范围内会有良好的散射性质,这导致了赝势更好的转换性与精确性。超软赝势(USP)通常也借着把多套每个角动量通道当作价电子来处理浅的内层电子态。这也会使精确度跟转换性更加提升,虽然计算代价会比较高。目前,超软赝势(USP)只可以在倒置空间中使用。

4)分子轨道的自洽求解。密度泛函理论是基于 Hohenberg-Kohn 定理,该定理表明体系基态的性质由电荷密度决定,体系的总能量是电荷密度 ρ 的函数。$T[\rho]$是密度为 ρ 的电子的动能,$U[\rho]$是经典的库仑相互作用静电能,$E_{xc}[\rho]$包括了多体相互作用对总能的贡献,其中交换-关联能是主要的部分。从波函数构造电子密度,最终得到分子轨道的自洽场方程,它是非线性方程,只能用迭代方法求解。由给定初始的 C_{iu},构造初始的分子轨道 φ,再构造电荷密度,然后计算出 H,代入 $H_C=\varepsilon S_C$ 求出新的 C_{iu},计算新的 φ 和新的 ρ_{in},若 $\rho_{in}=\rho_{out}$,则可计算出总能 E_t,进一步得到其他性质。

CASTEP 软件的使用如下:

1)计算任务的设置。在 CASTEP 软件中行任务设置,主要是通过 Visualizer 应用窗口中的工具条之一“Calculation”来进行。可以更改工具框中的相应选项,来配置诸如“电子选项”“结构优化选项”和“电子和结构性质选项”等。这几个选项是在运用 CASTEP 计算研究中非常重要的几个技术参数。其中,“电子选项”是很多其他计算任务也要涉及的。

在 CASTEP 中还有如动力学、结构优化、弹性常数、过渡态等计算的设置。在程序运行之前,从研究的问题出发,要将软件中关键的一些任务参数设置成符合计算需要的值,才能得到所期望的运算结果。在利用 CASTEP 做有关能量、动力学、结构优化、弹性常数、过渡态等计算时,必须对电子选项进行设置。在电子选项中主要有精度设置、交换-关联函数的设置、赝势的设置、截断能的设置、K 点的设置。

2)结构优化任务的设置。结构优化是 CASTEP 计算中经常要进行的计算任务，特别是想要计算所关注体系的各种性质的时候，必须首先进行结构优化的计算，在得到结构优化结果文件以后，才能进行性质的计算。所以，正确的设置结构优化的参数是非常重要的。在 CASTEP 软件中，有四个参数来控制结构优化的收敛参数，第一个是能量的收敛精度，单位为 eV/atom，是体系中每个原子的能量值；第二个是作用在每个原子上的最大力收敛精度；第三个是最大应变收敛精度，单位为 GPa；第四个是最大位移收敛精度。这些收敛精度指的是两次迭代求解之间的差，只有当某次计算的值与上一次计算的值相比小于设置的值时，计算才停止。

3)计算体系性质的设置。在 CASTEP 中可以计算体系的性质，如能带结构、态密度、聚居数分析、声子色散关系、声子太密度、光学性质、应力等。在计算能带和态密度这两项的计算设置之前，必需先进行自洽计算得到基态能量，而结构优化能够做到这一点，所以要在计算能带和态密度之前对体系进行结构优化。

4)计算结果的分析。如果计算时把计算模型取名为 66，能带计算完成后，会有名为 *.castep 的文件生成。首先在 Visualizer 界面中把该文件打开，接着点击 Visualizer 应用窗口中的工具条，"Analysis"就会有对话框出现。该对话框中的"Scissors"选项是剪刀工具，可以把能带作一个微调。选择图形显示的方式，分为点、线、点线结合三种。若选择线"Line"，在计算了能带以后，可以同时把总的态密度显示出来。然后选中"view"按钮，则在 Visualizer 界面中会显示能带和对应的总的态密度图，得到的能带和总的态密度图还可以导出到如 origin 软件中进行处理，以利于更直观的分析。

2.2.2 ATK 软件简介

一个能模拟纳米结构体系和纳米器件的电学性质和量子输运性质的第一性原理电子结构计算程序。对于所模拟的纳米器件的电极，它可以是纳米管或金属。对于所模拟的纳米结构体系，它可以是两种不同材料形成的界面区，或界于两个金属表面之间的分子。ATK 是由 Atomistix 公司在 McDCal、SIESTA 和 TranSIESTA 等电子结构计算程序包的基础上根据现代软件工程原理开发出来的第一个商用的模拟电子输运性质的大型计算软件，它的前身是 TranSIESTA-C。

基于密度泛函理论，ATK 实现了赝势法和原子轨道线性组合方法等现代电子结构计算方法。在此基础上，它利用非平衡格林函数方法来处理纳米器件在外置偏压下的电子输运性质。因此它能处理纳米器件中的两个电极具有不同化学势时的情况，能计算纳米器件在外置偏压下的电流、穿过接触结的电压降、电子透射波和电子的透射系数等。ATK 也实现了自旋极化的电子结构计算方法，因此它也可以处理纳米器件中相关的磁性和自旋输运问题。除此之外，ATK 也能进行传统的电子结构计算，处理孤立的分子体系和具有周期性的体系。另外 ATK 也采用非常有效和稳定的算法来精确地计算原子所受的力并优化体系的几何结构。

20 世纪末，Datta、Ratner、Lang、Guo、Tsukada、和 Kirczenow 等课题组将非平衡态格林函数方法与电子弹性疏运理论结合起来，利用具有特定功能分子两端加金属电极原子构成的扩展分子团簇模型来理论模拟分子器件的电疏运性质。理论计算结果与实验测得的主要疏运特征基本相符，为实验工作提供了理论依据和比较清晰的物理图像解释，使实验工作者有一定的规律可循。但因为他们在计算耦合矩阵、哈密顿矩阵和重叠矩阵时采用了紧束缚方法和扩展休克尔分子轨道理论的半经验方法，因为这两种方法忽略体系电子转移效应，所以其理论结果无法从定量上与实验结果相符。计算所得电流高出实验测定的值一到两个数量级，LUMO-HOMO 的能隙大小也有很大差别，最小电流和最大电流的比值也与实验结果天壤之别。

不同于具有周期性结构的晶体，夹在金属电极之间的分子器件体系是个非平衡非周期性的体系，其电子疏运行为无法被密度泛函方法处理。近年来，上面所述的研究组大大改进了计算方法。他们采用非平衡态格林函数方法结合密度泛函理论的思路来研究分子器件的电疏运问题，取得了较大的成功。他们先基于密度泛函理论方法来计算扩展分子（分子以及连接其两端的部分金属电极）的电子结构，在密度泛函水平上得到其表面格林函数。基于电子密度自洽迭代方法计算分子器件的电势分布以及电压降（voltage drop），再利用非平衡态格林函数方法结合密度泛函理论方法求解其电流-电压曲线、电导、疏运谱等电子疏运性质。基于非平衡态格林函数结合密度泛函理论方法的分子器件第一性原理研究大量的被理论和实验研究者关注，显示出强大的生命力。目前公认较严谨的理论计算方案和程序包之一是 Atomistix ToolKit。它是基于西班牙免费的密度泛函理论的 SIESTA 程序发展起来的，在一定的偏置电压下，能够全自洽地求解整个开放体系下器件的电子输运行为。

Atomistix ToolKit 已经显示出强大的理论预测能力。Atomistix ToolKit 的发明者 Stokbro 等人于 2003 年发表文章理论预测由 Ellenbogen 和 Lowe 提出的“给体-绝缘层-受体”的分子二极管模型几乎没有电流整流效应。他们认为有两个原因导致了整流效应的消失:①提供电流的振动隧穿通道在正负偏置电压下都出现了,没有形成极化;②因为电场感应的振动能级是局域的,振动的输运系数都大大小于1。他们还指出为了得到较好的二极管特征,所选的分子的捐体部分最高占有分子轨道与受体部分的最低未占有分子轨道的能量差要尽量小,以便使振动隧穿通道在较小的偏置电压内形成。Atomistix ToolKit 的发明者 Taylor 等人理论上提出了另外一种产生整流效应的机制:分子与左右电极的不同耦合。他们发现 3-苯环 Tour 分子(3-phenylringTour-molecule)与左右电极都以巯基与金电极相连时,分子器件不显示整流效应。但当将右边的巯基去掉以甲基与金电极物理吸附时,分子器件产生了强烈的整流效应。

2.2.3 CRYSTAL 软件简介

CRYSTAL 是研究晶态固体的最流行程序之一,并且是第一个公开发布的程序。第一个版本发布于1988年,接下来的三个版本是:CRYSTAL92、CRYSTAL95 和 CRYSTAL98。可下载运行于 Linux 的 DEMO 版(每个原胞限制为4个原子)。CRYSTAL 程序使用 Hartree-Fock,密度泛函或各种混合近似方法,计算周期体系的电子结构。周期体系的 Bloch 函数作为原子中心 Gaussian 函数的线性组合展开。程序使用了强大的屏蔽技术研究实空间区域。代码可以用来研究分子、多聚物表面和晶体的物理的、电的和磁的性质,使用全电子基组或者包含有效核势的价基组进行限制性闭壳层,限制性开壳层,或者非限制性计算。可以自动操作空间对称性(230个空间群,80个层群,99个棒群,32个点群)。对分子提供点群对称性和平移对称性。

输入工具可以从三维晶体结构产生平面层(二维体系),或者团簇(零维体系),格子的弹性畸变,或者创建有缺陷的超级晶胞。

1)哈密顿量。Hartree-Fock 理论:限制性和非限制性闭壳层,限制性开壳层;密度泛函理论:局域泛函和广义梯度泛函(交换:Slater LDA,von Barth-Hedin,Becke88,PW91 (PWGGA),PBE;相关:VWN,PW91 LSD, Perdew-Zunger 81, von Barth-Hedin, Lee-Yang-Parr, Perdew86, PW91 GGA,PBE),混合 HF-DFT 泛函(B3PW,B3LYP,用户自定义混合泛函),基于数值求积分方案的数值网格,基于数值方案的密度拟合。

2)能量导数。对核坐标的解析一阶导数,用于 Hartree-Fock 和密度泛函方法,全电子和有效核势计算。

3)计算类型。单点能计算;自动几何优化:修正的共轭梯度算法,晶胞固定几何优化，在优化过程中冻结原子。

4)基组。Gaussian 型基组：s，p，d 型 Gaussian 函数，标准 Pople 基组(STO-nG n＝2-6 (H-Xe)，3-21G (H-Xe)，6-21G (H-Ar)；极化和弥散函数)，用户自定义基组；赝势基组：Hay-Wadt 大核和小核基组，用户自定义赝势基组。

5)周期体系。周期：所有周期体系一起处理(3D 晶体，使用 230 种空间群；2D 膜层和表面，使用 80 种层群；1D 聚合物，使用 99 种棒群；0D 分子，使用 32 种点群)；自动结构编辑(3D 到 2D，平行于所选晶体的表面；3D 到 1D，来自完整晶体的团簇；3D 到 0D，从分子晶体提取分子；3D 到 n3D，创建超级晶胞)，多种结构操作(对称性简化；插入、替代、移动和删除原子)。

6)波函特性与分析。能带结构；态密度：能带投影 DOSS，AO 投影 DOSS；全电子电荷密度——自旋密度：密度图，Mulliken 布居分析，密度解析导数；原子多极矩，电场；电场梯度；结构因子；Compton 轮廓图；电子动量密度；静电势及其导数：量子的和经典的静电势及其导数，静电势图；Fermi 接触；局域 Wannier 函数(Boys 方法)；介电特性：自发极化(Berry 相)，自发极化(局域 Wannier 函数)，介电常数。

7)增强的功能。新的内存管理系统能动态分配内存；代码完全并行化：HF 和 DFT 方法的并行 SCF 和梯度，复制数据版(MPI)，大规模(分布内存)并行版(MPI)。

8) Cerius2 接口。图形界面接口支持结构编辑，远程执行，显示各种特性。

9) Crgraph 2003 工具能够产生 postscript 格式的图形输出。Crystal 06 新增功能：①Γ (k＝0)点的振动频率和红外辐射强度。②总能量相对于晶格参数的解析梯度。③晶胞常数和原子位置的完全结构优化。④Gaussian 基组扩展到 f 极化函数。

2.2.4 DMoL 软件简介

下面介绍一下另外一个软件 DMoL3 的情况。DMoL3 是独特的密度泛函量子力学程序，是唯一可以模拟气相、溶液、表面及固体的性质及行为，并可以同时考虑周期性与非周期性溶剂化效应的商业化量子力学程序，应用于化学、材料、化工、固体物理等许多领域。可用于研究均相催化、多相催化、半导体、分子反应等，也可预测诸如溶解度、蒸气压、配分函数、溶解热、混合热等性质。可计算能带结构、态密度。方便的自旋极化设置，还可用于计算磁性体系。同时还支持基于量子力学的动力学计算。DMoL3 采用原子轨道线性组合法(linear combination of atomic orbitals)。原子轨道线性组合,或者简写为LCAO,就是原子轨道的相互叠加。在量子力学里,原子的电子组态由波函数来描述。从数学上来看,这些波函数构成了函数基组。也就是说,对于给定的原子,它们是描述电子状态的基本函数。在化学反应过程中,轨道波函数会发生改变,例如,根据原子所参与形成的化学键的类型,电子云的形状会相应改变。

原子轨道线性组合的分子轨道方法,或者叫LCAO-MO是量子化学中一种用来计算分子轨道的方法,它于1929年由Sir John Lennard-Jones引入,并且经由Ugo Fano进行了扩展。轨道函数由基函数的线性组合来表示,而基函数是以分子中的原子核为中心的单电子函数。而典型的原子轨道函数一般采用类氢原子的波函数,因为它们的解析形式是已知的(例如:Slater型轨函数),但是除此之外,还可以有别的选择,例如作为基本基函数的Gaussian函数。通过极小化体系的总能,可以求得一组合适的线性组合系数。然而,随着计算化学的发展,LCAO方法已经不太真正用来优化得到实际的波函数了,但它仍可以用来对那些使用更现代的方法得到的计算结果做出预测或者有意义的讨论。然而自从计算化学的发展,LCAO方法通常不再指波函数的实际优化,而是指一种对于预测和分析由很多更现代化的方法得到的结果的讨论。

DMoL是Cerius2和Materials Studio的量子化学模块之一,进行密度泛函计算,适合于用户研究化学、化工、医药、材料科学以及固体物理方面的问题。当前版本DMoL3可以模拟气相、溶液表面以及固体环境中的过程。

1)任务类型:限制和非限制DFT计算,预测结构和能量,搜索和优化过渡态,图形显示反应路径,内坐标几何优化,计算频率,简正振动的动画,量子分子动力学与退火模拟,扫描势能曲面。

2)泛函:局域DFT(PWC,VWN,JMW,KS),GGA DFT(PW91,BLYP,BP,BOP,PBE,VWN-BP,RPBE,HCTH),用于快速计算的Harris泛函。

3)基组:数值AO基组(最小基组,DN,DND,DNP),相对论有效核势和标量相对论全电子基组,有效核赝势,全电子相对论与DFT半核赝势。

4)重新开始任务选项:用矢量或密度重新开始SCF,重新开始几何优化和频率计算,选择CPU数量,指定服务器,监视几何优化的能量和梯度,升级结构,杀死远程服务器的任务。

5)特性:紫外/可见光谱,Mulliken/Hirshfeld/ESP电荷,偶极矩,Fukui指数,核电场梯度,键级分析,生成热,自由能,焓,熵,热容,ZPVE,COSMO溶剂计算,显示分子的轨道、电荷、自旋以及形变密度,显示Fukui函数,产生3D轮廓图和2D截面图,COSMO-RS计算化工特性(溶解度、蒸气压、熔解热)。

6)其他:固体的多个 k-点,实空间截点,使用对称性,SCF 选项:DIIS,密度混合,轨道模糊(smearing)。

7)可以很容易地设置自旋态,用于模拟磁性体系。注意:部分功能不包含在图形用户界面中,需要修改产生的输入文件。

2.2.5 SIESTA 软件简介

SIESTA 用于分子和固体的电子结构计算和分子动力学模拟。SIESTA 使用标准的 Kohn-Sham 自洽密度泛函方法,结合局域密度近似(LDA-LSD)或广义梯度近似(GGA)。计算使用完全非局域形式(kleinman-Bylander)的标准守恒赝势。基组是数值原子轨道的线性组合(LCAO)。它允许任意个角动量,多个 zeta,极化和截断轨道。计算中把电子波函和密度投影到实空间网格中,以计算 Hartree 和 XC 势,及其矩阵元素。除了标准的 Rayleigh-Ritz 本征态方法以外,程序还允许使用占据轨道的局域化线性组合。使得计算时间和内存随原子数线性标度,因而可以在一般的工作站上模拟几百个原子的体系。程序用 Fortran 90 编写,可以动态分配内存,因此当要计算的问题尺寸发生改变时,无需重新编译。程序可以编译为串行和并行(需要 MPI)模式。软件主要有以下功能:总能量和部分能量、原子力、应力张量、电偶极矩、原子、轨道和键分析 (mulliken)、电子密度、几何松弛、固定或者改变晶胞、常温分子动力学、可变晶胞动力学 (parrinello-rahman)、自旋极化计算(共线或者非共线、BZ 区的 k-取样,态的局域和轨道投影密度、能带结构。Siesta 2.0 新增功能:①通过过滤或移到原子格点的方法平滑“蛋箱效应”。②HF 和混合泛函。③QM/MM。④用多格点方法对溶剂中的分子计算 Poisson-Boltzman 方程。⑤其他的线性标度方法。⑥增强的 MD 历史框架。

2.2.6 GAMESS 软件简介

GAMESS 从头计算量子化学程序。可以从 RHF、ROHF、UHF、GVB 和 MCSCF 计算波函,其中一些使用 CI 和 MP2 修正。自洽场的解析梯度用于自动几何优化、过渡态寻找、跟踪反应路径。能量 hessian 的计算允许预测振动频率。GAMESS 可以计算大量的分子特性,从简单的偶极矩到含频率超级极化率。GAMESS 内部储存了大量基组和有效核势,分子中可以包含到 Ra 的所有元素,几个图形程序用于显示最终结果,支持并行计算。

GAMESS(USA)还有三个变体:PC-GAMESS 基于较早版本的 GAMESS(USA),做了很多后期开发,增加了很多 GAMESS(USA)没有的功能,适用于在 PC 机上运行,需单独申请;CyGamess 使用最新版本的 GAMESS(USA)内核,在 Windows 系统上编译,并加入了加简单的输入文件编辑工具和计算控制界面;另外还有专门为 ChemOffice 编译的计算模块 CS-GAMESS,用于在 Chem3D 的界面下执行从头计算。后两个可以在申请 GAMESS(USA)后获得。①计算 RHF、UHF、ROHF、GVB 或 MCSCF 自洽场波函。②计算自洽场能量的 CI 或 MP2 修正。③半经验 MNDO、AM1 或 PM3 波函计算。④对所有自洽场波函计算解析能量梯度。⑤使用能量梯度,按照笛卡尔或内坐标优化分子结构。⑥寻找势能曲面和鞍点。⑦计算能量 hessian,得到简正模式,振动频率和红外强度。⑧追踪反应路径。⑨计算辐射跃迁特性。⑩计算自旋-轨道耦合波函。⑪计算以下分子特性:偶级、四极、八极距;静电势;电场和电场梯度;电子密度和自旋密度;Mulliken 和 Lowdin 布居数分析;位力定理和能量成分。⑫模拟溶剂影响,使用:有效片断势(EFP),极化连续模型(PCM),自洽反应场(SCRF)。⑬产生 Hondo、Meldf、Gamess-UK、Gaussian 9x 的输入文件。⑭自旋-轨道组态相互作用计算。⑮自旋-轨道多组态准简并微扰理论(SO-MCQDPT)。⑯结合 Tinker,进行 QM/MM 计算。⑰耦合簇,包括 CCD、CCSD、CCSD(T)、R-CC 和 CR-CC。⑱在 MCSCF 轨道优化的 CI 步骤中,可以使用限制占据的多个活性空间(ORMAS),它比 FORS (CAS-SCF)使用的行列式更少。⑲GAMESS(12/12/2003 版)新增功能:对于 RHF 参考波函,可以并行计算 CIS 的能量和梯度;三级 Douglas-Kroll 标量相对论修正;用模型核势计算自旋-轨道耦合;计算任何能量值的数值微分,可用来获得核梯度与核 Hessian;使用 RHF 波函的 NMR 程序。⑳GAMESS(05/19/2004 版)新增功能:CASSCF 的解析 Hessians,并实现并行化;基于 RHF 的 EOM-CCSD 和 EOM-CCSD(T)计算激发能;对 SCF 波函(HF,DFT)用 PCM 模型进行溶液计算,并实现与 EFP 模型的接口;把大分子分解成子单元的片断分子轨道方法,可用于计算 RHF/DFT 能量和梯度,MP2 的能量;对 SMP 机群优化,构建在分布式数据接口(DDI)上。㉑GAMESS(11/22/2004 版)新增功能:两个新代码用于加快 AO 双电子积分求解,分别使用转动轴技术进行 s,p,d,l 积分,以及用前体厄米变换方程计算高角动量的积分;改善了 TEI 程序的精度;扩充了 QFMM 代码,可以计算核梯度;在非谐频率计算中使用二次力场近似,用于减少振动 SCF 过程的计算时间。㉒GAMESS(06/27/2005 版)新增功能:用于开壳层 ROHF 参考态的 ZAPT2 并行解析梯度方法;改善了基于行列式的多参考微扰理论程序,使用直接

CI 技术从而减少了磁盘的 I/O，目前可以处理 16 个电子 16 个轨道的大活性空间，可以使用的基组直到 500 个 AO；EFP2 模型加入电荷迁移和色散项；有效片断势方法并行化；耦合簇程序可以计算 CCSD(TQ)能量，可以产生 CCSD 或 EOM-CCSD 态的密度矩阵；对静电连续溶剂模型加入了表面极化和体极化；片断分子轨道方案推广到对不同的片断做多级别的处理，包括做 MCSCF 和耦合簇的计算；提供了两类基组体系，即极化一致基组和相关一致基组。㉓GAMESS(02/22/2006 版)新增功能：加入 CR-CCSD(T)_L；对 RHF 波函解析计算喇曼和超喇曼光谱；对多层溶剂模型 EFP + PCM 计算解析梯度；PCM 溶剂模型使用片段轨道；内置大量模型芯势库和基组库。㉔GAMESS(09/07/2006 版)新增功能：并行计算闭壳层 CCSD 或 CCSD(T)能量；提高了 MCSCF 解析 Hessian 的速度，并且可以计算 ORMAS 型的 MCSCF Hessian；处理核量子力学的核电子轨道方法(NEO)，可用于 HF、MP2、CI，或 MCSCF 级别的核计算；用于连续溶剂静电方法的表面体积极化模型；Elongation 方法用于聚合物的成长；分子轨道的超极化率分析。㉕GAMESS(03/24/2007 版)新增功能：模型芯势(MCP)支持解析梯度的计算；片段分子轨道方法现在包含了三体 MP2 计算以及电子对相互作用的能量分解分析(PIEDA)。该方法还接口到有效片段势的溶剂化模型中；非谐性 VSCF 方法可以计算化合键，并产生内坐标的势能面；密度泛函程序可以用 TDDFT 计算激发态，并大量增加了基态的泛函数量；CIS、TDDFT 和 TDHF 计算闭壳层分子的单重态和三重态激发能，其中 CIS 可以使用解析梯度，TDDFT 和 TDHF 只能使用数值梯度；EFP 模型的屏蔽扩展到高阶和极化中；ORMAS CI 代码并行化；改善了 NEO 选项，可以计算正电子波函数。

2.2.7 ABINIT 程序简介

ABINIT 程序包是基于密度泛函理论(DFT)，采用赝势和平面波基矢的方法来处理由电子和核所组成的体系(分子和具有周期性结构的固体)，它可以计算体系的总能、电荷密度以及电子结构。ABINIT 也可以按 H-F 力和压力来优化体系的几何结构，或进行根据这些力进行分子动力学模拟或计算得到动力学矩阵、Born 有效电荷及介电张量。在密度泛函理论的框架下可以计算分子体系的激发态，也可以基于多体微扰论(GW 近似)来处理激发态。另外，除了 ABINIT 的主要计算模块外，程序包也提供了一些不同的工具模块用来处理计算结果和数据。ABINIT 是采用 GNU 开放源代码的形式来发布的。

作为新材料研究领域的核心，具有力、热、电、磁、声、光等特殊性能的功能材料对高新技术的发展起着重要的推动和支撑作用。随着科学技术的高速发展和社会的进步，单一性能的材料有时很难满足新型功能器件对材料的要求。因此，研究和制备具有多重性能的材料已成为当今材料领域的研究热点。而各种性能之间的耦合效应（例如压电、压磁、声光、电光、热释电等）为多重性能材料的研究与制备提供了可能。众所周知，铁电材料具有铁电性、压电性、热释电效应、声光效应等一系列重要的特性，在铁电存储器、微电子机械系统（MEMS）等领域具有广泛的应用前景。铁磁材料是另外一类非常重要的功能材料，被广泛应用在磁记录、滤波器、传感器等领域。当一种材料具备多铁性时，各铁性（铁电性、铁磁性和铁弹性）之间的耦合作用有可能产生全新的物性，如铁磁-铁电之间的耦合产生新的磁电效应（magnetoelectric effect，ME）。

磁电材料作为多铁性材料中很重要的一类，引起了材料科学工作者越来越多的关注。磁电材料可以实现磁场能量与电场能量之间的相互转换，能够通过磁场控制电极化或者通过电场控制磁极化已成为一种非常重要的功能材料。磁电材料在传感器、磁场探测、磁电能量转换、智能滤波器、磁记录等领域中有着十分诱人的潜在应用。

多铁性材料是指包含两种及两种以上铁的基本性能（铁电性、铁磁性、或者铁弹性）的材料，是一种聚集电性与磁性于一身的多功能材料，其中铁电性是指材料电荷在一定温度范围内具有自发极化，且可在外电场的作用下转向，呈宏观极化；铁磁性是指材料在一定温度范围内具有自发磁化，且可因外磁场的作用而转向，呈宏观磁性。磁电效应是指外加电场可以改变介质的磁学性质，或者外加磁场能够改变介质的电极化性质，这种效应被称作磁电效应（magnetoelectric effect），而具有磁电效应的材料则被称为磁电材料或磁电体。从广义上来说霍尔效应和自旋霍尔效应都是磁电效应，而这些效应甚至都不需要材料是磁性或铁电性，只要是导体或半导体就行。

磁电效应可以分为正磁电效应，即磁场诱导介质电极化：$P=\alpha H$，和逆磁电效应，即电场诱导介质磁极化：$M=\alpha E$，其中 P 和 M 分别为诱导电极化强度和磁化强度，H 和 E 为外加磁场和电场，α 为磁电耦合系数。我们常说的磁电效应一般都是指磁致电极化的正磁电效应。由于磁电材料在外加磁场强度 H 的作用下产生电极化强度 P，所以采用磁电转换系数 $\alpha=\partial P/\partial H$ 表征磁电效应的大小。而实际中常用磁电电压转换系数 $\alpha_E=\partial E/\partial H$ 来表征磁电效应的大小，表示磁电材料在单位外加磁场强度 H 作用下，产生的电场强度 E 的大小。

强磁性材料在受到外加磁场作用时引起的电阻变化称为磁电阻效应。

不论磁场与电流方向平行还是垂直，都将产生磁电阻效应。前者（平行）称为纵磁场效应，后者（垂直）称为横磁场效应。一般强磁性材料的磁电阻率（磁场引起的电阻变化与未加磁场时电阻之比）在室温下小于 8%，在低温下可增加到 10%以上。已实用的磁电阻材料主要有镍铁系和镍钴系磁性合金。室温下镍铁系坡莫合金的磁电阻率约 1%～3%，若合金中加入铜、铬或锰元素，可使电阻率增加；镍钴系合金的电阻率较高，可达 6%。与利用其他磁效应相比，利用磁电阻效应制成的换能器和传感器，其装置简单，对速度和频率不敏感。磁电阻材料已用于制造磁记录磁头、磁泡检测器和磁膜存储器的读出器等。有机分子磁性材料分为两种：一种是纯有机分子磁体，是以碳、氮、氧、硫和氢等轻元素组成的有机化合物，它们大多含有稳定 NO 自由基。另一类是电荷转移复合物，它们大都是含有金属离子的有机化合物，属于非纯有机分子磁体。有机分子磁性材料的磁性表现在分子水平上，又可通过化学合成而控制其结构，因此很有希望用作磁存储单元，极大地提高存储密度。因此，它和已经研究成功的有机分子导线，有机分子开关及有机分子逻辑元件等组合在一起，成为完整的有机分子功能块，则会使计算机面貌大为改观。

电子结构理论的经典方法，特别是 Hartree-Fock 方法和后 Hartree-Fock 方法，是基于复杂的多电子波函数的。密度泛函理论的主要目标就是用电子密度取代波函数。因为多电子波函数有 $3N$ 个变量（N 为电子数，每个电子包含三个空间变量），而电子密度仅是三个变量的函数，无论在概念上还是实际上都更方便处理。虽然密度泛函理论的概念起源于 Thomas-Fermi 模型，但直到 Hohenberg-Kohn 定理提出之后才有了坚实的理论依据。Hohenberg-Kohn 第一定理指出体系的基态能量仅仅是电子密度的泛函。Hohenberg-Kohn 第二理证明了以基态密度为变量，将体系能量最小化之后就得到了基态能量。最初的 HK 理论只适用于没有磁场存在的基态，虽然现在已经被推广了。最初的 Hohenberg-Kohn 定理仅仅指出了一一对应关系的存在，但是没有提供任何这种精确的对应关系。正是在这些精确的对应关系中存在着近似，这个理论可以被推广到时间相关领域，从而用来计算激发态的性质。

密度泛函理论最普遍的应用是通过 Kohn-Sham 方法实现的。在 Kohn-Sham DFT 的框架中，最难处理的多体问题（由于处在一个外部静电势中的电子相互作用而产生的）被简化成了一个没有相互作用的电子在有效势场中运动的问题。这个有效势场包括了外部势场以及电子间库仑相互作用的影响，例如，交换和相关作用。处理交换相关作用是 KS DFT 中的难点。目前并没有精确求解交换相关能 EXC 的方法。最简单的近似求解方法为局域密度近似(LDA近似)。LDA近似使用均匀电子气来计算体系的交换能(均匀电子气的交换能是可以精确求解的),而相关能部分则采用对自由电子气进行拟合的方法来处理。

自1970年以来,密度泛函理论在固体物理学的计算中得到广泛的应用。在多数情况下,与其他解决量子力学多体问题的方法相比,采用局域密度近似的密度泛函理论给出了非常令人满意的结果,同时固态计算相比实验的费用要少。尽管如此,人们普遍认为量子化学计算不能给出足够精确的结果,直到20世纪90年代,理论中所采用的近似被重新提炼成更好的交换相关作用模型。密度泛函理论是目前多种领域中电子结构计算的领先方法。尽管密度泛函理论得到了改进,但是用它来恰当地描述分子间相互作用,特别是范德瓦尔斯力,或者计算半导体的能隙还是有一定困难的。对于范德瓦尔斯力(又译范德华力),可以采用半经验的色散矫正方法(DFT-D)实现,也可以通过一些非局域混合交换关联泛函(Hybrid exchange-correlation functional)来近似实现(vdW-DF)。而对于半导体体能隙,则一般采用考虑了多体作用(Many-body)的GW方法进行计算。其中G表示格林方程(Green Function),而W表示屏蔽参数。使用不同方法计算金刚石结构的单质半导体硅的禁带宽度(Band Gap),可以对比实验结果,GW方法提供了非常好的近似。硅的带隙,来源于Yambo官方网站在凝聚态领域,根据基矢和近似方法的不同,现在比较常用的方法有FP-LCAO(Full Potential-Linear Combination of Atomic Oribtals,全势-线性原子轨道组合方法)、FP-LMTO(Full Potential-Linear Muffin-tin Orbitals,全势-线性Muffin-tin轨道方法)、FP-LAPW(Full Potential-Linearized Augmented Plane-wave,全势-线性化缀加平面波方法)、Pseudopotential Plane-wave(PP-PW,赝势-平面波方法)

实验上对磁性和铁电材料的研究、制备与开发,迫切需要相应的理论研究来进一步揭示磁性的微观机制和指导相关实验的发展。目前,对材料计算的理论方法大致可以分为两大类:第一种是半经验的计算,第二种是第一性原理计算。半经验计算指的是在计算中针对具体研究的体系,选用特定的模型和一些可调节的经验参数,并在计算过程中不断调节所选的经验参数,使计算结果和实验相吻合。而在第一性原理计算中,不需要可调节的参数,也不需要对特定的体系做某种模型近似,只要给定所研究体系的空间结构、对称性、元素组成等基本的信息,就可以通过自洽地求解相应的单电子量子力学方程而得到它的基态性质。很显然,与前者相比,第一性原理计算由于没有引入人为的可调节的经验参数和近似模型,因此更具有价值,适用范围更广。另一方面,密度泛函理论给研究材料基态的物理性质提供了坚实的理论基础。因此可以在密度泛函理论基础上进行第一性原理计算，从而研究材料的基态和激发态的性质。

第 3 章　铌酸锂型 $ZnTiO_3$ 的铁电和光学性质研究

近年来，非中心对称(NCS)化合物因为其依赖于对称性质，如铁电、压电和二阶非线性光学(NLO)特性等[24-25]，引起了科学家们的广泛兴趣。为了寻找更多的极性氧化物，人们特别关注两类化合物，其中包括二阶 Jahn-Teller 扭曲(SOJT)阳离子(Te^{4+}，Sn^{4+} Ti^{4+}，Mo^{6+}，Nb^{5+}，V^{5+} 等)和具有立体活性孤对电子的阳离子 ns^2(Bi^{3+}，Pb^{2+}，Se^{4+} 等)[26-35]。对于 NCS 化合物，有两种著名的结构：钙钛矿型(Pv 型)和 $LiNbO_3$ 型(LN 型)相。考虑到上述两者之间的结构关系，可以将 $LiNbO_3$ 型结构作为钙钛矿结构的衍生物[36]。通常，大多数 LN 型化合物在一般条件下不能合成，需要高温和高压作为条件。

3.1　$ZnTiO_3$ 的晶体结构和计算参数

2014 年，伊纳古马(Inaguma)等人在高温高压下合成了一种新的 NCS 化合物 LN 型 $ZnTiO_3$。他们的研究结果表明，与 $LiNbO_3$ 和 LN 型 $ZnSnO_3$ 相比，LN 型 $ZnTiO_3$ 具有较大的自发极化和较大的二次谐波产生(SHG)响应。根据 Bartram 等人，Ito 等人和 Inaguma 等人的报告，$ZnTiO_3$ 的两个顺电相分别是钛铁矿(IL)型(六边形空间群)和 Pv 型(正交空间群 Pnma)结构。Ito 等报道 IL-type $ZnTiO_3$ 在 20～25 GPa 的压力下分解为 ZnO 和 TiO_2；受此启发，Inaguma 等人在小于 20 GPa 的情况下成功合成了 LN 型 $ZnTiO_3$[37-40]。正如 Navrotsky 和 Linton 等人所讨论的 LN 型化合物如 $ZnSnO_3$、$FeTiO_3$、$MnTiO_3$ 和 $ZnGeO_3$ 等是来自高压钙钛矿相的亚稳态和淬火产物。因此，LN 型 ZnTiO3 被认为是压力释放时高压钙钛矿相的逆行产物[41-47]。$ZnTiO_3$ 在铁电和两个顺电相中的晶体结构分别如图 3.1 和图 3.2 所示。

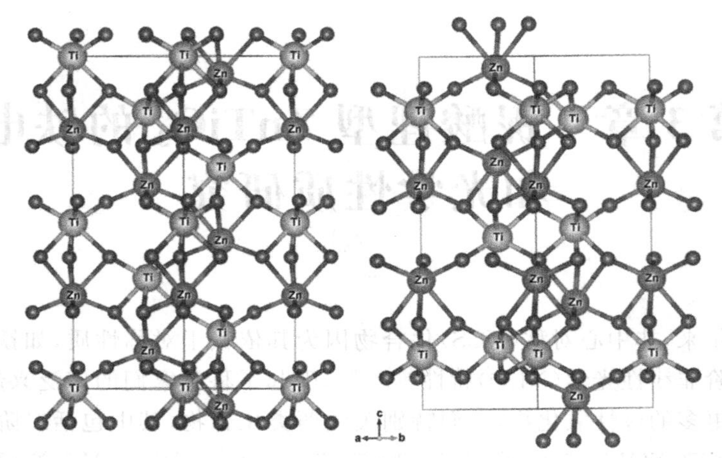

图 3.1 沿 *z* 轴的 $LiNbO_3$(LN)型 $ZnTiO_3$
(左,空间群 R3c)和钛铁矿(IL)型 $ZnTiO_3$(右,空间群 $R\bar{3}$)的晶体结构

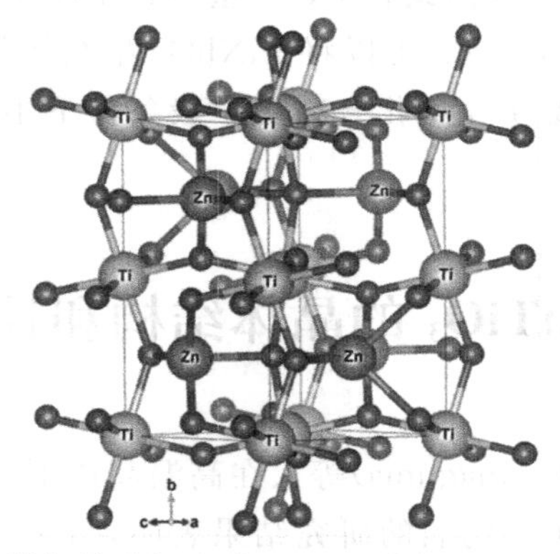

图 3.2 沿 *y* 轴的钙钛矿(Pv)型 $ZnTiO_3$(空间群 Pnma)的晶体结构图

注意最近合成的 LN 型 $ZnSnO_3$ 和 $CdPbO_3$ 是新型极性氧化物(六方空间群 R3c),其仅包括具有 nd^{10}(Zn^{2+} $3d^{10}$,Cd^{2+} $4d^{10}$,Sn^{4+} $4d^{10}$,Pb^{4+} $5d^{10}$)的电子构型的阳离子并提供新政策合成新的极性化合物。对于 LN 型 $ZnTiO_3$,它不仅含有 Zn^{2+}($3d^{10}$),还含有 Ti^{4+}($3d^0$),前者和后来分别属于 nd^{10} 和 SOJT nd^0 阳离子。虽然 LN 型 $ZnTiO_3$ 和 LN 型 $ZnSnO_3$ 具有相似的晶体结构,但实验结果表明 LN 型 $ZnTiO_3$ 的 SHG 强度是 LN 型 $ZnSnO_3$ 的 24 倍。LN 型 $ZnTiO_3$ 的空间群属于 3 m 极性点群,因此该化合物是潜在的压电和非线性光学材料的候选者。因此,LN 型 $ZnTiO_3$ 为我们提供了一个完美的例子来比较 nd^{10} 和 SOJT nd^0 阳离子在其铁电、压电和非线性光学行为中的影响。

为了研究从顺电相到铁电相变的内在相关性,我们分别研究了钛铁矿、

钙钛矿和 $LiNbO_3$ 型 $ZnTiO_3$ 相的区域中心声子模式。另外，到目前为止，还没有关于压电和非线性光学性质的报道，包括拉曼光谱，非线性光学磁化率和 LN 型 $ZnTiO_3$ 中的电光系数。我们进行了第一性原理计算，以研究铁电行为的起源，并分析 LN 型 $ZnTiO_3$ 的压电和非线性光学性质。我们首次研究了这种具有 nd^{10} 和 SOJT nd^0 阳离子的新型材料的压电和非线性光学性质，也可以为实验者带来非常重要的补充。

计算基于密度泛函理论（DFT）的框架，主要使用的软件是 ABINIT[48-49]。为了计算电子结构、自发极化、区域中心声子模式、压电和非线性光学性质，我们采用基于局部密度近似（LDA）的模守恒赝势作为交换相关势。一个 8×8×8 Monkhorst-Pack k 点网格用于平面波截止能为 45 哈特里。Zn 3d，4s 和 Ti 3d，4s 以及 O 2s，2p 电子被认为是构成赝势的价态。电子结构也通过采用基于维也纳 abinitio 模拟软件包（VASP）的超软赝势进行了计算，交换关联势基于 LDA 和 Perdew-Burke-Ernzerhof（PBE）中的广义梯度近似（GGA）函数[50-54]。

极化和压电特性的计算基于线性响应函数，而非线性光学特性的计算基于非线性响应函数。线性和非线性响应计算是基于密度泛函微扰理论（DFPT）进行的[55-57]。均匀电场、原子位移和应力被认为是计算上述物理性质的微扰。当对压电晶体施加应力时，其内部将产生极化现象，在其两个相对的表面上出现正电荷和负电荷的相反。因此，可以通过使用应力作为扰动，从极化的零场导数计算压电应力张量

$$e_{\alpha i}=\left.\frac{\partial p_{\alpha}}{\partial \eta_{i}}\right|_{E}. \tag{3-1}$$

其中，η 和 i 代表二阶应力张量和笛卡尔坐标方向。在实际计算中，压电应力张量来自固定离子的响应和离子的相对位移

$$e_{\alpha i}=\left.\frac{\partial p_{\alpha}}{\partial \eta_{i}}\right|_{\mu}+\sum_{k}\frac{\partial p_{\alpha}}{\partial \mu_{\alpha}(k)}\frac{\partial \mu_{\alpha}(k)}{\partial \eta_{i}}. \tag{3-2}$$

其中，μ 代表离子的位移。对于绝缘体，极化与宏观电场之间的关系可以描述如下：

$$P_{i}=P_{i}^{s}+\sum_{j=1}^{3}x_{ij}^{(1)}\varepsilon_{j}+\sum_{j,l=1}^{3}x_{ijl}^{(2)}\varepsilon_{j}\varepsilon_{l}+\cdots, \tag{3-3}$$

其中：P_i^s 为零电场线性极化；$x_{ij}^{(1)}$ 为线性介电常数；$x_{ijl}^{(2)}$ 为二阶非线性光学（NLO）系数。NLO 和电光（EO）系数可以从 $2n+1$ 定理内的三阶能量导数计算[58-60]。与 $LiNbO_3$ 和 LN 型 $ZnSnO_3$ 一样，使用更方便的 d 张量代表 NLO 系数（$d_{ijl}=\frac{1}{2}x_{ijl}^{(2)}$）。当对某些晶体，特别是压电晶体施加电场时，它们的折射指数，晶体折射率椭球的变化描述其特征称为线性电光（EO）

效应或普克尔斯效应。

$$\Delta(\frac{1}{n^2})_i = \sum_{j=1}^{3} r_{ij}\varepsilon_j. \tag{3-4}$$

其中 n 和 r_{ij} 分别代表折射率和线性 EO 系数($i=1\sim6, j=1\sim3$)。普克尔斯效应仅存在于 NCS 晶体中。电光(EO)张量来自三个部分贡献的总和:电子部分、离子贡献和压电效应。

3.2 $ZnTiO_3$ 的铁电性质研究

首先,我们进行完全几何优化以确定其顺电和铁电相中的晶体参数。根据优化的几何结构(见表 3.1),分别基于超软和标准守恒的赝势进行了 $LiNbO_3$ 型 $ZnTiO_3$ 的电子结构计算。图 3.3 绘制了该化合物沿第一布里渊区中高对称点的能带结构,计算基于 GGA 的模守恒赝势。从该图中可以看出,价带顶部(VB)和导带底部(CB)都位于 Γ(0.0,0.0,0.0),因此该化合物是直接带隙绝缘体。计算的能隙如下:3.054 eV(LDA)和 3.252 eV(GGA)基于模守恒赝势;基于超软赝势的 2.860 eV(LDA)和 2.956 eV(GGA)。因此,模守恒赝势的能隙略大于超软赝势。从表 3.1 可以看出,LDA 和 GGA 的晶格参数略低于实验值。GGA 和 LDA 之间的带隙差异是由计算的晶格参数的差异引起的。由于 DFT 计算低估了带隙,因此该化合物的带隙实际上大于计算值。

表 3.1 基于模守恒和超软赝势计算的钛铁矿(IL)型(空间群)和钙钛矿(Pv)型(空间群 Pnma)和 $LiNbO_3$ 型(空间群 R3c)的 $ZnTiO_3$ 的计算晶格常数和体积

晶格常数和体积 / $ZnTiO_3$ ($R\bar{3}$空间群)	a (Å)	b (Å)	c (Å)	V ($Å^3$)
实验值	5.079	5.079	13.9270	311.1319
计算值 (LDA-NC)	5.0564	5.0564	13.9001	307.7801
晶格常数和体积 / $ZnTiO_3$ (Pnma 空间群)	a (Å)	b (Å)	c (Å)	V ($Å^3$)
计算值 (LDA-NC)	5.2026	7.4146	5.0631	195.3118

续表

晶格常数和体积 / $ZnTiO_3$(R3c 空间群)	a (Å)	b (Å)	c (Å)	V ($Å^3$)
实验值	5.09452(12)	5.09452(12)	13.7177(3)	308.332(12)
计算值 (GGA-NC)	5.2089	5.2089	13.9559	327.9307
晶格常数和体积 / $ZnTiO_3$($R\bar{3}$空间群)	a (Å)	b (Å)	c (Å)	V ($Å^3$)
计算值 (LDA-NC)	5.0878	5.0878	13.5610	304.0071
计算值(GGA-ultrasoft)	5.1384	5.1384	13.9478	318.9250
Present (LDA-ultrasoft)	5.0211	5.0211	13.5725	296.3407

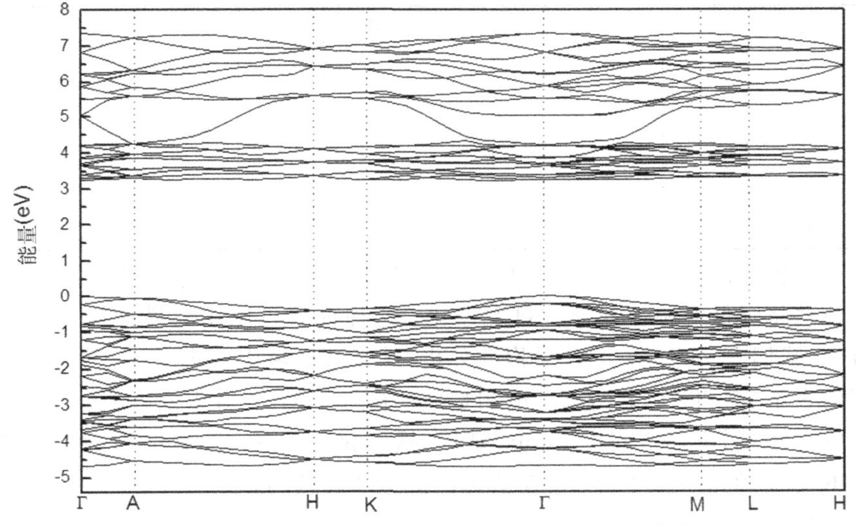

图 3.3　基于 GGA 的模守恒赝势，沿布里渊区中高对称方向的 $LiNbO_3$ 型 $ZnTiO_3$ 的能带结构

铁电材料最基本的特性是在某些温度范围内具有自发极化，并且极化可以随外部电场反转。利用 R. D. King-Smith 和 D. Vanderbilt 提出的 Berry-phase 方法[61-62]，基于有限电场计算了 LN 型 $ZnTiO_3$ 的自发电极化。结果表明，P_x 和 P_y 的极化几乎等于零，因此极化主要沿 z 轴方向。总极化由离子(Pion)和电子(Pele)贡献组成。基于 LDA 的结果表明，总极化强度为 90.43 $\mu C/cm^2$，Pion 和 Pele 值分别为 89.07 $\mu C/cm^2$ 和1.36 $\mu C/cm^2$。因此，电极化主要来自离子贡献。根据 GGA 计算结果，总极化为 93.14 $\mu C/cm^2$，Pion 和电子 Pele 的值为 91.73 $\mu C/cm^2$ 和1.41 $\mu C/cm^2$。根据实验值，由 Born 有效电荷和名义电荷获得的极化值为 88 $\mu C/cm^2$ 和 75 $\mu C/$

cm^2。我们的结果略大于它们的值,并与基于 Born 有效电荷的结果一致。

铌酸锂型 $ZnTiO_3$ 的波恩有效电荷如表 3.2 所示。Zn、Ti 和 O 的名义电荷分别为+2,+4 和−2。通过比较这些离子的 Born 有效电荷和它们的标准值,发现 Zn、Ti 和 O 的有效电荷数 Z^*(尤其是 Ti 原子中的 $Z_{xx}{}^*$ 和 $Z_{yy}{}^*$,O1 中的 $Z_{yy}{}^*$ 和 O2 中的 $Z_{xx}{}^*$)原子显示出明显的异常,这是铁电体的一个重要特征。从表 3.2 中可以看出,Zn 和 Ti 原子的 Z^* 主要集中在对角元素上,非对角元素的值很小或等于零,这与沿 Z 轴方向可能的自发极化一致。与 Zn 和 Ti 原子的 Z^* 相比,O 原子的 Z^* 张量显示出强烈的各向异性,这应归因于 Zn 3d—O 2p 和 Ti 3d—O 2p 轨道杂化引起的结构形变。

表 3.2 计算的 LN 型 $ZnTiO_3$ 中 Zn,Ti,O1～O3 的波恩有效电荷

原子	Z^*_{xx}	Z^*_{yy}	Z^*_{zz}	Z^*_{xy}	Z^*_{yx}	Z^*_{xz}	Z^*_{zx}	Z^*_{yz}	Z^*_{zy}
Zn	2.59	2.59	2.29	0.24	−0.24	0.00	0.00	0.00	0.00
Ti	6.16	6.16	5.34	−0.54	0.54	0.00	0.00	0.00	0.00
O1	−2.19	−3.64	−2.54	−0.58	−0.55	−0.31	−0.35	−1.28	−1.32
O2	−3.77	−2.06	−2.54	−0.35	−0.34	1.27	1.32	0.37	0.37
O3	−2.79	−3.04	−2.54	0.90	0.92	−0.96	−0.97	0.91	0.95

在铁电晶体中,在经历顺电转变为铁电转变之后,阴离子和阳离子的相对位移将降低对称性并导致自发极化。这种现象可以用软模理论来解释。首先,我们在 $ZnTiO_3$ 进行对称性分析,并将其区域中心声子模式划分为不可约表示。$ZnTiO_3$ 的两个顺电相是钛铁矿(IL)型(六方空间群 $R\bar{3}$)和钙钛矿(Pv)型(斜方晶空间群 Pnma)结构,铁电相是 $LiNbO_3$ 型结构(六方空间群 R3c)。在该化合物中,存在从钛铁矿型结构到钙钛矿型,然后到 $LiNbO_3$ 型结构的连续相变。

在高对称性 IL 型 $ZnTiO_3$(空间群空间群 $R\bar{3}$)中,原胞中有 10 个原子。所有 30 个振动模式(包括 3 个声学模)由 4 个不可约表示组成。

$$\Gamma(R\bar{3}) = 5A_g \oplus 10E_g^* \oplus 5A_u \oplus 10E_u^*. \quad (3\text{-}5)$$

在这些模式中,三种声学模式由一个 A_u 和两个 $E_u{}^*$ 模式组成。在光学模式中,A_g 和 $E_g{}^*$ 显示拉曼活性,而 A_u 和 E_u 显示红外(IR)活性。相应的区域中心光学声子模式如表 3.3 所示。

表3.3 钛铁矿(IL)型 $ZnTiO_3$ 的区域中心光学声子模式的计算频率

单位：cm^{-1}

A_u	A_g	E_u	E_g
182.88	137.31	187.49	172.99
368.25	213.20	267.39	248.74
469.14	356.79	387.31	309.73
660.88	442.07	481.90	453.06
	678.17		578.94

在其钙钛矿型顺电相(空间群 Pnma)中，原胞中有 20 个原子。Γ 点(包括三种声学模式)的所有 60 个声子模式可以分为 8 个不可约表示组成。

$$\Gamma(\mathrm{Pnma}) = 7A_g \oplus 5B_{1g} \oplus 7B_{2g} \oplus 5B_{3g} \oplus 8A_u \oplus 10B_{1u} \oplus 8B_{2u} \oplus 10B_{3u}. \tag{3-6}$$

在这些模式中，钙钛矿型 $ZnTiO_3$ 的三个零频声学支分别在 B_{1u}，B_{2u} 和 B_{3u} 中。另外，注意到，A_g，B_{1g}，B_{2g} 和 B_{2g} 光学模式是拉曼活性的，B_{1u}，B_{1u} 和 B_{3u} 光学模式是红外(IR)活性的，并且 A_u 是哑膜。除了三种声学模式之外，还有 $7A_g$，$5B_{1g}$，$7B_{2g}$，$5B_{3g}$，$8A_u$，$9B_{1u}$，$7B_{2u}$ 和 $9B_{3u}$ 光学声子。表 3.4 中给出了相应的区域中心光学声子模式。从表中发现在 B_{2u}(124.12i)和 B_{3u}(101.57i)中分别存在两个虚频率。

表3.4 钙钛矿(Pv)型 $ZnTiO_3$ 中区域中心光学声子模式的频率

单位：cm^{-1}

A_g	A_u	B_{1g}	B_{2g}	B_{3g}	B_{1u}	B_{2u}	B_{3u}
105.09	74.20	173.82	137.82	131.12	63.56	124.12i	101.57i
153.48	102.07	244.52	163.07	304.52	111.09	74.88	95.45
241.88	113.28	356.88	250.55	454.52	183.91	127.15	178.83
300.53	151.47	467.27	370.45	462.60	305.34	219.98	223.22
434.00	283.65	654.80	467.71	747.05	332.94	397.35	325.38
451.84	379.67		509.34		370.06	413.30	366.11
509.22	394.47		729.64		440.83	472.24	430.89
	490.47				461.78		489.77
					516.84		547.12

在 $ZnTiO_3$ 中的铁电相(空间群 R3c)中，原胞包含 10 个原子，因此在 Γ 点处有 30 个声子模。三个零频声模式是 A_1 中的一个，E 模式中的两个，区域中心声子光学模式如下：

$$\Gamma(R3c) = 4A_1 \oplus 5A_2 \oplus 9E. \tag{3-7}$$

在这些模式中，A_1 和 E 光学模式显示拉曼和红外(IR)活性，而 A_2 为哑膜。由于 A_1 和 E 中的相应光学活性物，纵向光学支(LO)和横向光分支(TO)被分成两部分[63]。根据获得的有效电荷及其介电张量，可以计算相应的频率并考虑 LO 和 TO 分裂(结果见表 3.5)。对于 $ZnTiO_3$，LN 型结构(铁电相：R3c 空间群)可以描述为钙钛矿型(顺电相：空间群 Pnma)的衍生结构，在顺电相中 B_{2u} 中的虚频在铁电相中变为零。通常，大的波恩有效电荷对应于大的 LO-TO 分裂。从表 3.5 中可以看出三种 A1 模式(281.53～325.70 cm^{-1}，387.55～436.30 cm^{-1} 和 653.93～826.10 cm^{-1})和三种 E 模式(343.16～428.20 cm^{-1}，436.96～479.11 cm^{-1})和 657.30～848.01 cm^{-1})显示大的 LO-TO 分裂。在表 3.6 中，给出了 LN 型 $ZnTiO_3$ 的区域中心横向光学(TO)模和其对应的模有效电荷和共振强度。

表 3.5　$LiNbO_3$ 型 $ZnTiO_3$ 的横向光学(TO)和纵向光学(LO)区中心光学声子模式的频率

单位：cm^{-1}

A_1(TO)	A_1(LO)	E (TO)	E (LO)	A_2
142.56	165.26	141.16	152.71	120.69
281.53	325.70	194.64	204.87	363.21
387.55	436.30	223.63	223.88	417.04
653.83	826.10	265.30	267.41	468.54
		321.53	325.71	839.51
		343.16	428.20	
		436.96	479.11	
		639.91	656.14	
		657.30	848.01	

表 3.6 对应于 $LiNbO_3$ 型 $ZnTiO_3$ 的区域中心横向光学声子模式的模有效电荷($|e|$)和模共振强度

单位:10^{-4}原子单位

A_1模 ($ZnTiO_3$)			E 模 ($ZnTiO_3$)		
ω	Z_m^*	S_m	ω	Z_m^*	S_m
142.56	3.61	1.97	141.16	2.47	1.09
281.53	6.51	10.05	194.64	2.50	1.01
387.55	0.50	0.08	223.63	0.30	0.02
653.83	5.63	10.35	265.30	1.18	0.40
			321.53	3.68	2.54
			343.16	6.02	10.07
			436.96	1.33	0.59
			639.91	6.15	12.06
			657.30	1.73	0.84

3.3 $ZnTiO_3$ 的压电性质研究

为了研究 LN 型 $ZnTiO_3$ 的结构稳定性和压电性能,我们通过将均匀应变作为基于 DFPT 的扰动来计算弹性和压电常数。根据计算结果,该化合物的六个独立弹性系数(Voigt 符号)分别为 C_{11},C_{12},C_{13},C_{14},C_{33} 和 C_{44}。另外,应该指出 $C_{66}=(C_{11}-C_{12})/2$。表 3.7 中给出相应的弹性刚度系数(松弛离子)LN 型 $ZnTiO_3$ 的点组属于三方晶系,三方晶体需要满足以下 Born 机械稳定性标准[64-65]:

$$C_{11}-|C_{12}|>0,$$
$$(C_{11}+C_{12})C_{33}-2C_{13}^2>0,$$
$$(C_{11}-C_{12})C_{44}-2C_{15}^2>0. \tag{3-8}$$

表 3.7 所示结果表明,LN 型 $ZnTiO_3$ 的弹性常数满足波恩稳定条件的限制,LN 型 $ZnTiO_3$ 的结构稳定。通过使用均匀应变和电场作为扰动,可以计算出 LN 型 $ZnTiO_3$ 的压电特性。得到的该化合物的压电张量具有四个独立元素(Voigt 符号)e_{11},e_{15},e_{31},e_{33}:

$$e=\begin{pmatrix} e_{11} & -e_{11} & 0 & 0 & e_{15} & 0 \\ 0 & 0 & 0 & e_{15} & 0 & 0 \\ e_{31} & e_{31} & e_{33} & 0 & 0 & 0 \end{pmatrix}. \tag{3-9}$$

显然，该张量与 LN 型 $ZnSnO_3$ 和 $ZnGeO_3$ 相同，但与 $LiNbO_3$ 和 $LiTaO_3$ 略有不同[66-67]，因为 $LiNbO_3$ 和 $LiTaO_3$ 中的压电张量的独立元素是 e_{22}，e_{15}，e_{31} 和 e_{33}。

表 3.7 LN 型 $ZnTiO_3$ 的弹性硬度系数

单位：10^{11} N/m²

材料	C_{11}	C_{12}	C_{13}	C_{15}	C_{33}	C_{44}	C_{66}
$ZnTiO_3$	3.675	1.875	1.442	0.031	2.877	0.800	0.899
$ZnSnO_3$	1.94	0.63	1.01	0.001	1.69	1.17	0.92
	C_{11}	C_{12}	C_{13}	C_{14}	C_{33}	C_{44}	C_{66}
$LiNbO_3$	2.03	0.53	0.75	0.09	2.45	0.60	0.75
$LiTaO_3$	2.298	0.440	0.812	−0.104	2.798	0.968	0.929

表 3.8 给出了 LN 型 $ZnTiO_3$，$ZnSnO_3$ 和 $ZnGeO_3$ 以及 $LiNbO_3$ 和 $LiTaO_3$ 的压电常数。表中，压电常数 e_{22}，e_{15}，e_{31} 和 e_{33} 是−0.93，1.00，1.01 和 2.51 C/m²。大的压电常数表明 LN 型 $ZnTiO_3$ 是一种高性能的压电材料。

表 3.8 LN 型 $ZnTiO_3$ 的压电应力常数(弛豫离子)

单位：C/m²

材料	e_{11}	e_{15}	e_{31}	e_{33}
$ZnTiO_3$	−0.93	1.00	1.01	2.51
$ZnSnO_3$	−0.15	0.26	1.23	0.29
$ZnGeO_3$	−0.27	0.36	0.65	2.81
	e_{22}	e_{15}	e_{31}	e_{33}
$LiNbO_3$	2.43	3.76	0.23	1.33
$LiTaO_3$	1.67	2.72	−0.38	1.09

3.4 $ZnTiO_3$ 的非线性光学性质研究

如上所述，铁电相 $ZnTiO_3$ 的区域中心声子光学模式可分为 $4A_1 \oplus 5A_2 \oplus 9E$，$A_1$ 和 E 模式同时显示拉曼和红外活性。声子模式的拉曼散射效率可以由下面的公式计算[68-69]：

$$\frac{dS}{d\Omega}=\frac{(\omega_0-\omega_m)^4}{c^4}\left|e_s\cdot\alpha_m\cdot e_0\right|^2\frac{\hbar}{2\omega_m}(n_m+1). \tag{3-10}$$

其中：α_m，c，$\hbar$ 和 n_m 是拉曼系数、真空中的光速、普朗克常数和玻色-爱因斯坦因子；ω_0 和 ω_m 是入射光子和第 m 区中心声子模式的频率，光子的频率是 $(\omega_0-\omega_m)$，e_s 和 e_0 表示角度 Ω 内的入射和出射的极化子。根据结构对称性，LN 型 $ZnTiO_3$ 的 A_1 模式(沿 z 轴)和 E 模式(xy 平面)的拉曼张量与

$LiNbO_3$ 的拉曼张量相似，可描述如下：

$$A_1(z)=\begin{pmatrix} a & 0 & 0 \\ 0 & a & 0 \\ 0 & 0 & b \end{pmatrix}, \tag{3-11}$$

$$E(x)=\begin{pmatrix} c & 0 & d \\ 0 & -c & 0 \\ d & 0 & 0 \end{pmatrix}, \qquad E(y)=\begin{pmatrix} 0 & c & 0 \\ c & 0 & -d \\ 0 & -d & 0 \end{pmatrix}. \tag{3-12}$$

图 3.4 显示了针对 $x(zz)y$ 散射配置的 $LiNbO_3$ 型 $ZnTiO_3$ 的计算的拉曼光谱。在这种配置中，和 $LiNbO_3$ 或 $PbTiO_3$ 的情况类似，仅可以检测横向 A_1 模式的拉曼光谱。为了清楚地看到 TO1 和 TO3 的峰值，我们在这个图中做了两个放大的小插图。结果表明，TO2 和 TO4 模式具有很强的拉曼散射效率。相比之下，TO1 和 TO3 的拉曼散射效率非常弱，从表 3.4 和表 3.6 中可以看到，A_1 模的 TO2 和 TO4 具有大的 LO-TO 劈裂和共振器强度，并且两个频率有着大的拉曼峰值。图 3.5 显示了 $x(yz)y$ 构型的 $LiNbO_3$ 型 $ZnTiO_3$ 的拉曼光谱。在这种配置中，与 $LiNbO_3$ 相同，只能 E 模式的 TO 和 LO 均可以探测到拉曼峰值。从该图中可以看出，五个横向模式(TO3，TO4，TO6，TO7 和 TO8)和五个纵向模式(LO2，LO3，LO4，LO7 和 LO9)具有强拉曼散射效率。由于 LO3(223.63 cm^{-1})-TO3(223.88 cm^{-1})和 LO4(265.30 cm^{-1})-TO4(267.41 cm^{-1})的 LO-TO 分裂非常小，两个拉曼强度峰值几乎相同完全重叠。

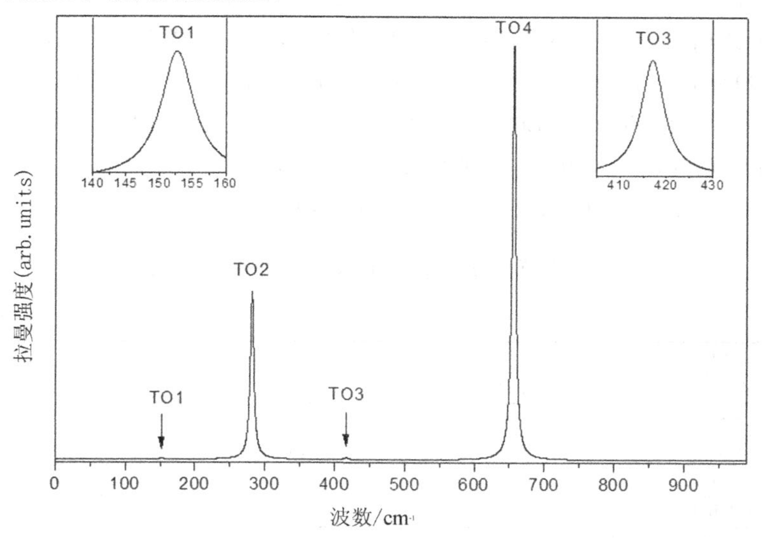

图 3.4　对于 $x(zz)y$ 散射构型，铌酸锂型 $ZnTiO_3$ 在 0～1 000 cm^{-1} 的范围内的 A_1 模式的横向光学模的拉曼光谱

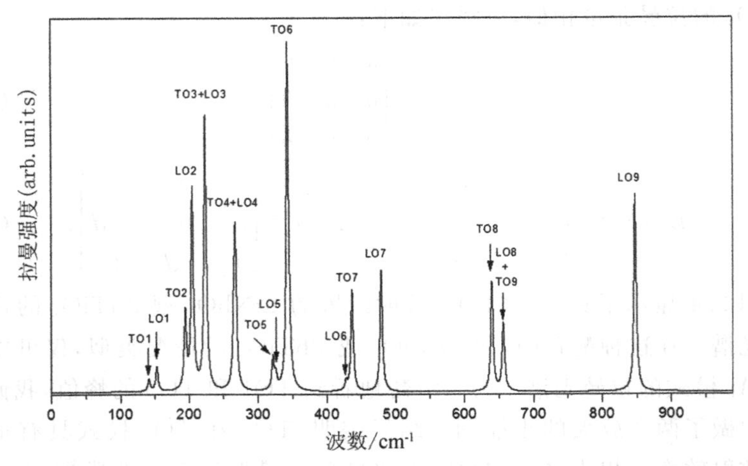

图 3.5　对于 *E* 模式的 $x(yz)y$ 散射配置，在 $0\sim1000cm^{-1}$ 范围内的 $LiNbO_3$ 型 $ZnTiO_3$ 的拉曼光谱

铌酸锂型 $ZnTiO_3$ 属于 3m 点群，因此该化合物是一种有希望的非线性光学材料。Inaguma 等人所讨论的 LN 型 $ZnTiO_3$ 的 SHG 响应是 LN 型 $ZnSnO_3$ 的 24 倍，约是 $LiNbO_3$ 的 5%。通过使用电场和原子位移作为基于 DFPT 的微扰，计算了 LN 型 $ZnTiO_3$ 的非线性光学(NLO)系数和电光(EO)系数。计算结果表明，该化合物三个 NLO 张量独立元素分别为 d_{12}，d_{15} 和 d_{33}(Voigt 符号)。

铌酸锂型 $ZnTiO_3$ 的 NLO 张量形式与 LN 型 $ZnSnO_3$ 和 $ZnGeO_3$ 的 NLO 张量形式相同，但与 $LiNbO_3$ 和 $LiTaO_3$ 的 NLO 张量形式不同[70-74]，因为后者的 NLO 张量的独立元素是 d_{22}，d_{31}，d_{33}。计算出的 LN 型 $ZnTiO_3$ 与 LN 型 $ZnGeO_3$、LN 型 $ZnSnO_3$、$LiNbO_3$ 和 $LiTaO_3$ 的 NLO 系数如表 3.9 所示。该表中，NLO 系数 d_{12}，d_{15} 和 d_{33} 分别为 1.37，1.46 和 −20.18Pm / V。可以看出，该化合物的最大 NLO 系数 d_{33} 大于 $ZnSnO_3$，并且低于 $LiNbO_3$。

表 3.9　计算的 LN 型 $ZnTiO_3$ 的非线性光学系数

单位：Pm/V

材料	d_{12}	d_{31}	d_{33}
$ZnTiO_3$	1.37	1.46	−20.18
$ZnSnO_3$	13.09	1.73	11.06
$ZnGeO_3$	3.14	6.16	8.45
材料	d_{22}	d_{31}	d_{33}
$LiNbO_3$	−6.25	3.60	−37.5
$LiTaO_3$	−1.07	−1.07	−16.40

对于 LN 型 $ZnTiO_3$ 的电光(EO)系数，结果显示其独立元素是 γ_{11}，

γ_{13}，γ_{33} 和 γ_{51}。

$$\gamma=\begin{pmatrix} \gamma_{11} & 0 & \gamma_{13} \\ -\gamma_{11} & 0 & \gamma_{13} \\ 0 & 0 & \gamma_{33} \\ 0 & \gamma_{51} & 0 \\ \gamma_{51} & 0 & 0 \\ 0 & -\gamma_{11} & 0 \end{pmatrix}. \tag{3-13}$$

可以看出，EO 张量与 LN 型 $ZnSnO_3$ 和 $ZnGeO_3$ 的相同，但是与 $LiNbO_3$ 和 $LiTaO_3$ 的 EO 张量不同，因为后者的独立元素是 γ_{13}，γ_{33}，γ_{22} 和 γ_{51}。EO 系数可分为三个部分：电子、离子和压电贡献。表 3.10 中给出了计算出的 LN 型 $ZnTiO_3$ 的 EO 系数。为便于比较，LN 型 $ZnGeO_3$，LN 型 $ZnSnO_3$、$LiNbO_3$ 和 $LiTaO_3$ 的 EO 系数也列于该表中。结果表明，我们得到的 LN 型 $ZnTiO_3$ 的 EO 系数 γ_{11}，γ_{13}，γ_{33} 和 γ_{51} 分别为 0.46，3.71，17.17和 1.62 Pm /V，显然，系数 γ_{13} 和 γ_{33} 远大于 LN 型 $ZnSnO_3$ 和 $ZnGeO_3$。大的 NLO 磁化率和 EO 系数表明 LN 型 $ZnTiO_3$ 是一种高性能的无铅非线性光学晶体。

表 3.10　计算的 LN 型 $ZnTiO_3$ 的电光张量

单位：Pm/V

材料	γ_{11}	γ_{13}	γ_{33}	γ_{51}
$ZnTiO_3$	0.46	3.71	17.17	1.62
$ZnSnO_3$	1.23	1.57	−2.78	0.54
$ZnGeO_3$	0.44	1.68	5.56	0.85
材料	γ_{22}	γ_{31}	γ_{33}	γ_{33}
$LiNbO_3$	8.6	30.8	3.4	28
$LiTaO_3$	35	8.2	20	0.5

3.5　本章小结

本章基于 DFT 的第一性原理计算研究了 LN 型 $ZnTiO_3$ 的电子结构、区域中心声子模式、压电和非线性光学性质。电子结构表明，该化合物是一种宽的直接带隙绝缘体。通过研究顺电相和铁电相的区域中心声子模式，发现钙钛矿顺电相中的 B_{2u} 和 B_{3u} 有两个虚频，然后虚频在其铁电相中消失。基于 LDA 和 GGA 计算得到的自发极化分别为90.43 μC/ cm^2 和 93.14 μC/ cm^2，我们的结果与实验结果吻合良好，大的自发极化表明，该化合物是一种良好的铁电材料。

铌酸锂型 $ZnTiO_3$ 的弹性常数满足波恩稳定条件的限制，化合物的结构稳定。得到的压电张量具有四个独立元素 e_{11}，e_{15}，e_{31}，e_{33}，它们的值为 −0.93 C/m^2、1.7 C/m^2、1.01 C/m^2 和 2.51 C/ m^2，表明该化合物是一种有前途的压电晶体。与 $LiNbO_3$ 一样，$x(zz)y$ 和 $x(zz)y$ 配置的拉曼光谱对应于 A_1 和 E 模式，分析了 A_1 和 E 模式的拉曼峰值分别对应的区域中心光学模。该化合物的独立非线性光学系数为 d_{12}，d_{15} 和 d_{33}，它们的值分别为 1.37 Pm/V、1.46 Pm/V 和−20.18 Pm/V。对于 EO 系数，独立元素为 γ_{11}，γ_{13}，γ_{33} 和 γ_{51}，它们的值分别为 0.46 Pm/V、3.71 Pm/V、17.17 Pm/V 和 1.62 Pm/V。结果表明，LN 型 $ZnTiO_3$ 比 LN 型 $ZnSnO_3$ 具有更优异的非线性光学性质。大的压电和非线性光学敏感性表明，该化合物是一种高性能的无铅压电和非线性光学晶体。

第4章 基于吡啶基的分子自旋电子器件的输运性质研究

电子自旋(spin of the electron)是电子的基本性质之一,属于量子物理学科。电子自旋先由实验发现,然后才由狄拉克(Dirac)方程从理论上导出,是电子内禀运动或电子内禀运动量子数的简称。1925年G. E. 乌伦贝克(Uhlenbeck)和S. A. 古兹密特(Goudsmit)受到泡利不相容原理的启发,分析原子光谱的一些实验结果,提出电子具有内禀运动——自旋,并且有与电子自旋相联系的自旋磁矩。由此可以解释原子光谱的精细结构及反常塞曼效应 。电子的自旋角动量中电子自旋$S=1/2$。1928年P. A. M. 狄拉克提出电子的相对论波动方程,方程中自然地包括了电子自旋和自旋磁矩。电子自旋是量子效应,不能作经典的理解,如果把电子自旋看成绕轴的旋转,则得出与相对论矛盾的结果。进一步研究表明,不但电子存在自旋,中子、质子、光子等所有微观粒子都存在自旋,只不过取值范围不同。自旋和静质量、电荷等物理量一样,也是描述微观粒子固有属性的物理量。在电子自旋的学习中,首先要了解电子自旋的实验依据及自旋假设,重点掌握电子自旋的描述,同时能应用电子自旋的理论解释原子光谱现象。因为电子有1/2的自旋,所以在外加磁场下能级二分。当外加具有与此能量差相等的频率电磁波时,便会引起能级间的跃迁,此现象称为电子自旋共振,缩写为ESR。对相伴而产生的电磁波吸收称ESR吸收。产生ESR的条件为

$$\nu_0 = 1.4 \cdot g \cdot H_0.$$

式中:ν_0为电磁波的频率;H_0为外部磁场强度;g为格朗因子、g因子(g factor)或g值。

一个分子中有多数电子,一般说每两个其自旋反相,因此互相抵消,净自旋常为0。但自由基有奇数的电子,存在着不成对的电子(其无与之相消的电子自旋)。也有的分子虽然具有偶数的电子,但两个电子自旋同向,净自旋为1(例如氧分子)。原子和离子也有具有净自旋的,Cu^{2+}、Fe^{3+}和Mn^{2+}等常磁性离子即是。这些原子和分子为ESR研究的对象。由于电子自旋与原子核的自旋相互作用,ESR可具有几条线的结构,将此称为超微结构(hyperfine structure)。g因子及超微结构都有助于了解原子和分子

的电子详细状态，也可鉴定自由基。另外，从 ESR 吸收的强度可进行自由基等的定量。因为电子自旋的缓和依赖于原子及分子的旋转运动，所以通过对 ESR 的线宽测定，可以了解原子及分子的运动状态。虽然原理类似于核磁共振，但由于电子质量远轻于原子核，而有强度大许多的磁矩。以氢核（质子）为例，电子磁矩强度是质子的 659.59 倍。因此对于电子，磁共振所在的拉莫频率通常需要透过减弱主磁场强度来使之降低。但即使如此，拉莫频率通常所在波段仍比核磁共振拉莫频率所在的射频范围还要高——微波，因而有穿透力以及对带有水分子的样品有加热可能的潜在问题，在进行人体造影时则需要改变策略。举例而言，0.3 T 的主磁场下，电子共振频率发生在 8.41 GHz，而对于常用的核磁共振核种——质子而言，在这样强度的磁场下，其共振频率为 12.77 GHz。值得注意的是，电子的自旋只有一种状态，所谓的 $+1/2$ 和 $-1/2$ 的自旋是自旋在 z 轴方向上的投影。自旋的直接应用包括电子顺磁共振谱（EPR）、巨磁电阻硬盘磁头、自旋场效应晶体管等。以电子自旋为研究对象，发展创新磁性材料和器件的学科分支称为自旋电子学。EPR 用在造影上，理想上是可以用在定位人体中所具有的自由基，理论上较常出现在发炎病灶；但截至 2013 年仍处在开发阶段，包括信噪比等问题待解决。

自旋电子学（Spintronics），也称磁电子学。它利用电子的自旋和磁矩，使固体器件中除电荷输运外，还加入电子的自旋和磁矩，是一门新兴的学科和技术。应用于自旋电子学的材料，需要具有较高的电子极化率，以及较长的电子自旋弛豫时间。许多新材料，例如磁性半导体、半金属等，近年来被广泛研究，以求能有符合自旋电子元件应用所需要的性质。硬盘磁头是自旋电子学领域中，最早商业化的产品。此外，尚有许多充满潜力的应用，例如磁性随机内存、自旋场发射晶体管、自旋发光二极管等。

1980 年在固态器件中发现了与电子自旋有关的电子输运现象。开始出现了自旋电子学。1985 年约翰逊（Johnson）和西尔斯比（Silsbee）观察到，铁磁金属把极化电子注入普通金属；艾伯特·费尔蒂（Albert Felty）等和彼得·格伦伯格（Peter Glenberg）发现巨磁电阻效应。还可追溯到梅泽夫（Meserve）和特德罗（Tedrow）的铁磁和超导体隧道实验，以及 1970 年的祖利尔（Julliere）磁隧道结。利用半导体作磁电子学器件，可追溯到 1990 年达它（Datta）和达斯（Das）的理论提议自旋场效应二极管。1988 年，法国科学家 Fert 小组在[Fe/Cr]周期性多层膜中，观察到当施加外磁场时，其电阻变化率高达 50%，因此称为巨磁电阻效应。在反铁磁耦合的多层膜中，出现巨磁电阻的必要条件就是近邻磁层中的磁矩相对取向在外磁场的作用下可以发生变化，因此需要很高的外磁场才能观察到 GMR 效应，不适合于器件应用。1995年，在$Fe/Al_2O_3/Fe$三明治结构中观察到很大的隧道磁电阻(tunneling magnetoresistance, TMR)现象，开辟了自旋电子学的又一个新方向。

除了上面提到的磁性多层结构，半导体自旋电子学如磁性半导体、磁性/半导体复合材料、非磁性半导体量子阱和纳米结构中的自旋现象以及半导体的自旋注入的研究在GMR发现后也变得十分活跃，极大地丰富了自旋电子学的内容。自旋电子中的自旋随机储存器的应用前景并不局限于传统的计算机存储体系，还能够扩展到其他诸多领域，甚至有望成为通用存储器(universal memory)。例如，在发动机控制模块采用磁随机储存器以保证数据在断电情况下不丢失。鉴于磁性存储具有抗辐射的优势，在A350的飞行控制系统中采用MRAM以防止射线造成数据破坏。此外，在物联网和大数据等新兴应用领域，泛在的传感器终端需要搜集数据，为节省存储功耗，使用非易失性存储器势在必行。基于自旋电子学原理的自旋随机储存器以其相对优良的性能成为热门的候选器件。自旋注入和检测是实现自旋电子器件最基本的条件。磁性材料半导体界面的自旋注入是最基本的自旋注入结构，作为自旋极化源和检测的磁性材料电极有铁磁金属、磁性半导体和稀磁半导体三种，其中，磁性半导体有较高的自旋注入效率。但是磁性半导体，如硫化铕的生长极其困难。因此研究就集中在从稀磁半导体和铁磁金属向非磁半导体内的注入，稀磁半导体的铁磁转变温度远低于室温，虽然理论预测某些材料的铁磁转变温度可以高于室温。但是在开发出可以在室温下应用的稀磁半导体之前，铁磁金属半导体的接触仍然是实现从注入自旋操纵到检测全部电学控制的最有希望的方法。

4.1 吡啶基分子器件的简介和计算参数

分子电子学研究的是分子水平上的电子学，其目标是用单个分子、超分子或分子簇代替硅基半导体晶体管等固体电子学元件组装逻辑电路，乃至组装完整的分子计算机。它的研究内容包括各种分子电子器件的合成、性能测试以及如何将它们组装在一起以实现一定的逻辑功能。同传统的固体电子学相比，分子电子学有着强大的优势。现行的微电子加工工艺在10年以后将接近发展的极限，线宽的不断缩小将使得固体电子器件不再遵从传统的运行规律；同时，线宽缩小也使得加工成本不断增加。分子电子学有望解决这些问题。在奔腾电脑芯片中1 cm^2的面积上可以集成10^7～10^8个电子元件，而分子电子学允许在同样大小的面积上集成 10^{14} 个单分子电子元件，集成度的提高将使运算速度得到极大提高。同时，由于分子电子学采用自下而上的方式组装逻辑电路，所使用的元件是通过化学反应大批量合成的，所以生产成本与传统的光刻方法相比将大大缩减。目前，为了抢夺未来科技的制高点，许多发达国家都制定了发展纳米电子学和分子电子学的专项计划，投入了巨大的人力物力，同时也取得了一系列的突破。2001 年 12 月 21 日，美国《科学》杂志将分子电子学所取得的一系列成就评为 2001 年十大科技进展之首。

同现行的以硅基半导体为基础的微电子学一样，分子导线、分子开关、分子整流器和分子场效应管也是构成分子电子学的基本器件。其中有效的分子导线是实现分子器件的关键单元。分子导线必须满足下列条件：①导电；②有一个确定的长度；③含有能够连接到系统单元的连接点；④允许在其端点进行氧化还原反应；⑤与周围绝缘以阻止电子的任意传输。目前研究的分子导线多是具有大共轭体系的有机分子长链。所描述的方法可用来合成各种有确定长度的分子导线。在这种方法中，分子的长度在每一步反应中都成倍增长；并且，由于产物的链长总是比原料增加一倍，所以很容易分离提纯。得到所需的长度后，还可在分子的末端加上某些可以起到鳄鱼夹作用的基团（如 SH 等），以便同金属电极或其他功能分子连接。使用两端都带有活性基团的初始反应物，分子链可以同时向两个方向生长。这种方法允许在分子导线中插入不同的功能单元以实现特定的功能。

当分子导线中含有不同的结构单元而形成分子节时，其 I-V 曲线是非线性的，具有大 π 共轭体系的卟啉环是构造分子导线的理想单元。Anderson[75] 曾以卟啉环为基本单元合成链状共轭结构，以卟啉为中心功能单元，两端带有鳄鱼夹的分子导线也已合成出来。Tsuda 等[76] 报道了共轭的带状卟啉聚合物的合成和性能，其中的卟啉单元之间以三个单键相连，所有的卟啉环都处在同一面上，随链长的增加，聚合物的紫外-可见-近红外光谱吸收峰发生红移，丢失一个电子的氧化电势也随之降低，说明其共轭程度增加。这些性质都表明这种低聚物将是极有前景的分子导线。然而必须提及的是，与分子导线的合成相比，其导电性能的测试难度则要大得多。Bumm[77] 等人用 STM 测量了分布在不导电的十二硫醇自组装单层膜中的 4-苯乙炔基苯硫醇衍生物单分子的导电性。被测分子进入到十二硫醇自组装单层膜的“晶界”中，并通过 S 原子吸附在基片上，不同的被测分子之间被不导电的十二硫醇隔开，相互之间不会产生影响。由于被测分子是高出十二硫醇分子膜的，通过 STM 可以确定被测分子的确切位置，从而可以测量其电学性质。测量结果表明，被测分子确实要比十二硫醇的导电率高得多。

在另一篇报道中，Reed[78]等将单分子的电流更精确地测量出来。实验者将一根金线浸泡在苯二硫醇的THF溶液里，金线的表面将吸附一层该分子的SAM，缓慢拉伸金线，并最终使其断裂，于是便产生两个靠得很近的针尖，操纵针尖缓慢靠近，直到有一个1，4-苯二硫醇分子跨接到两个针尖之间，然后便可以测量它的导电性质了。测试表明，一个1,4-苯二硫醇分子可以允许0.1 mA的电流通过。

分子开关是指一种具有双稳态的分子，通过施加一定的影响，如光照、氧化还原、酸碱性的改变等，分子可以在两种状态之间进行可逆转换，这两种状态由于电阻的高低不同而对应于电路的通断。轮烷和索烃是目前人们研究较多的两类双稳态分子。轮烷由一个环状的部分和一个棒状的部分组成，环可以以棒为轴进行旋转或沿棒的方向滑动，棒的两端带有位阻较大的基团可以阻止环的脱落。若在棒上引入两个不同的位点，当环停留于这两个不同的位点时，就对应了两种不同的状态。电化学或化学环境诱导的轮烷分子开关早已报道。索烃由两个套在一起的环组成，两个环之间可以发生转动。在其中的一个环上引入不同的位点，同样可以构成双稳态分子开关。Collier[79]等人在2000年的一篇报道中，将一种具有双稳态的索烃组装为LB膜，并夹在两个电极之间，在±2 V电压作用下，索烃分子膜可以进行可逆的开关。开关打开时，电路可以在0.1 V电压下导通，而在开关关闭时，电路不能在0.1 V电压下导通。

可以说分子电子学的起源便是1974年Aviram和Ratner[80]关于分子整流器设想的提出。他们描述了由有机电子给体和受体桥连而成的分子耦合在两个金属电极之间时，其*I-V*曲线与通常的电子整流器相类似。1993年，Ashwell[81]等人利用LB膜技术以有机材料做成只有几个分子厚的薄层，能像整流器那样，只允许电流单方向流动，并从实验上证明了这种整流器的本质来源于分子作用。中科院化学所刘云圻等[82]合成了一系列含有电子给体（$-NH_2$，t－butyl等）和电子受体（$-NO_2$，CN等）的不对称酞菁，将它们组装为LB膜，并利用STM技术测量了它们的*I-V*曲线，证实了该类单酞菁分子也具有整流器的性质。场效应晶体管（FET）可以说是计算机中最关键的元器件，它不仅具备开关的功能，还必须具备增益的功能，以维持电路中电信号正常的电平。但是，由于场效应晶体管需要有三个终端，所以很难将器件做到分子水平。人们首先在碳纳米管方面获得了突破，制成了由单个碳纳米管构成的场效应管，进而随着电极制作技术的发展，人们又制成了由单个C_{60}分子构成的场效应管。最近，又有两例单分子场效应管见诸报道。这两则报道之一描述了一个中心离子为Co的配合物分子连接在两个相隔1～2nm的金电极之间构成的场效应管，另一则报道则是一个含有两个 V 离子的配合物分子连接在两个金电极之间构成的场效应管。这两种场效应管都可以通过调节门电极的电压改变导电机理，从而改变电导率。

分子自旋电子学是一个结合自旋电子学和分子电子学的领域。该领域的灵感来自实验和早期理论预测研究通过有机材料的自旋输运。由于有机材料的自旋轨道耦合和超精细相互作用较弱，基于分子自旋电子学的器件具有功耗极低和超小型化的优点，也被认为是传统硅基晶体管的潜在替代品。未来。分子自旋电子学研究最重要的任务之一就是寻找合适的分子磁体[83-88]。有机基团是良好的分子磁体，已被用作旋转过滤器、电池和辅助材料，用于生产高质量的石墨烯、功能分子材料的构建块、有机发光二极管、半金属等[89-99]。Sevov 等人的研究表明，吡啶基自由基可用作液流电池的良好低电位电解质。在这里，我们对由吡啶鎓基团构成的分子器件进行第一性原理计算，并获得明显的 MR、NDR 和 SF 效应。NDR 效应是随着偏置在某个偏置区域中增加而导致的电流减小，并且已广泛应用于许多领域，例如倍频器、高频振荡器、快速开关和存储器。计算表明，基于吡啶鎓的自由基可以构建具有多功能的分子自旋电子器件，这有望在未来得到应用。

我们设计的分子自旋电子器件如图 4.1 所示，其中分子组成两个吡啶-苯硫醇基团并夹在两个铝电极之间。两个基团被二酮苯基团分开作为 π 屏障。共价接触左电极的分子是硫醇盐。包括酮基的左(右)吡啶-苯硫醇基团在下文中称为左(右)基团。

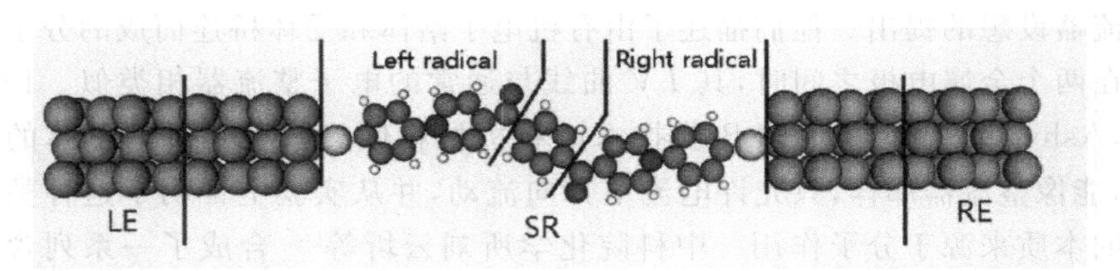

图 4.1 苯的中心平面沿轴线旋转约 20.14°，穿过两个酮基团中的两个 C 原子。两个自由基平面的方向几乎是平行的。苯的中心平面沿轴线旋转约 20.14°，穿过两个酮基团中的两个 C 原子

从左到右，整个输运系统被分为三个部分作为左电极、右电极和分子器件的中间散射区。散射特性由 Atomistix 软件计算，它结合了基于自旋极化的第一原理方法密度泛函理论（DFT）和非平衡格林函数（NEGF）方法[100-113]。交换关联势由 Perdew-Burke-Ernzerhof 函数的广义梯度近似描述，基于单精度自旋极化基组的 Troullier-Martins 非局部赝势和局部原子轨道线性组合分别用于表示核心电子和价电子。截止能量、k 点采样和电子温度分别为 150Ry、1×1×20 和 300 K。除 Al 原子外，散射区域内的所有原子位置都被充分弛豫，直到力公差小于 0.05 eV/Å。自旋极化电流计算如下：

$$I_{\alpha(\beta)} = \frac{e}{h}\int_{-\infty}^{+\infty} T_{\alpha(\beta)}(V_b,E)[f_L(E-\mu_L)-f_R(E-\mu_R)]dE. \quad (4\text{-}1)$$

式中：$f_{L,R}=1/(1+e^{(E-\mu_{L,R})/k_BT})$为费米狄拉克分布函数；$\mu_{L,R}$为左和右电极的化学势。此外，$h$，$V_b$和$T_{maj(min)}(V_b,E)$分别是普朗克的常数、偏压和透射系数。$T(V_b,E)$由下面标准方程计算：

$$T_{maj(min)}(V_b,E)=Tr[\Gamma_L(V_b,E)G_{maj(min)}(V_b,E)\Gamma_R(V_b,E)G^{+}_{maj(min)}(V_b,E)]. \quad (4\text{-}2)$$

式中：$G_{maj(min)}(V_b,E)$ 和 $G^{+}_{maj(min)}(V_b,E)$分别为延伸分子的自旋依赖推迟和超前格林函数；$\Gamma_{L/R}$是散射区域和左/右电极之间的耦合矩阵。值得一提的是，稳态 DFT 也能准确地描述分子输运系统的低偏压 NDR 效应和自旋过滤效应[114-115]。左基团和右基团基的不成对电子的自旋方向对于 PC 是相同的，而对于 APC 是相反的。通过施加外部磁场，可以在 PC 和 APC 之间调节分子装置的磁性配置。

4.2 吡啶基分子自旋电子器件的输运性质研究

图 4.2(a)和图 4.2(b)分别显示了分子器件的 α-spin(I_{PC_α}和 I_{APC_α})和 β-spin(I_{PC_β}和 I_{APC_β})电流-电压(I-V_b)曲线。I_{PC_α}和 I_{PC_β}首先增加，然后随着偏差显著减少。I_{PC_α}和 I_{PC_β}峰均约为 0.36 V，但后者大于前者，这表明 NDR 效应处于低偏差下。根据 I_{PC_α}和 I_{PC_β}的 I-V_b 特性，图 4.2(c)所示的 PC 的总电流(I_{PC}，由 $I_{PC_\alpha}+I_{PC_\beta}$定义)也表现出 0.36 V 左右的低偏压 NDR 效应。峰谷比(PVR，电流峰值与电流谷值之比)分别为 I_{PC_α}，I_{PC_β}和 I_{PC}的 36346%，15244%和 17098%。APC 的 I-V_b 特性与 PC 类似。对于 I_{APC_α}，I_{APC_β}和 I_{APC}，APC 的 PVR 分别高达 35475%，15219%和 17034%。用于 PC 和 APC 的这种非常大的 PVR 源自偏置驱动的轨道重建，将在下面进行分析。图 4.3 显示了 MR [由($I_{PC}-I_{APC}$)/I_{APC}定义，并使用费米能级的传输系数代替 V_b= 0.00 V 的电流]和 SF 效应[由($I_\beta-I_\alpha$)/($I_\beta+I_\alpha$)定义]。如图 4.2(c)所示，在偏置为 0.32 V 之前，I_{PC}大于 I_{APC}，这导致明显的 MR 效应。从图 4.3(a)可以清楚地看出，MR 随着偏压的增加而增加，在 0.32 V 的偏压下达到最大值 8.12。由于 I_{APC}几乎相等，MR 在 0.32 V 后突然降至零。在 0.32 V 之后，我们将讨论关于 MR 的这种异常现象。当我们讨论由偏差驱动的费米能级周围的分子轨道的演变时。PC 和 APC 的

SF 效应随着偏压的增加而增加，并且在 0.32 V 的偏压之后保持在 0.70 左右，这意味着高效的 SF 效应。我们注意到 PC 的 SF 效应在偏差为 0.08 V 后首先为负，然后为正，这意味着调制偏置可以在 0.08 V 的偏压附近实现自旋符号的反转。这些自旋极化传输特性表明，MR 和 SF 可以通过偏置来操纵，这可能有助于将来设计新型分子自旋电子器件。我们还注意到，对于 PC 和 APC，净自旋电流（$I_\beta - I_\alpha$）在 0.36 V 的偏压附近几乎相同，这意味着在这项工作中可以从分子自旋电子器件获得稳定的净自旋电流。

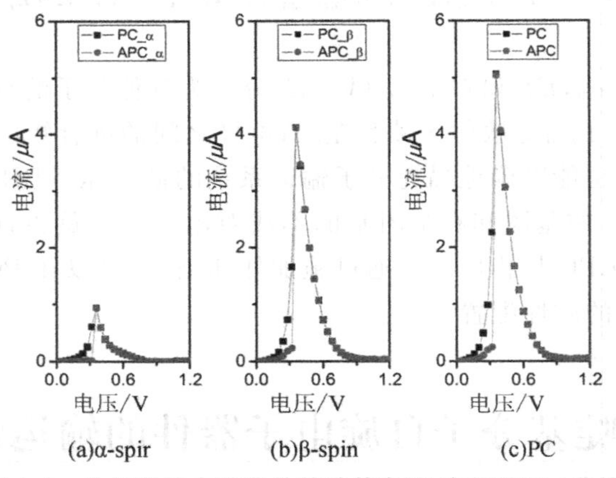

图 4.2　分子自旋电子器件的计算电流-电压（I-V_b）曲线

（a），（b）和（c）分别用于 α-spin，β-spin 和 total-spin

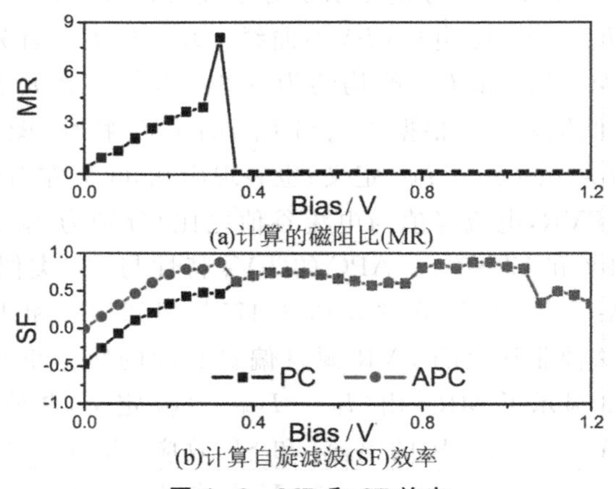

图 4. 3　MR 和 SF 效应

通过对输运窗口内的输运系数进行积分（即偏置窗口中的输运函数的一部分被积分以获得电流，即从 $-eV_b/2$ 到 $+eV_b/2$ 的能量区域）来获得电流。为了理解有趣的 I-V_b 特性，图 4.4 显示了在 $V_b = 0.00$ V 时费米能级附近的透射光谱和前沿分子轨道（MO）；图 4.5 显示了费米能级附近的偏置相关 MO。从图 4.4(a)可以看出，对于 PC，可以看到有两个输运峰值(由 PC_HOMO_α 和 PC_HOMO－1_α 贡献，HOMO 是最高占用 MO，α 表示 α 自旋)在费米能级下面彼此闭合，此外在费米能级之上有两个透射峰(由 PC_LUMO_β 和 PC_LUMO +1_β 贡献，LUMO 是最低未占用 MO，β 意味着 β 自旋)彼此闭合。因为这些 MO 是离域的(位于左右两个基团中)并且有助于载流子的传输，所以费米能级附近的透射峰值大约为 $1e^2/h$。从图 4.4(b)可以看出，对于 APC，可以看到有两个输运峰(由 APC_HOMO－1_α 和 APC_HOMO_β 贡献)在费米能级以下相互重合，还有两个输运峰(由 APC_LUMO_β 和 APC_LUMO +贡献+1_α)在费米面之上彼此重合。由于这些 MO 是局部的(仅位于左侧或右侧)并且限制了载波的传输，因此费米级附近的输运峰值低于 PC 的输运峰值。

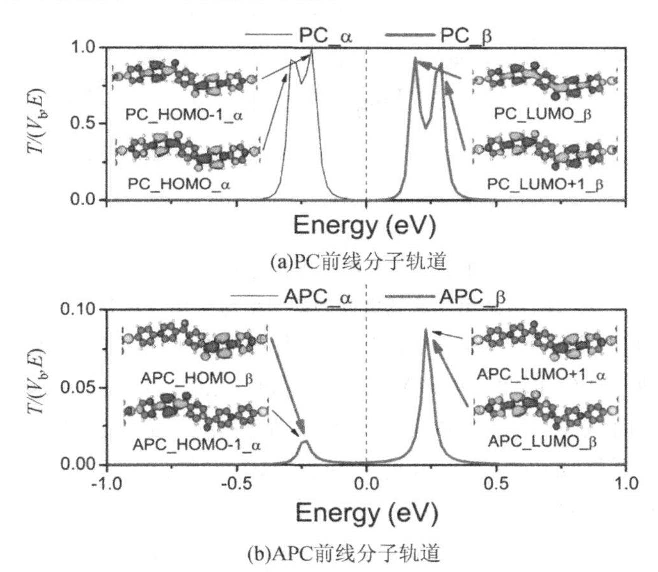

(a)PC前线分子轨道

(b)APC前线分子轨道

图 4.4　计算的透射光谱和零偏压下费米能级附近的前线分子轨道

注:短划线是费米能级

费米能级附近自旋平行的偏压的 MOs 如图 4.5(a)所示，其中 PC_HOMO－1_α(PC_LUMO_β)和 PC_HOMO_α(PC_LUMO +1_β)最初大致保持其能量，然后突然增加(减少)在 V_b=0.36 V 附近，因为电场足够大以消耗离域 MO 到局域 MO。在 V_b= 0.40 V 之后，局部 PC_HOMO－1_α(PC_LUMO_β)和 PC_HOMO_α(PC_LUMO +1_β)彼此离开，因为随着偏压的增加，π 势垒推动左(右)极的化学势跟随左(右)电极的化学势。在 V_b= 0.32 V 附近，传输窗口随着偏置而增加，I_{PC_α} 和 I_{PC_β} 突然增加并且 I_{PC_β} 比 I_{PC_α} 更大，因为离域 PC_HOMO－1_α，PC_HOMO_α，PC_LUMO_β

进入传输窗口但是离域 PC_LUMO +1_β 并不是。因此,存在明显的自旋滤波效应。在 V_b= 0.36 V 之后,由于离域的 PC_HOMO−1_α(PC_LUMO_β)和 PC_HOMO_α(PC_LUMO +1_β)被耗尽为局部 MO 并且彼此离开,因此费米能级附近的透射峰值产生显著变化。因此,I_{PC_α},I_{PC_β}和 I_{PC}都显示出强烈的 NDR 效应,因为 I_{PC_α}和 I_{PC_β}变化显著。

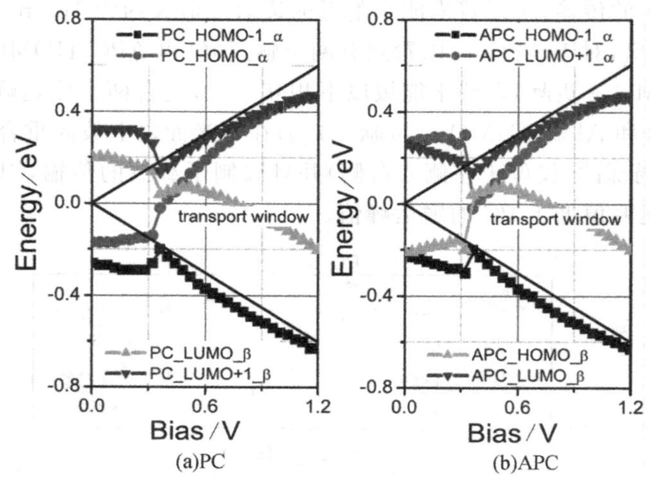

(a)PC (b)APC

图 4.5 偏压依赖的前沿分子轨道

注:两条黑色实线之间的能量区域是输运窗口

图 4.5(b)显示了 APC 的费米能级附近偏置的 MOs,其中 APC_HOMO−1_α 和 APC_LUMO_β(APC_HOMO_β 和 APC_LUMO +1_α)随着偏差的增加而减少(增加),因为它们仅在左侧分布(右),根据左(右)电极的化学势并向下移动(向上)。由这些局部 MO 贡献的输运系数很小并且不进入输运窗口,因此 I_{APC_α}和 I_{APC_β}分别小于 I_{PC_α}和 I_{PC_β},并且 MR 在 V_b= 0.32 V 以下呈现。在 V_b= 0.32 V 之后,局域化推动 APC_HOMO_β 首先离域 MO 然后逐渐耗尽到由强电场驱动的局部 MO。这样的轨道重建还导致 APC_LUMO +1_α(APC_HOMO_β 和 APC_HOMO−1_α)突然向下移动(向上),并且 APC_LUMO_β 被迫在 V_b= 0.36 V 附近从左移动到右。可以清楚地看到 APC_HOMO_β 确实在 V_b= 0.36 V 处离域 MO,APC_LUMO_β 和离域的 APC_HOMO_β 进入 V_b= 0.36 V 附近的传输窗口,这导致 IAPC_β 显著增加。由于仅 APC_LUMO +1_α 突然进入传输窗口,因此 IAPC_α 的增加小于 IAPC_β,并且 APC 也存在明显的 SF 效应。离域的 APC_HOMO_β 逐渐耗尽为局部 MO,并且在 V_b= 0.36 V 后最终离开 APC_LUMO_β,这导致 IAPC_β 的减少。在 V_b= 0.36 V 之后,APC_LUMO +1_α 和 APC_HOMO−1_α 连续地彼此离开,这导致 IAPC_α 的减

少。因此，与 PC 的情况类似，I_{APC_α}，I_{APC_β}和 I_{APC}都显示出强烈的 NDR 效应。

4.3 本章小结

总之，我们研究了夹在两个 Al 电极之间的基于吡啶“基团-σ-基团”分子自旋电子器件的自旋极化传输特性。该装置对平行磁场和反平行磁场均表现出明显的自旋滤波和负微分电阻效应。我们还获得了明显的磁阻效应，表现出磁阻比率先增加后随斜率逐渐减小的异常现象。这些传输特性起源于由偏置驱动的费米能级周围分子轨道的轨道重建。当偏差增加时，离域前沿分子轨道耗尽到局部轨道。对于反平行磁性配置，局部前沿分子轨道首先被推动到离域轨道，然后随着偏压的增加逐渐耗尽到局部轨道。

第5章 “鳄鱼夹”型负微分电阻分子材料的输运性质研究

分子电子器件就是采用有机功能分子材料来构筑电子线路中的各种元器件,例如分子导线、分子开关、分子二极管、分子场效应晶体管、分子存储器件等,测量并解析这些分子尺度元器件的电学特性。其目标是用单个分子、超分子或分子簇代替硅基半导体晶体管等固体电子元件组装逻辑电路,乃至组装完整的分子计算机。

电子器件的发展已经将计算机从几间房子大小的庞然大物缩小为可以装入口袋的小型笔记本,这种翻天覆地的变化使人们对未来计算机的发展寄予了很高的期望。计算机的高性能和小体积化主要取决于构成它的电子器件。近年来,纳米分子器件的发展受到很大关注,纳米分子器件具有高集成度的优势,一个指甲盖上能够集成一百万亿个分子电子元件,计算机集成度的提高帮助运算速度大幅提高。纳米分子器件还可以大批量合成,这样势必会大幅度缩减生产成本,从而更具有竞争优势。所以纳米分子器件正在成为未来电子器件发展的一个重要方向。

分子电子学的概念不同于前一个时期出现的有机微型晶体管或电子在“体”材料中传输和“体”效应制成的有机器件。分子电子学也称“分子内电子学”,它是由与“体”衬底电隔离的共价键分子结构组成,或者是将分立分子和纳米量级的超分子结构组成的分子导线和分子开关连接而成。从制备工艺方面看,分子电子学比固体纳米电子器件更容易制作出成本较低的亿万个几乎完全等同的纳米量级的结构。这主要归因于纳米加工和纳米操作新方法的出现,即纳米量级结构的机械合成和化学合成技术。机械合成是指用扫描隧穿显微镜(STM)、原子力显微镜(AFM)和新的微电机械系统来控制、操作分子进行合成。化学合成包括纳米结构的化学自组装生长,从生物化学和分子遗传学借用过来的方法等。用化学合成的方法可以在有机分子中合成分子电子器件。

分子电子器件就是采用有机功能分子材料来构筑电子线路中的各种元器件,例如分子导线、分子开关、分子二极管、分子场效应晶体管、分子存储器件等,测量并解析这些分子尺度元器件的电学特性。其目标是用单个分子、超分子或分子簇代替硅基半导体晶体管等固体电子元件组装逻辑电路，乃至组装完整的分子计算机。

利于分子剪裁的有机化合物在固态时大多为分子晶体，由于分子晶体内无载流子(电子或空穴)及分子间距较大(使载流子难以迁移)而常为绝缘体。要使有机固体导电就要使晶体内有载流子和供载流子迁移的通道。按实现这两个条件的机理，可将有机导电材料分为两大类，一类是有共扼π体系的聚合分子，经掺杂发生部分氧化或还原以产生未成对电子，从而形成沿链方向的导体，聚乙炔的室温导电率已达 8×10^{5} cm，足可以和金属铜相比。另一类是基于电子给体(D)和受体(A)分子形成的电荷转移复合盐。一般D和A中至少有一方为平面共轭分子，二者在晶体中分别排列成柱，当柱内分子间距小到使π轨道相互重叠而形成能带(通道)时，D-A间不完全电荷转移而形成混合价带所提供的载流子可以沿柱方向传递。

化合物在光作用下因发生如顺反异构、几何异构、二聚化、分子内质子转移、键断裂以及电荷转移等变化而导致颜色变化的现象称为光致变色。当变化为可逆并且互变的两种状态足够稳定时，就有可能开发成光开关、光记录元件。例如螺吡喃在光照下，杂原子的键断裂后产生有色的两性离子，在加热或另一波长光照射下又可恢复到原来状态。电致变色材料在外加电场作用下发生可逆的氧化还原反应，当氧化态和还原态对光吸收的差别较大时，则在可见光区呈现不同的颜色。例如，TTF在电场作用下，失去一个电子，从还原态变到氧化态，相应地颜色从黄色变到蓝紫色。含d电子的金属有机配位化合物和掺杂导电聚合物也可以作为变色材料。

作为压电、热电及铁电材料的分子一般也应是极性或可极化分子。在外压、加热作用下，分子晶体中的分子取向重排，使晶体中某一方向的矢量偶极矩不等于零，从而在该方向呈现压电、热电及铁电性质。除了小分子晶体外，一些低分子量的聚合物也具有压电、热电及铁电性质。典型的是聚氟代乙烯，用这类聚合物的铁电性质研制开关、记忆元件，由于开关速度低而不易实施，但其薄膜形式在信号传输及传感方面有望开发出超声传输、水下传输及全塑料电机等实用器件。

通常液体状态的分子是无序的，但是，有些化合物在液体状态时有类似晶体的取向结构，这就是液晶。液晶分子多为具有自组装功能并含芳环的棒状结构分子。液晶主要是应用其电光性质作为电子显示材料：在电流或电场作用下，由于分子相互作用而导致折射率、介电常数和取向弹性各向异性，同时发生颜色变化，从这个意义上讲液晶属于电色材料。大容量、宽视角、高对比度、快响应、低能耗、低驱动电压、高可靠性能和丰富的色彩是电子显示用液晶材料的共同要求。铁电液晶材料是液晶研究中最重要的对象，由于它具有微秒级响应速度和大容量的信息存储功能，可作为光存储、光记录和显示材料。

目前，人们研究的分子导线体系主要集中在如下 4 类：线型碳氢共轭低聚物分子体系、卟啉低聚物分子体系、碳纳米管体系和 DNA 生物分子体系。碳原子线是最简单的碳氢分子导线。碳原子线中所有的碳原子都采用 sp 杂化，因而具有交替的单三键结构。Gladysz 等合成了长达 20 个碳原子的以手性 Re 为端基的碳原子线。

近年来，碳纳米管在未来的分子电子器件与电路中的潜在应用也受到了人们的广泛关注。它可以被看作是一种由六角网状的石墨片卷成的具有螺旋周期的管状结构。碳纳米管具有很好的电学性能和刚性结构，是一种理想的分子导线，通过改变管径大小和卷曲角可以调节它的导电性。

早在 1974 年 Aviram 等[116]就提出了分子二极管的设想，可以说这是分子电子学的起源。他们描述了由有机给体(donor)和受体(acceptor)桥联而成的分子结构，其能显示类似 p-n 结特性的 *I-V* 整流特性。该分子二极管的模型分子结构的给体是四硫富瓦烯(TTF)，受体是 7,7,8,8-四氰基对亚甲基苯醌(TCNQ)。中间用的是 3 个亚甲基桥，目的是使分子有一定的刚性不易变形，使给体和受体有一定的物理距离，避免发生相互电荷转移，形成电荷转移复合物。

最初，人们对分子二极管的研究主要集中在 Aviram 和 Ratner 提出的模型分子体系。由于研究分子的偶极较小，加上缺乏有效的实验手段一直没有取得大的进展。随着 Langmuir-Blodgett (LB)膜、分子自组装(SA)和扫描探针显微镜(SPM)等技术的不断发展，人们对分子器件的研究得到了飞速发展，对分子二极管的研究也从原来的 Aviram 和 Ratner 模型分子体系拓展到其他共轭分子体系。Dhiraai 等[117]使用 STM 研究了单巯基苯乙炔低聚物自组装在金和银上的单层膜，发现随着共轭链的增长，分子显示的整流作用也增强。中科院化学所刘云圻等合成了一系列含有电子给体(—NH_2)和电子受体(—NO_2、—CN 等)的不对称酞菁，将它们组装为 LB 膜，并利用 STM 技术测量了它们的 *I-V* 曲线，证实该类单酞菁分子也具有整流特性。最近芝加哥大学俞陆平等[118]合成了一类新型的二极管分子，这种分子由富电子的噻吩(C4S)和缺电子的噻唑(CNS)两部分组成。他们成功地将这种分子通过巯基自组装在两个金电极之间，并利用 STM 方法证明了这种整流行为确实来源于分子的自身特性，而不是因为分子与电极的不对称耦合或分子电极界面因素引起的。

随着器件尺寸的减小，基本的放大单元将由三极晶体管变为三极单电子管(SET)。SET 的工作原理是量子隧穿，主要是金属-绝缘体-金属间的隧穿效应。当金属电极的势垒足够窄时，费米能级上的电子就能够隧穿通过绝缘层，形成隧穿电流。

在分子场效应管的发展过程中，人们最初利用碳纳米管(CNT)获得了突破，制成了由单个碳纳米管构成的场效应管。随着纳米技术的发展，人们又制成了由单个 C_{60} 分子构成的场效应管。除了 CNT 和 C_{60} 外，最近几年其他材料的研究也取得了很大进展。Park 等[119]将 1 个中心离子为 Co 的配合物分子连接在两个金电极之间构成场效应管。实验结果表明，随着栅压的改变，可以很好地调控源极与漏极之间的电流；此外，*I-V* 曲线不是传统的平滑曲线，而是台阶状的，呈现出载流子传输的量子特性。Robert 等[120]提出并设计了一种全新概念的单分子场效应晶体管，在这种分子场效应晶体管中，电子的传递行为是通过分子附近的某个单原子荷电来调控的，通过改变分子附近某个单个原子的荷电状态可以控制分子电流导通或断开。以往的分子场效应管实验中为了测量分子电导的变化，必须在接近绝对零度的条件下进行，而这种全新概念的分子晶体管的场效应在室温下即可观察到；这种全新概念的分子场效应晶体管的另一个特点是仅需要来自原子上的 1 个电子就可以实现分子的导通或断开，而传统的场效应管要实现这种开关则需要上百万个电子。

量子效应分子电子器件的代表就是分子共振隧穿二极管，简称分子 RTD。它具有与固体 RTD 相似的势垒包围势阱的器件结构和相同的工作原理。

分子 RTD 由四部分构成：①主干分子导线分子 RTD 的发射极和集电极由聚苯撑基分子链构成。这种芳香族有机分子具有共轭的 π 电子轨道。一个以上这种长的未被填充或部分填充的 π 轨道可以提供一个沟道。当分子两端有偏压存在时，电子便可从分子的一端运动到另一端。据估计，每个分子中每秒可以通过 2×10 个电子，这种分子导线通常称为 Tour 分子导线。②由单个脂肪环构成的“岛”或势阱具有较低的能量，其尺寸约为 1 个纳米，比固体 RTD 势阱尺度还小。③由两个脂肪甲撑分子构成两个势垒，即将具有绝缘性质的两个甲撑分子插入“岛”两侧，与左右分子导线之间，形成分子 RTD 的两个势垒。④分子电子器件的端引线，分子器件的两端常常通过硫醇(—SH)粘贴在金(Au)电极上，作为其引出端，这种将分子紧紧接在金属上的(—SH)常称其为分子器件的“鳄鱼夹”。

分子 RTD 的工作原理与固体 RTD 基本上相同，当电子被限制在很窄的势阱中时，其能量发生量子化形成分立的能级，当势阱中能级与发射极中未被电子填充的分子轨道能量没对准时，不发生共振隧穿，器件不导通。当加偏压后，阱中能级与被电子填充的轨道能量对准，同时阱中能级与集电极空能态也对准时，共振隧穿效应发生，有隧穿电流通过器件，RTD便处于导通状态。

原子继电器类似于一个分子闸门式开关。在原子继电器中，一个可动的原子不是固定地贴附在衬底上，而是在两个电极间向前或向后移动。两个原子导线借助一个可动的开关原子连接起来构成一个继电器。如果开关原子位于原位上，则整个器件能够导电；假若开关原子脱离原位，则造成的空隙骤然降低了流过原子导线的电流，使整个器件变为断路。距开关原子很近的第三个原子导线构成了原子继电器的栅极，在栅导线放置一很小的负电荷，使开关原子移开其原有位置而使器件关断，借助第二个"复位"栅，开关原子重新拉回到原来位置而且器件再次导通。原子继电器的实际实验是在STM帮助下完成的，在STM探针尖与衬底之间放置一氙原子，当氙原子在探针尖和衬底间向前或向后传输时便完成了器件的开关动作。单个继电器非常小，约为10 nm大小。原子继电器的速度将受到原子继电器本征振动频率的限制。

更精确可靠的基于原子移动的双稳态器件，可以用一组转动的分子影响电流的传导来完成。"开关"原子可以贴附在一个"转子"上，此"转子"可以通过摆动使"开关"原子填充原子导线的空隙，而使原子继电器导通；或者使"开关"原子通过摆动，脱离原子导线而使电流关断。转子的方向是通过调节栅分子上电荷的极性来控制的。

5.1 "鳄鱼夹"型负微分电阻分子材料的计算参数

一般金属甚至是半导体体系，其 I-V 关系可以是线性或者非线性的，但定性而言，电压增大其电流总会是增大的，不可能不增反减。所谓负微分电阻(negative differential resistance，NDR)，就是电压增大其电流反而减小。由欧姆定律中电阻的微分表达式 $R=\mathrm{d}V/\mathrm{d}I$ 可知，此时电阻实际上是负的。目前已发现许多材料都具有NDR效应，如硅异质结、金属氧化物异质结、半导体量子点、有机高分子纳米复合材料。除了传统硅异质结NDR器件外，大部分材料中的NDR效应可重复性差，主要原因在于这里的NDR与以下一种或多种机制相关：氧化还原反应、导电细丝生成与断裂、缺陷电荷俘获与去俘获。这几种机制的最大问题是很难进行可靠操控，也就是说，基于这些机制的NDR效应有一定的随机性和不确定性。毫无疑问，一种新功能如果预期是不确定的，那就不叫新功能。这种不确定性有其内在的根源，也因此这些材料中的NDR一直未能获得世人青睐。也因为如此，如果能找到一种较为可靠的实现途径或者操控方式，NDR便能使其名副其实。

NDR效应是当偏压在某个偏压区域增加时电流减小。具有NDR效应的传统电子器件是Esaki或共振隧穿二极管(RTD)，并且具有许多应用，例如模数转换器、高频振荡器和逻辑电路。如果使用RTD，则可以显著降低动态随机存取存储器(DRAM)的待机功率。分子NDR器件非常有价值，因为它们被认为是化合物(Ⅲ-Ⅴ)半导体的潜在替代品，用于实现具有极低静态功耗和极高密度的存储器单元。最近，作为其他分子装置，分子NDR装置引起了广泛研究。在这些研究中，大多数分子NDR效应存在于高偏置区域。在低偏置区域存在一些分子NDR效应，但PVR(电流峰值和电流谷值之间的比率)不够大。已经有研究指出，如果分子NDR器件用于DRAM存储器单元的局部刷新，它们应该在低偏压下呈现NDR效应并且具有大的PVR值。总之，具有大PVR的低偏压分子NDR器件在未来是有价值的。这里，进行了两个苯吡啶分子夹在Au或Ag引线之间的屏障的输运性质的第一性原理研究。在低偏压下具有非常高的PVR值的强NDR效应被获得，当使用不对称Au / Ag引线时，PVP值可以调整到更高的值，而V_{peak}对应的I_{peak}不变。我们的研究表明，基于吡啶“鳄鱼夹”的NDR效应可以在不改变V_{peak}的情况下进行调制，这也很重要，因为调制PVR通常会导致分子装置的V_{peak}的移动。

基于自洽的第一原理方法，将非平衡格林函数形式与密度泛函理论(DFT)相结合，Atomistix Toolkit代码用于执行计算。k点采样在x，y和z方向上为1，1和50。截止能量为150Ry核心电子用Troullier-Martins非局部赝势模拟。Perdew-Zunger局部密度近似用于描述交换关联势。通过混合哈密顿量，总能量的收敛标准是10^{-5}。

我们构建的分子结是双电极系统，其中分子自由基被夹在两个Au电极之间构成了三明治结构。图5.1显示了输运系统的示意图，其中苯-吡啶分子与Au电极共价接触。整个输运系统分为三部分：左电极、散射区和右电极。为了避免输运系统与其镜像之间的相互作用，沿着x和y方向，将一维Au电极放置在大的真空层。除了金原子之外，散射区域中的所有原子位置都完全弛豫，直到最小力之容差为0.05eV/Å。

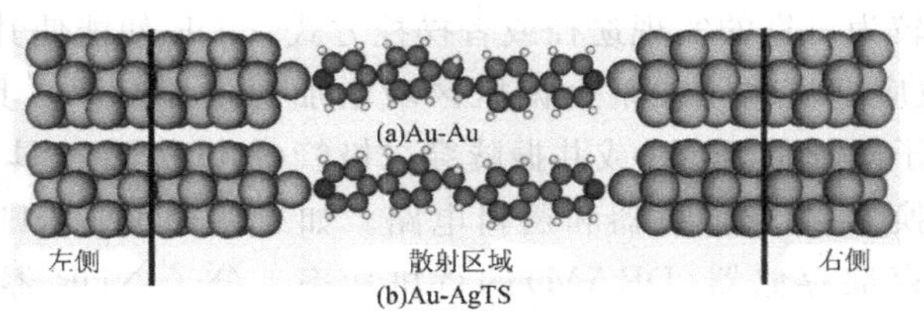

图 5.1　由 Au 和 Ag 构成的输运系统的示意图

将两个苯-吡啶分子夹在中间，所述苯-吡啶分子被乙基的势垒分开。

吡啶“鳄鱼夹”通过顶点 Au 或 Ag 原子接触引线

5.2　“鳄鱼夹”型负微分电阻分子材料的输运性质研究

分子输运系统(transport system，TS)的偏置相关电流-电压(I-V)曲线存在于图 5.2 中，其中偏压在 0.00 V～±0.80 V 之间变化。该系统有两个引人注目的特征：首先，对于这两个 TS，电流增加到 I_{peak} 偏压为±0.10 V，然后明显减小。存在 NDR 效应，V_{peak}(I_{peak} 所在的电压)小至 0.10 V，这对于实际应用来说是足够低的。其次，Au_Au TS 的 PVR 对于正(负)偏差大至 3726%(4075%)，并且这些 Au_Ag TS 值对于正(负)偏差变为 6606%(3881%)。从 Au_Au TS 到 Au_Ag TS，人们可以得到不对称电极，可以基于吡啶“鳄鱼夹”调节 NDR 效应，而不会改变 V_{peak}，这有望在未来的分子电子学领域应用。

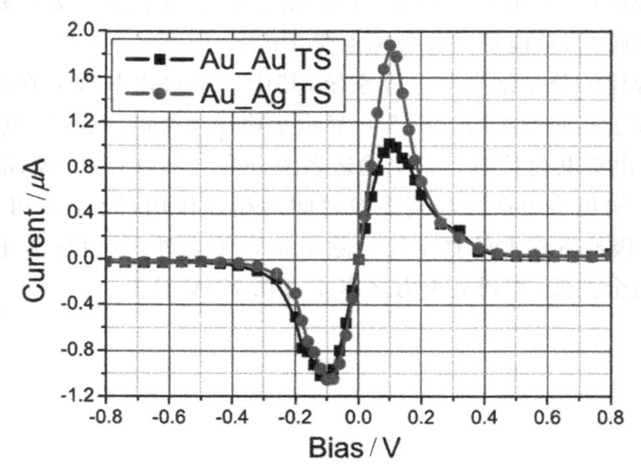

图 5.2　偏压下分子输运系统的电流电压曲线

为了理解低偏压 NDR 行为，透射谱 $T(V_b, E)$ 和零偏压下费米能级周围的几个空间分子投影自洽哈密顿量(MPSH)如图 5.3 所示，而偏压相关 MPSH 也如图 5.3 所示。从图 5.3 中可以看出，对于 Au_Au 和 Au_Ag TS，存在大约 0.08 eV 的 $T(V_b,E)$峰值。这种峰由 MPSH-LUMO 和 MPSH-LUMO + 1 [图 5.4(a)和(b)显示在零偏压下，LUMO 是最低的未占分子轨道]。由于 MPSH-LUMO 和 MPSH-LUMO + 1 离域(即两个轨道都分布在两个苯-吡啶分子上)，$T(V_b,E)$峰高且尖锐。

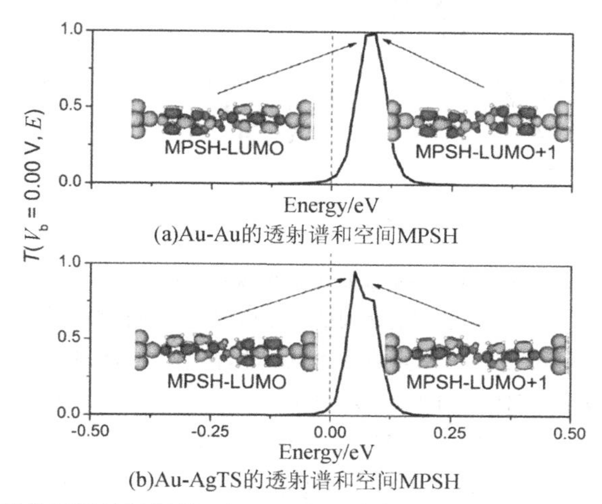

图 5.3 零偏压下的透射谱 $T(V_b,E)$和几个与费米能级接近的空间 MPSH

当 $+V_b/2(-V_b/2)$的偏压施加到左(右)电极时，左(右)引线中的电化学电位向下(向上)移动 $V_b/2$。由于左苯吡啶和右苯-吡啶被 σ 势垒隔开，位于左(右)苯吡啶的分子轨道将随着下(上)移动而沿左(右)移动。在偏压 0.04 V 之前，电场强度不足以将离域化的 MPSH-LUMO 和 MPSH-LUMO + 1 耗尽到局部轨道。因此，MPSH-LUMO 和 MPSH-LUMO + 1 大致保持其能量(见图 5.4)，当偏置小于 0.04 V 时，$T(V_b,E)$峰也大致保持其轮廓。偏置为 0.04V，电场逐渐耗尽离域 MPSH-LUMO 和 MPSH-LUMO+1 到局部轨道(即 MPSH-LUMO 和 MPSH-LUMO+1 分别分布在左、右苯-吡啶上)。由图 5.4 可知局部 MPSH-LUMO(MPSH-LUMO+1)由于 σ 势垒而向下(向上)移位。因此，由于局部 MPSH-LUMO 和 MPSH-LUMO+1 各自离去，费米能级附近的 $T(V_b,E)$峰变宽和变低。应用于左(右)引线的$-V_b/2(+V_b/2)$偏置的情况，类似于上面讨论的应用于左(右)引线的$+V_b/2(-V_b/2)$偏压的情况。低于-0.04 V 的偏压，局部 MPSH-LUMO(MPSH-LUMO+1)也向下移动(向上)，因为它分布在由电场驱动的右(左)苯-吡啶上。

我们定性分析强烈的低偏压 NDR 行为以及不对称电极在不改变 V_{peak}

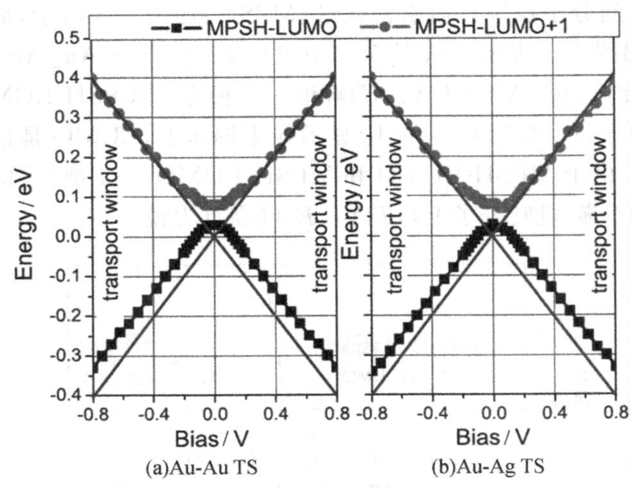

图 5.4　费米能级附近的偏压依赖 MPSH

注:两条蓝线之间的能量区域是输运窗口

的情况下调制 NDR 效应。当偏压增加时,隧道电流迅速增加,因为局域 MPSH-LUMO 和 MPSH-LUMO+1 彼此不匹配,一些透射系数进入输运窗口(即它是从 $-eV_b/2$ 到 $+eV_b/2$ 的能量区域)。因此,在零偏压下,离域 MPSH-LUMO 和 MPSH-LUMO +1 非常接近费米能级,并且它们在低偏压下耗尽到局部轨道。MPSH-LUMO 和 MPSH-LUMO+1 的不匹配导致透射系数进入输运窗口。因此,NDR 效应在低偏压下呈现。Au_Au TS 的 MPSH-LUMO 和 MPSH-LUMO+1 与零偏压下的 Au_Ag TS 几乎相同。因此,Au_Ag TS 的 V_{peak} 与 Au_Ag TS 的 V_{peak} 相同。对于正偏压的 Au_Ag TS,当离域 MPSH-LUMO 和 MPSH-LUMO+1 耗尽到局部轨道时,MPSH-LUMO+1 的能量略微向下移动。由图 5.4 可知,在正偏压下,由于 Ag 电极的低功函数,可以看出 Au_Ag TS 的 MPSH-LUMO + 1 确实比 Au_Au TS 的 MPSH-LUMO+1 更接近费米能级。因此,在低偏压下,输入 Au_Ag TS 的输运窗口的透射系数大于 Au_Au TS 的透射系数,然后 Au_Ag TS 的 I_{peak} 大于 Au_Au TS 的 I_{peak}。因此,Au_Ag TS 的 PVR 大于 Au_Au TS 的 PVR,并且不对称的电极确实调节 NDR 效应而不改变基于吡啶“鳄鱼夹”的分子装置的峰值。

5.3　本章小结

总之,本书通过苯吡啶分子构建分子 NDR 装置,并使用第一原理方法对其运输特性进行第一性原理计算，其中将非平衡格林函数与密度泛函理论相结合。本书获得了具有非常大的峰谷比的低偏差 NDR 效应，并且发现不对称引线可以调节 NDR 效应而不会改变 V_{peak}。本书的计算还表明，吡啶“鳄鱼夹”可用作低偏压 NDR 装置，并且具有低功耗，这在分子电子学领域具有潜在的应用。

第6章　总结与展望

6.1　总结

通过基于DFT的第一性原理计算研究了LN型$ZnTiO_3$的电子结构，区域中心声子模式，压电和非线性光学性质。电子结构表明该化合物是一种宽的直接带隙绝缘体。通过研究顺电相和铁电相的区域中心声子模式，发现钙钛矿顺电相中的B_{2u}和B_{3u}有两个虚频，然后虚频在其铁电相中消失。基于LDA和GGA计算得到的自发极化分别为90.43 $\mu C/cm^2$和93.14 $\mu C/cm^2$，与实验结果吻合良好，较大的自发极化表明，该化合物是一种良好的铁电材料。

铌酸锂型$ZnTiO_3$的弹性常数满足波恩稳定条件的限制，化合物的结构稳定。得到的压电张量具有四个独立元素e_{11}、e_{15}、e_{31}、e_{33}，它们的值为$-0.93\ C/m^2$、$1.7\ C/m^2$、$1.01\ C/m^2$和$2.51\ C/m^2$，表明该化合物是一种有前途的压电晶体。与$LiNbO_3$一样，$x(zz)y$和$x(yz)y$配置的拉曼光谱对应于A_1和E模式，分析了A_1和E模式的拉曼峰值分别对应的区域中心光学模。该化合物的独立非线性光学系数为d_{12}、d_{15}和d_{33}，它们的值分别为1.37 Pm/V、1.46 Pm/V和−20.18 Pm/V。对于EO系数，独立元素为γ_{11}、γ_{13}、γ_{33}和γ_{51}，它们的值分别为0.46 Pm/V、3.71 Pm/V、17.17 Pm/V和1.62 Pm/V。结果表明，LN型$ZnTiO_3$比LN型$ZnSnO_3$具有更优异的非线性光学性质。大的压电和非线性光学敏感性表明该化合物是一种高性能的无铅压电和非线性光学晶体。

本书研究了夹在两个Al电极之间的基于吡啶“基团-σ-基团”分子自旋电子器件的自旋极化传输特性。该装置对平行磁场和反平行磁场均表现出明显的自旋滤波和负微分电阻效应。获得了明显的磁阻效应，表现出磁阻比率先增加后随斜率逐渐减小的异常现象。这些传输特性起源于由偏置驱动的费米能级周围分子轨道的轨道重建。当偏差增加时，离域前沿分子轨道耗尽到局部轨道。对于反平行磁性配置,局部前沿分子轨道首先被推动到离域轨道,然后随着偏压的增加逐渐耗尽到局部轨道。对于未来设计高性能多功能分子自旋电子器件可能有很大帮助。通过苯吡啶分子构建分子NDR装置,并使用第一原理方法对其运输特性进行第一性原理计算,其中将非平衡格林函数与密度泛函理论相结合。本书获得了具有非常大的峰谷比的低偏差NDR效应,并且发现不对称引线可以调节NDR效应而不会改变V_{peak}。通过计算还表明,吡啶"鳄鱼夹"可用作低偏压NDR装置,并且具有低功耗,这在分子电子学领域具有潜在的应用。

6.2 国内外最新的研究进展

一般认为,铁电体的研究始于1920年,当年法国人发现了罗息盐(酒石酸钾钠)的特异的介电性能,导致了"铁电性"概念的出现。迄今铁电研究可大体分为四个阶段。第一阶段是1920—1939年,在这一阶段中发现了两种铁电结构,即罗息盐和KH_2PO_4系列。第二阶段是1940—1958年,铁电维象理论开始建立,并趋于成熟。第三阶段是1959—1970年,这是铁电软模理论出现和基本完善的时期,称为软模阶段。第四阶段是20世纪80年代至今,主要研究各种非均匀系统。到目前为止,已发现的铁电晶体包括多晶体有一千多种。从物理学的角度来看,对铁电研究起了重要作用的有三种理论,即德文希尔(Devonshire)等的热力学理论,Slater的模型理论,Cochran和Anderson的软模理论。

铁电体的研究取得不少新的进展,其中最重要的有以下几个方面:

1)第一性原理的计算。现代能带结构方法和高速计算机的发展使得对铁电性起因的研究变为可能。通过第一性原理的计算,对铁畴和等铁电体,得出了电子密度分布、软模位移和自发极化等重要结果,对阐明铁电性的微观机制有重要作用。

2)尺寸效应的研究。随着铁电薄膜和铁电超微粉的发展,铁电尺寸效应成为一个迫切需要研究的实际问题。人们从理论上预言了自发极化、相变温度和介电极化率等随尺寸变化的规律,并计算了典型铁电体的铁电临界尺寸。这些结果不但对集成铁电器件和精细复合材料的设计有指导作用,而且是铁电理论在有限尺寸条件下的发展。

3)铁电液晶和铁电聚合物的基础和应用研究。1975年MEYER发现,由手性分子组成的倾斜的层状C相液晶具有铁电性。在性能方面,铁电液晶在电光显示和非线性光学方面很有吸引力。电光显示基于极化反转,其响应速度比普通丝状液晶快几个数量级。非线性光学方面，其二次谐波发生效率已不低于常用的无机非线性光学晶体。聚合物的铁电性在 20 世纪 70 年代末期得到确证。虽然 PVDF 热电性和压电性早已被发现，但直到 20 世纪 70 年代末才得到论证，并且人们发现了一些新的铁电聚合物。聚合物组分繁多，结构多样化，预期从中可发掘出更多的铁电体，从而扩展铁电体物理学的研究领域，并开发新的应用。

4)集成铁电体的研究。铁电薄膜与半导体的集成称为集成铁电体，近年来科研人员广泛开展了此类材料的研究。铁电存储器的基本形式是铁电随机存取存储器。与五六十年代相比，当前的材料和技术解决了几个重要问题：一是采用薄膜，极化反转电压易于降低，可以和标准的硅 CMOS 或 GaAs 电路集成；二是在提高电滞回线矩形度的同时，在电路设计上采取措施，防止误写误读；三是疲劳特性大有改善，已制出多次反转仍不显示任何疲劳的铁电薄膜。在存储器上的重大应用已逐渐在铁电薄膜上实现。与此同时，铁电薄膜的应用也不局限于存储领域，还有铁电场效应晶体管、铁电动态随机存取存储器等。除存储器外，集成铁电体还可用于红外探测与成像器件，超声与声表面波器件以及光电子器件等。可以看出，集成薄膜器件的应用前景不可估量。

某些物质在熔融状态或被溶剂溶解之后，尽管失去固态物质的刚性，却获得了液体的易流动性，并保留着部分晶态物质分子的各向异性有序排列，形成一种兼有晶体和液体的部分性质的中间态，这种由固态向液态转化过程中存在的取向有序流体称为液晶。现在定义放宽，囊括了在某一温度范围可以是显液晶相，在较低温度为正常结晶的物质。例如，液晶可以像液体一样流动(流动性)，但它的分子却是像道路一样取向有序的(各向异性)。有许多不同类型的液晶相，这可以通过其不同的光学性质(如双折射现象)来区分。当使用偏振光光源，在显微镜下观察时，不同的液晶相将出现具有不同的纹理。在纹理对比区域不同的纹理对应于不同的液晶分子。然而，所述分子是取向有序的。而液晶材料可能不总是在液晶相(正如水可变成冰或水蒸气)。

液晶可分为热致液晶、溶致液晶。热致液晶是指由单一化合物或由少数化合物的均匀混合物形成的液晶。通常在一定温度范围内才显现液晶相的物质。典型的长棒形热致液晶的分子量一般在 200～500 g/mol。溶致液晶是一种包含溶剂化合物在内的两种或多种化合物形成的液晶，是在溶液中溶质分子浓度处于一定范围内时出现液晶相。它的溶剂主要是水或其他极性分子液剂。这种液晶中引起分子排列长程有序的主要原因是溶质与溶剂分子之间的相互作用，而溶质分子之间的相互作用是次要的。溶致液晶是一种包含溶剂化合物在内的两种或多种化合物形成的液晶。

1850 年普鲁士医生鲁道夫·菲尔绍(Rudolf Virchow)等人就发现神经纤维的萃取物中含有一种不寻常的物质。1877 年德国物理学家奥托·雷曼(Otto Lehmann)运用偏光显微镜首次观察到了液晶化的现象。1883 年 3 月 14 日植物生理学家斐德烈·莱尼泽(Friedrich Reinitzer)观察到胆固醇苯甲酸酯在热熔时有两个熔点。1888 年莱尼泽反复确认之前的发现后,向德国物理学家雷曼请教。当时雷曼制作了一台具有加热功能的显微镜去探讨液晶降温结晶的过程,而从那时开始,雷曼的精力完全集中在该类物质的研究上。1888 年雷曼出版了《分子物理学》,这是对这段时间他在材料物理领域知识的总结,特别值得一提的是,他在书中首次提出了显微镜学研究方法,通过对晶体显微镜和用它所作的观察。20 世纪化学家伏兰德(Vorlander)的努力由聚集经验使他能预测哪一类的化合物最可能呈现液晶特性,然后合成取得该等化合物质,于是雷曼关于液晶的理论被证明。1922 年法国人 G. 弗里德(G. Friedel)仔细分析当时已知的液晶,把它们分为三类:向列型(nematic)、层列型(smectic)、胆甾型(cholesteric)。1930—1960 年,也就是在 G. Freidel 之后,液晶研究暂时进入低谷,也有人说,1930—1960 年期间是液晶研究的空白期。究其原因,大概是由于当时没有发现液晶的实际应用。但是,在此期间,半导体电子工业却获得了长足的发展。为使液晶能在显示器中应用,透明电极的图形化以及液晶与半导体电路一体化的微细加工技术必不可缺。随着半导体工业的进步,这些技术已趋向成熟。

20 世纪 40 年代开发出硅半导体,利用传导电子的 n 型半导体和传导电洞的 p 型半导体构成 pn 结面,发明了二极管和晶体管。在此之前,在电路中为实现从交流到直流的整流功能,要采用二极管,而要实现放大功能,要采用电子管。这些大而笨重的元件完全可以由半导体二极管和晶体管代替,不需要向真空中发射电子,仅在固体特别是极薄的膜层中,即可实现整流、放大功能,从而使电子回路实现了小型化。接着,藉由光加工技术实现了包括二极管、晶体管在内的电子回路图形的薄膜化、超微细化,这种技术简称为微影(photolithography)。

20 世纪 60 年代,随着半导体集成电路(integrated circuit)技术的发展,电子设备实现了进一步的小型化。上述技术的进步,对于在液晶显示装置(display)中的应用是必不可少的,随着材料科学和材料加工技术的进一步发展,以及新型显示模式和驱动技术的开发,液晶显示技术获得了快速发展。1968 年任职美国 RCA 公司的 G. H. Heilmeier 发表采用 DS(dynamic scattering,动态散射)模式的液晶显示装置。在此之后,美国企业最早开始了数字式液晶手表实用化的尝试。1971 年一家瑞士公司制造出了第一台液晶显示器，见图 6.1。

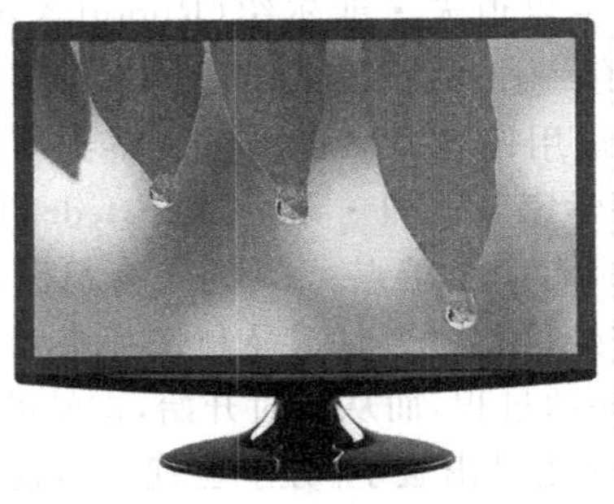

图 6.1　液晶显示屏

截止到 20 世纪末，液晶的基础研究已被很好地建立起来，同时在应用和商业用途方面也得到了发展。因为它们代表了一种介于普通液体与三维固体间的状态，所以对它们物理性质的调查非常复杂，而且需要利用到许多不同的工具和技术。液晶在材料科学中扮演着重要的角色，它们是有机化学家们调查化学结构与物理性质关系的模型材料，并且它们提供了研究生命系统特定现象的深入视角。由于它们的主要应用在显示方面，显示技术的一些特定知识对于全面了解该物质是必须了解的。液晶研究在很短的历史时期内发生了许多事情，至今仍活跃于基础科学和应用科研领域。

液晶态——长程取向有序，部分位置有序或完全位置无序的一种介晶态；介晶态——分子有序度介于完美三维、长程位置及取向有序的固体晶体和缺乏长程有序的各向同性液体、气体及非结晶固体之间的一种物质态；液晶——处于液晶态的一种物质；晶相——长程周期性位置/平移有序相；液相——没有长程周期或取向有序的相；液晶相（中间相）——没有长程位置有序，但有长程取向有序的相；热致液晶相——通过加热固体，冷却各向同性液体或通过加热、冷却热力学稳定的中间相形成的中间相；溶致液晶相——在适宜的浓度、温度条件下，通过在合适的溶剂中溶解介晶化合物形成的中间相；棒状液晶相——由棒状或板条状分子结构的分子或大分子形成的一种液晶相；柱状液晶相——由堆叠成柱状的分子形成的相；介晶化合物——一种在适宜温度、压力、浓度条件下能以中间相存在的化合物；棒状液晶——由棒状或板条状分子结构的分子构成的一种介晶化合物；盘状液晶——由相对平整、盘子状或薄片状分子构成的一种介晶化合物；锥体状或碗状液晶——由来自半刚性圆锥核的分子构成的一种介晶化合物；多垂链液晶——由具有一个细长刚性核并连有几个柔性链在其末端的分子构成的介晶化合物；燕尾型液晶——由具有一个细长刚性核并连有一个柔性链在一端和一个长度一样的分枝柔性链在另一端的分子构成的介晶化合物；介晶(液晶)二聚物、三聚物等——由通常是相同结构的两个、三个或更多连接介晶单元分子构成的介晶化合物;板状液晶——由板状的分子构成的介晶化合物;两性液晶——由具有相反特性,即亲水与疏水或亲脂与疏脂两部分分子构成的化合物;双向性材料——能表现热致和溶致中间相(液晶相)的化合物。

液晶系统的命名法,像其他任何一种现代语言一样,仍然是一种非常有活力的非系统语言。因此,自当前人所用的命名系统之后,人们对当前可被接受的术语进行了许多改变,新表示法有了引进,过时的表示法进行了删除。因为命名系统处在不断变化的状态,对于所有的定义和与之相对应的记法是可以改变的。尽管如此,在一些地区,除了未被(科学院)认可的表示法,命名这一话题已经自然而然地被国际所接受,而在其他研究依然非常活跃的地区,表示法的变化是非常常见的。然而,国际液晶协会(ILCS)和国际理论化学和应用化学联合会(IUPAC)的成员正尝试着为液晶创造有史以来的第一个被广泛接受的命名系统。这种描述和见解与 ILCS 和 IUPAC 的提议相一致。

在 19 世纪 20 年代早期,随着 Friedel 对向列相和近晶相(smectic phases)的命名,液晶的表示法才真正开始。实际上,在 1950—1960 年,是各种各样的近晶相的存在这一事实,使得 Sackmann 和 Demus 提出这样一个方案:在近晶相液晶上面刻字。最初只有三种近晶相被定义:SmA、SmB 和 SmC,但随后很多新相就很快被发现了。这种概念是被 Sackmann 和 Demus 引进的,它依赖于中间相的热力学性质和相互混合的能力,因此,一个有着已知的中间相形态学标准材料与一个未知相类型的材料的混合,就成为了相分类的标准。另一方面,不和混合性没有特殊的标准。因此,用 Sackmann 和 Demus 的这种分类,所有的材料都应该被标准化。

简单地说,在表示法系统引进之后,G 相和 H 相的记法变得相互交叉,困惑(后来被 Hull 和 Halle 研究组共同协商解决了)就产生了。此外,D 相先被认为是一种近晶相介绍,后来被证明是立方晶系的;B 相最初被分为两种:B 相和正交 B 相,它们后来又被重命名为 B 相和 G 相;最初人们认为有两种 E 相,一个是单轴的,另一个是双轴的,后来都被定义为有双轴的;当然,也有存在多年的问题,比如,是否一个相是软相的还是一个真正的近晶相。这些后面的争论最终为软晶的表示法做出了重大改变,Sm 表示法逐渐消失,而 B 这种旧的表示法被用在近晶相和软液晶相。

当通电时导通,排列变得有秩序,使光线容易通过;不通电时排列混乱,阻止光线通过。从技术上简单地说,液晶面板包含了两片相当精致的无钠玻璃素材,称为 Substrates,中间夹着一层液晶。当光束通过这层液晶时,液晶本身会排排站立或扭转呈不规则状，因而阻隔或使光束顺利通过。大多数液晶都属于有机复合物，由长棒状的分子构成。在自然状态下，这些棒状分子的长轴大致平行。将液晶倒入一个经精良加工的开槽平面，液晶分子会顺着槽排列，所以假如那些槽非常平行，则各分子也是完全平行的。液晶是一种介于晶体状态和液态状态之间的中间物质。它兼有液体和晶体的某些特点，表现出一些独特的性质。

液晶种类很多，通常按液晶分子的中心桥键和环的特征进行分类。目前已合成了1万多种液晶材料，其中常用的液晶显示材料有上千种，主要有联苯液晶、苯基环己烷液晶及酯类液晶等。

因液晶产生条件（状况）不同而被分为热致液晶（thermotropic LC）和溶致液晶（lyotropic LC），分别由加热、加入溶剂形成。液晶的光电效应受温度条件控制的液晶称为热致液晶；溶致液晶则受控于浓度条件。显示用液晶一般是低分子热致液晶。

热致液晶包括向列相、近晶相、胆甾相三种。①近晶相液晶：近晶相液晶分子分层排列，根据层内分子排列的不同，又可细分为近晶相A、近晶相B等多种。层内分子长轴互相平行，而且垂直于层面。分子质心在层内的位置无一定规律。这种排列称为取向有序，位置无序。近晶相液晶分子间的侧向相互作用强于层间相互作用，所以分子只能在本层内活动，而各层之间可以相互滑动。②胆甾相液晶：胆甾相液晶是一种乳白色黏稠状液体，是最早发现的一种液晶，其分子也是分层排列，逐层叠合。每层中分子长轴彼此平行，而且与层面平行。不同层中分子长轴方向不同，分子的长轴方向逐层依次向右或向左旋转过一个角度。从整体看，分子取向形成螺旋状，其螺距用 p 表示，约为0.3 mm。③向列相液晶：向列相液晶中，分子长轴互相平行，但不分层，而且分子质心位置是无规则的。1922年，法国人弗里德仔细分析当时已知的液晶，把它们分为三类：向列型（nematic）、层列型（smectic）、胆固醇型（cholesteric）。名字的来源，前两者分别取自希腊文线状和清洁剂（肥皂）；胆固醇型的名字有历史意义，如以近代分类法，它们属于向列型。其实弗里德对液晶一词不赞同，他认为“中间相”才是最合适的表达。

LCD（liquid crystal display 的简称）液晶显示器发展大大扩展了显示器的应用范围，使个人使用移动型手持显示器成为可能，因此，2000年以后进入了LCD与CRT争夺显示器主流市场的时代。1993年以前主要生产的是10.4 in（1 in=2.54 cm）以下，640×480像素的产品；1993—1997年主要生产的是10～13 in，1024×768像素的产品；1997—1999年主要生产15～18 in，1024×768和以上像素的产品；1999年以后开始生产20～30 in的产品。1998年以后开始大力开发高分辨率、大屏幕液晶投影电视。2008年以来，人们更重视液晶电视的美观和厚度，现在26 in以下的电视最薄可以做到22 mm。

向列相(nematic)是最简单的液晶相，此类液晶的棒状分子之间只是互相平等排列。但它们的重心排列是无序的，在外力作用下发生流动，很容易沿流动方向取向，并且互相穿越。因此，此类型液晶具有相当大的流动性。向列相液晶又分为单轴向列相液晶和双轴向列相液晶。电场与磁场对液晶有巨大的影响力，向列型液晶相的介电性行为是各类光电应用的基础，用液晶材料制造以外加电场操作的显示器，在1970年代以后发展很快。因为它们有小容积、微量耗电、低操作电压、易设计多色面板等多项优点。不过因为它们不是发光型显示器，在暗处的清晰度、视角和环境温度限制等方面都不理想。无论如何，电视和电脑的屏幕以液晶材质制造，十分有利。大型屏幕在以往受制于高电压的需求，变压器的体积与重量不可言喻。其实，彩色投影电视系统，亦可利用手性向列型液晶去制造如偏光面板、滤片、光电调整器。

近晶型结构是所有液晶中具有最接近结晶结构的一类，这类液晶中，棒状分子依靠所含官能团提供的垂直于分子的长轴方向的强有力的相互作用，互相平行排列成层状结构，分子的长轴垂直于层片平面。在层内，分子排列保持着大量二维固体有序性，但是这些层片又不是严格刚性的，分子可以在本层内活动，但不能来往于各层之间，结果这类柔性的二维分子薄片之间可以相互滑动，而垂直于层片方向的流动则要困难。因此，近晶型液晶一般在各个方向都非常黏滞。例如，对氧化偶氮苯甲醚：$CH_3OC_6H_4(NO)=NC_6H_4OCH_3$。

胆甾相(cholesteric)由于首先在胆甾醇的酯和卤化物的液晶中观察到，故得其名。在这类液晶中，长形分子是扁平的，依靠端基的相互作用，彼此平等排列成层状，但是它们的长轴是在层片平面上的，层内分子与向列型相似，而相邻两层间，分子长轴的取向，由于伸出层片平面外的光学活性基团的作用，依次规则地扭转一定角度，层层累加而形成螺旋面结构。取向方向经历360°变化的距离称作螺距。胆甾相最明显的特征是其独特的光学性质。它具有极强的旋光性、明显的圆二色性和对波长的选择性反射，后者使它在肉眼下即能显现色彩。液晶显示器件应用的主要是其旋光性，例如，苯甲酸胆甾酶酯：$C_6H_5COOC_{27}H_{45}$。

溶致液晶是由两种或两种以上的组分形成的液晶，其中一种是水或其他极性溶剂。这是将一种溶质溶于一种溶剂而形成的液晶态物质。典型的溶质部分是由一个一端为亲水基团，另一端为疏水基团的双亲分子构成的。如十二烷基磺酸钠或脂肪酸钠肥皂等碱金属脂肪盐类等。它的溶剂是水，当这些溶质溶于水后，在不同的浓度下，由于双亲分子亲水、疏水基团的作用会形成不同的核心相(middle)和层相(lamella)，核心相为球形或柱形。层相则由与近晶相相似的层式排布构成。

溶致液晶中的长棒状溶质分子一般要比构成热致液晶的长棒状分子大得多，分子轴比约在15左右。最常见的有肥皂水、洗衣粉溶液、表面活化剂溶液等。溶质与溶质之间的相互作用是次要的。

由于分子的有序排布必然给这种溶液带来某种晶体的特性。例如光学的异向性、电学的异向性，以至于亲和力的异向性。例如肥皂泡表面的彩虹及洗涤作用就是这种异向性的体现。

溶致液晶不同于热致液晶，它们广泛存在于大自然界、生物体内，并被不知不觉应用于人类生活的各个领域，如肥皂洗涤剂等。生物物理学、生物化学、仿生学领域对其有一定关注，这是因为很多生物膜、生物体，如神经、血液、生物膜等生命物质与生命过程中的新陈代谢、消化吸收、知觉、信息传递等生命现象都与溶致液晶态物质及性能有关。因此在生物工程、生命、医疗卫生和人工生命研究领域，溶致液晶科学的研究都倍受重视。溶致性液晶生成的例子是肥皂水。在高浓度时，肥皂分子呈层列性，层间是水分子，浓度稍低，组合又不同。

自1998年开始主要集中于主动式矩阵驱动的液晶平面显示器(AM-LCD)的开发，在AM-LCD用的液晶化合物中，其要求的特性包括高的比电阻、低的黏度、正的铁电率异方向性、高的化学和光化学的安定性，符合这些特性的材料以氟系化合物为主。液晶化合物之分子长轴方向的氟数增加时，则其非长轴方向的双极子动量变低。液晶铁电异方向性的增加，可经由核心部结构内极性基的导入结合，以使其黏度降低，但是当逆向导入时则其液晶的铁电异方向性变小。

液晶分子的排列，后果之一是呈现有选择性的光散射。因排列可以受外力影响，液晶材料制造器件潜力很大。两片玻璃板之间的手性向列型液晶，经过一定处理，就可形成不同的纹理。

距列型材料(smectic)可分为铁电性液晶和反铁电性液晶。铁电性液晶(FLC)是由Meyer于1974年发现的，然后于1979年发表表面安定化铁电性液晶平面显示器，铁电性液晶是以简单矩阵式驱动的并期待具有高响应、高解析度和大画面的应用。Meyer认为要获得铁电性液晶的条件为，有分子长轴和垂直方向应有永久偶极矩、无消旋体、具有向列型液晶C相。铁电性液晶在电场施加时，其响应时间与铁电性液晶的自发极化成反比，与黏性系数成正比。要获得较高的响应速度，自发极化要大、黏性系数要小。自发极化的改善对策，是在对掌性或光学活性结构中心倒入大的永久双偶极矩、对掌性中心置于核心结构附近，以及复数的对掌性中心导入等设计理念，大的自发极化值的达成，可经由非对称性碳原子和永久偶极矩(permant dipole moment)。反铁电性液晶(AFLC)是在电场的驱动下，由反铁电性液晶转换成铁电性液晶的一种物理现象。并与非对称性在低分子液晶的AFLC中，核心构造的苯环和共轭之苯基结合碳原子邻接者，在非对称性中心将CH_3基结合的状况，要比将CF_3基结合来的有安定的反铁电性，另外在高分子液晶的AFLC中，核心构造的部分连接奇数的碳碳键，也可以获得反铁电性的配列。

胆固醇液晶(cholesteric)不具有液晶性，但是当其氢氧基被卤素取代成卤素化合物，以及和碳酸或脂肪酸产生酯化反应的胆固醇衍生。胆固醇液晶材料具有特殊螺旋结构，而引发选择性光散射、旋光性和圆偏光双色性，可以利用胆固醇型液晶材料的外加电压、气体吸附和温度等因素而引发色彩的变化。类固醇型液晶，因螺旋结构而对光有选择性反射，利用白光中的圆偏光，最简单的是根据变色原理制成的温度计(鱼缸中常看到的温度计)。在医疗上，皮肤癌和乳癌的检测也可在可疑部位涂上类固醇液晶，然后与正常皮肤显色比对(因为癌细胞代谢速度比一般细胞快，所以温度会比一般细胞高些)。

碟型液晶(discotic)发现于1970年，是具有高对称性原状分子重叠组成的向列型或柱型系统。

依分子量来分，有低分子型和高分子型，高分子的液晶有主链型和侧链型。依温度的因素，有互变转换型(enantiotropic)、单变转换型(monotropic)。重现性液晶(recentrant LC)是指一种物质可以具有多种液晶相。又有人发现，把两种液晶混合物加热，得到等向性液体后再冷却，可以依次观察到向列型、层列型液晶。这种相变化的物质，称为重现性液晶(recentrant LC)。稳定液晶相是分子间的范德华力。因分子集结密度高，斥力异向性影响较大，但吸引力则是维持高密度，使基体达到液晶状态的力量，斥力和吸引力相互制衡十分重要。又如分子有极性基团时，偶极相互作用成为重要吸引力。

利用液晶态的光学双折射现象，在带有控温热台的偏光显微镜下，可以观察液晶物质的结构，测定转变温度。所谓织构，一般指液晶薄膜(厚度约10～100 μm)在光学显微镜，特别是正交偏光显微镜下，用平行光系统所观察到的图像，包括消光点或者其他形式的消光结构乃至颜色的差异等。热分析研究液晶态在于用DSC或者DTA直接测定液晶相变时的热效应及其转变温度。缺点是不能直接观察液晶形态，并且少量杂质也会出现吸热峰或者放热峰，影响液晶态的准确判断。除此之外，还有X射线衍射、电子衍射、核磁共振、电子自旋共振、流变学和流变光学等手段。人们把液晶片挂在墙上，一旦有微量毒气逸出，液晶变色了，就提醒人们赶紧去检查、补漏。

1)外加场对液晶的影响。科学家和工程师能够使用液晶进行多样化的应用是因为外电场的干扰会导致液晶体系显微性质有意义的改变。电场和磁场都可以用来诱导这些变化。外加场的大小和它的变化速度一样，在工业处理的应用上是非常重要的特质。特殊的表面处理可以被用于液晶器件从而使液晶具有特定的取向。分子的电子性质导致液晶具有沿着外加场取向的能力。永久电偶极导致当分子一端有净正电荷时，它的另外一端会出现净负电荷。在给液晶加上外电场时，偶极分子会趋向于沿电场方向取向。即使一个分子它并没有形成永久电偶极，它仍然会受到电场的影响。在某些情况下，外加场会使分子中的电子与质子发生轻微的重排，这是带电质子被激发的结果，虽然不像永久偶极子的效果那么强，但是分子沿外加场的取向仍会发生。磁场对液晶分子的影响与电场类似，因为磁场是由移动的电荷产生的，而永久磁偶极是由围绕原子运动的电子产生的。当液晶被加上一个磁场，分子会趋向于顺着场的方向排列或沿反方向排列。

2)表面处理对液晶的影响。没有外加场的作用，液晶分子会沿任何方向取向。无论如何，通过对系统引入一个外部的作用而使分子产生特定的取向是可能的。例如，当一个薄的聚合物涂层(通常为聚酰亚胺)铺展在玻璃基上并用布沿一个方向摩擦它时，液晶分子会沿摩擦方向排列。对于这种现象，可以为人所接受的机理是人们相信液晶层会在部分排列一致的高分子链上的聚酰亚胺层表面附近进行取向附生。

3)手性对液晶的影响。手性液晶分子通常会产生手性液晶相。这意味着液晶分子具有一定的不对称性，如产生一个立构中心。这种性质有个附加条件，就是体系不能是外消旋的(左、右手性分子的混合将会抵消手性的影响)。然而，由于液晶取向的协同性，将少数的手性掺杂剂加入非手性中间相中，将会使液晶分子都呈现手性。手性相分子通常会呈螺旋式旋转，如果旋转的螺距与可见光的波长类似，将观测到光波干涉效应。液晶手性相的手性旋转使体系发出向左或向右的不同的圆偏振光。这种材料能被用于制作偏振滤射片。

蓝相液晶的工作原理是基于 Kerr 效应。将蓝相液晶置于两平行电极板之间就构成一个 Kerr 盒，外加电场通过平行电极板作用在蓝相液晶上，在外电场作用下，蓝相液晶就变为光学上的单轴晶体，其光轴方向与电场方向平行。当线偏振光以垂直于电场的方向通过蓝相液晶时，将分解为两束线偏振光，一束的光矢量沿着电场方向，另一束的光矢量与电场垂直。它们的折射率分别称为正常折射率 n_0 与反常折射率 n_e。蓝相液晶是正或负双折射物质，取决于 n_e-n_0 值的正负。但是 Kerr 盒的结构是不适用于显示器的，因为按标准 Kerr 盒结构，电压是加在两平行电极板之间，即电场是垂直于电极板的，入射光要与电场垂直必须从两平行电极板之间入射。作为显示器，入射光是垂直于两平行透明电极板入射的，要产生与入射光垂直的电场，只能将平行电极制作在下透明电极板上。为了增强电场，每组两平行电极必须很靠近，即做成如共平面开关结构液晶盒中的交叉指电极结构。

在液晶盒上、下各置一片偏振方向互相垂直的偏振片，当液晶盒上无电场时，蓝相液晶的表现如同一个各向同性介质，与上偏振片偏振方向相同的入射偏振光透不过液晶盒，呈现一个黑背景；当液晶盒上加有电场时，蓝相液晶的表现如同一个具有双折射特性的单轴晶体，其 Δn 随外加电场的平方而增加，透过的光强度也随之增加，达到利用蓝相液晶的 Kerr 效应，用外电场实现调光的目的。

液晶在使用前要充分搅拌后才能灌注使用，添加固体手性剂的液晶，要加热到 60℃，再快速冷却到室温并充分搅拌。而且在使用过程中不能静置时间过长。特别是低阈值电压液晶，由于低阈值电压液晶具有这些不同的特性，因此在使用时应该注意以下方面：①液晶在使用前应充分搅拌，调配好的液晶应立即投入生产使用，尽量缩短静置存放时间，避免层析现象产生。②调配好的液晶要加盖遮光存入，并且尽量在一个班次（8 h）内使用完，用不完的液晶需要回收搅拌后重测电压再用。一般随着时间延长，驱动电压会增加。③液晶从原厂瓶取用后，原厂瓶要及时封盖遮光保存，减少敞开暴露在空气中的时间。一般暴露在空气中的时间过长，会增大液晶的漏电流。④灌低阈值电压的液晶显示片，空盒最好是留存生产时间在 24 h 之内的空盒，灌液作业时一般使用比较低的灌注速度。⑤低阈值电压液晶在封口时一定要加盖合适的遮光罩，并且在整个灌液晶期间（除了封口胶固化期间外），要尽量远离紫外线源。否则会在靠近紫外线的地方出现错向和阈值电压增大的现象。⑥液晶是有机高分子物质，很容易在各种溶剂中溶解或与其他化学品产生反应，液晶本身也是一种很好的溶剂，所以在使用和存放过程中要尽量远离其他化学品。

液晶是在自然界中出现的一种十分新奇的中间态，并由此引发了一个全新的研究领域。自然界是由各种各样不同的物质组成。以前，人们熟知的是物质存在有三态：固态、液态和气态。而固态又可以分为晶态和非晶态。在晶态固体中分子具有取向有序性和位置有序性，即所谓的长程有序。当然这些分子在平衡位置会发生少许振动，但平均说来，它们一直保持这种高度有序的排列状态。这样使得单个分子间的作用力叠加在一起，需要很大的外力才能破坏固体的这种有序结构，所以固体是坚硬的，具有一定的形状,很难形变。当一晶态固体被加热时,一般说来,在熔点处它将转变成各向同性的液体。这各向同性的液体不具有分子排列的长程有序。也就是说,分子不占据确定的位置,也不以特殊方式取向。液体没有固定形状,通常取容器的形状,具有流动性。但是分子间的相互作用力还相当强,使得分子彼此间保持有一个特定的距离,所以液体具有恒定的密度,难于压缩。在更高的温度下,物质通常呈现气态。这时分子排列的有序性更小于液态。分子间作用更小,分子取杂乱无章的运动,使它们最终扩散到整个容器。所以气体没有一定形状,没有恒定密度,易于压缩。

第一支使用液晶显示器的手表为 1972 年的 Gruen Teletime。第一台使用液晶显示器的计算器为 1973 年的 Sharp EL-805。1973 年日本的声宝公司首次将液晶运用于制作电子计算器的数字显示。液晶是笔记本电脑和掌上计算机的主要显示设备,在投影机中,它也扮演着非常重要的角色。第一台使用液晶显示器的便携式计算机为 1981 年的 EPSON HX-20。第一台笔记本计算机为 1989 年的 NEC UltraLite。液晶显示材料具有明显的优点:驱动电压低、功耗微小、可靠性高、显示信息量大、彩色显示、无闪烁、对人体无危害、生产过程自动化、成本低廉、可以制成各种规格和类型的液晶显示器,便于携带等。由于这些优点,用液晶材料制成的计算机终端和电视可以大幅度减小体积。液晶显示技术对显示显像产品结构产生了深刻影响,促进了微电子技术和光电信息技术的发展。

液晶显示材料最常见的用途是电子表和计算器的显示板,为什么会显示数字呢?原来这种液态光电显示材料,利用液晶的电光效应把电信号转换成字符、图像等可见信号。液晶在正常情况下,其分子排列很有秩序,显得清澈透明,一旦加上直流电场后,分子的排列被打乱,一部分液晶会改变光的传播方向,液晶屏前后的偏光片会阻挡特定方向的光线,从而产生颜色深浅的差异,因而能显示数字和图像。

液晶的电光效应是指它的干涉、散射、衍射、旋光、吸收等受电场调制的光学现象。根据液晶会变色的特点,人们利用它来指示温度、报警毒气等。例如,液晶能随着温度的变化,使颜色从红变绿、蓝。这样可以指示出某个实验中的温度。液晶遇上氯化氢、氢氰酸之类的有毒气体,也会变色。

液晶在液晶显示器的广泛使用,依赖于电场的存在或不存在一定的液晶物质的光学性质。液晶取向扭曲的相位调整是光通过第一个偏振片,使其传输通过第二偏振器。当电场施加到液晶层,长分子轴往往对齐平行于电场从而逐步解开在液晶层的中心。在这种状态下,液晶分子不调整光线,使光的偏振在第一偏振器吸收,设备失去透明度。这样,电场可以用来指挥透明或不透明之间的像素开关。彩色液晶显示系统使用相同的技术,用于生成红色、绿色和蓝色像素的彩色滤光片。类似的原理可以用来做其他的液晶光学器件。

液晶可调谐滤波器作为电光器件，例如高光谱成像。手性液晶的螺距与热温度强烈变化可作为粗液晶温度计，因为该材料的颜色会随着间距的改变。液晶色彩过渡是用于许多水族馆和游泳池的温度计以及婴儿或沐浴温度计。因此，液晶片通常用于工业寻找热点、地图的热流量、测量应力分布模式等。在流体形成液晶是用来检测电产生的热点在半导体行业的失效分析。

液晶激光器使用液晶在激光介质中的一个而不是外部的镜子分布反馈机制。在光子带隙由液晶周期介电结构创造了低门槛高输出装置提供稳定的单色发射。聚合物分散液晶(PDLC)表和卷可作为黏合剂用于电透明并提供隐私不透明之间切换的智能膜。许多常见的液体，如肥皂水，其实液晶形式多种液晶相取决于其在水中的浓度。

液晶显示器(LCD)的生产建立在扭曲向列液晶显示器的基础之上。向列相液晶被设计成在分子结构的末端具有两种正好相反的组分以产生很强的正各向介电异性，结构被设计成线性体。相似地，液晶电视利用共面转换模式及广泛的视角，同时利用了具有正各向介电异性的线性体液晶结构。相反地，与之竞争的液晶电视技术则给予使用垂直取向的向列相液晶，并具有负各向介电异性。液晶显示器(LCD)在近几年经历了一系列的创新。例如发光二极管(LED)，越来越多地应用于背景光源，因为LED与普通的荧光灯相比性能有所提高，成本低，使用寿命长，而且最主要的是LED比荧光灯消耗的能量少。传统的液晶显示器(LCD)的滤色镜会浪费一半以上的光能，LED通过产生色帧(FSC)顺序减少了能量的损耗。FSC带来的利益将会是巨大的，这项技术造成的能量损耗水平比其他任何显示器都低；简单，环保，由于消除了滤色镜，造价也更便宜；设备能在更低的温度下使用，消除了动态模糊，高亮显示，真实的3D显示的可能性以及在高分辨率多屏幕反映方面的成就。

液晶显示器(LCD)，采用一种介于固态和液态之间的物质，具有规则性分子排列的有机化合物，加热呈现透明状的液体状态，冷却后出现结晶颗粒的混浊固体状态的物质。用于液晶显示器的液晶分子结构排列类似细火柴棒，被称为Nematic液晶，采用此类液晶制造的液晶显示器也就称为LCD。而液晶电视是在两张玻璃之间的液晶内，加入电压，通过分子排列变化及曲折变化再现画面，屏幕通过电子群的冲撞，制造画面并通过外部光线的透视反射来形成画面。世界上第一台液晶显示设备在20世纪70年代初由日本夏普制造，被称之为TN-LCD(扭曲向列)液晶显示器。20世纪80年代，

STN-LCD(超扭曲向列)液晶显示器出现,同时 TFT-LCD(薄膜晶体管)液晶显示器技术被研发出来,但液晶技术仍未成熟,难以普及。20 世纪 80 年代末至 90 年代初,日本掌握了 STN-LCD 及 TFT-LCD 生产技术,LCD 工业开始高速发展。

常见的液晶显示器分为四种:①TN-LCD(twisted nematic-LCD,扭曲向列 LCD);②STN-LCD(super TN-LCD,超扭曲向列 LCD);③DSTN-LCD(double layer STN-LCD,双层超扭曲向列 LCD);④TFT-LCD(thin film transistor-LCD,薄膜晶体管 LCD)。

从结构上看 TN-LCD 与 STN-LCD 似乎差别不大,但实质上它们的工作原理是完全不同的:

①在 TN 液晶盒中扭曲角为 90°;在 STN 液晶盒中扭曲角为 270°或附近值。

②在 TN 液晶盒中,起偏镜的偏光轴与上基片表面液晶分子长轴平行,检偏镜的偏光轴与下基片表面液晶分子长轴平行,即上下偏光轴互相成 90°;在 STN 液晶盒中,上、下偏光轴与上、下基片分子长轴都不互相平行,而是成一个角度,一般为 30°。

③TN 液晶盒是利用液晶分子旋光特性工作的,而 STN 液晶盒由于经起偏镜的入射线偏振光与液晶分子成角度,使入射光被分解为正常束和异常束两种,通过液晶盒两束光产生光程差,在通过检偏镜时发生干涉。所以 STN 液晶盒是利用液晶的双折射特性工作的。

④TN 液晶盒工作于黑白模式;STN 液晶盒一般工作于光程差为 0.8 μm 情况下,干涉色为黄色。当加上大于 V_{th} 电压时,白光可透过液晶层,但是在经过检偏镜时则明显减弱,液晶盒呈黑色外观,称为黑/黄模式。如果检偏镜光轴相对于出射光侧液晶分子长轴方向左旋 30°,则为白/蓝模式。即不加电压时,液晶盒呈蓝色;加电压时,液晶盒呈无色。因此 STN 是有色模式。

TN 由于无法显示细腻的字符,通常应用在电子表、计算器上。作为显示器 TN 系列的液晶显示器已基本被淘汰,STN 由于扭转角度较大,字符显示比 TN 细腻,同时也支持基本的彩色显示,多用于液晶电视、摄像机的液晶显示器、掌上游戏机等。而随后的 DSTN 和 TFT 则被广泛制作成液晶显示设备,DSTN 液晶显示屏多用于早期的笔记本电脑,由于支持的彩色数有限,所以也称为伪彩显。TFT 则既应用在笔记本电脑上,又逐步进入主流台式显示器市场。

TFT 液晶显示器与 TN 系列液晶显示器的原理大不相同,但在构造上和 TN 液晶仍有相似之处,如玻璃基板、ITO 膜、配向膜、偏光板等,它也同样采用两夹层间填充液晶分子的设计，只不过把TN上部夹层的电极改为FET晶体管，而下层改为共同电极。

在光源设计上，TFT的显示采用“背透式”照射方式，即假想的光源路径不是像TN液晶那样的从上至下，而是从下向上，这样的做法是在液晶的背部设置类似日光灯的光管。光源照射时先通过下偏光板向上透出，它也借助液晶分子来传导光线，由于上下夹层的电极改成FET电极和共通电极。在FET电极导通时，液晶分子的表现如TN液晶的排列状态一样会发生改变，也通过遮光和透光来达到显示的目的。

但不同的是，由于FET晶体管具有电容效应，能够保持电位状态，先前透光的液晶分子会一直保持这种状态，直到FET电极下一次再加电改变其排列方式。相对而言，TN就没有这个特性，液晶分子一旦没有施压，立刻就返回原始状态，这是TFT液晶和TN液晶显示的最大不同之处。

液晶必须借助额外的光源才能发光。LCD电视常用的背光源有CCFL（冷阴极荧光灯管，也就是常见的日光灯）、LED（发光二极管）、HCFL（热阴极荧光灯管）等几种。其中CCFL是目前最常用的LCD背光源，通常也称传统背光源。

因此，如果按照背光源的类型来划分，LCD电视的种类，即可以分成：CCFL背光源LCD（即通常所谓的“传统液晶电视”“LCD”）；LED背光源LCD（即通常所谓的“LED电视”）；HCFL背光源LCD（适合于较大尺寸电视，可以应用到66 in产品，市面上较少）。

很多销售LED电视的服务人员都会给出“LED比LCD更先进、更高级，是一种替代LCD的技术”这样的描述，但必须清楚的是市场所有的家用LED电视实际上都是LCD电视的一种，只是背光源有所区别而已，上述说法严重偷换了概念。虽然LED电视产品越来越多，但是不少消费者面对呼啸而来的“LED电视”，除了知道LED电视是新品，并且大都价格昂贵之外，并没有特别明显的概念。严格意义上的LED电视是指完全采用LED（发光二极管）作为显像器件的电视机，一般用于低精度显示或户外大屏幕。中国大陆地区家电行业中通常所指的LED电视严格的名称是“LED背光源液晶电视”，它用LED光源替代了传统的荧光灯管，画面更优质，理论寿命更长，制作工艺更环保，并且能使液晶显示面板更薄。

LED全称“Light Emitting Diode”，译为“发光二极管”，是一种半导体组件。由于LED对电流的通过非常敏感，极小的电流就可以让它发光，而且寿命长，能够长时间闪烁而不损坏，因此广泛用于电子产品的指示灯。我们在电子产品上看到的绿豆般大小能够快速闪烁的指示灯，一般都是由LED做成的。由于LED的优良发光特性，LED元件很早就被做成直接显示的设备，广泛应用于照明领域、各种大型显示设备中。大型 LED 显示屏，LED 也被逐渐引入到现有的平板显示技术中，特别是液晶显示技术，不过 LED 技术在液晶领域的应用，主要是利用 LED 发光元件替代以前的 CCFL 荧光灯光源，做液晶显示设备的背光源。所以确切地说商家宣传的 LED 电视应该叫作"LED 背光电视"。

那么 LED 背光源技术为何受到广泛的关注呢？最重要的原因是采用 LED 背光源技术的液晶在颜色鲜艳度上有明显的提高。在视频领域，人们一般用 NTSC 作为衡量视频设备的色彩还原特性的标准。这个指标是指在整个色彩空间内，显示设备能在各种色彩上显示到何种饱和度，就是能够显示什么程度的蓝色、绿色、红色。

传统的液晶电视通常采用冷阴极荧光灯 CCFL 作为光源，能够覆盖的色域范围只有 NTSC 标准的 65%～75%。而 LED 背光源技术液晶电视，能把液晶电视的色域范围扩展到 NTSC 标准的 105%，基本上可以重现人们观察到的大部分自然界场景。

与传统 CCFL 背光源相比，LED 背光技术具有领先优势，主要体现在以下几个方面：1)色域广。CCFL（冷阴极灯管）背光源是激发荧光粉发光的，其发光光谱中杂余成分较多，色纯度低，导致其色域小，通常只有 NTSC 的 70 %左右。而 LED 的发光光谱窄，色纯度好，用三基色 LED 混光的背光源具有很大的色域和优秀的色彩还原性，通过选择合适三基色，可以达到 NTSC 的 105%以上，比传统 CCFL 背光源的色域扩展了大约50%。

2)寿命更长。一般来说，LED 背光源的使用寿命要比 CCFL 更长一些。不同 CCFL 的额定使用寿命(半亮)在 8 000～100 000 h，而 LED 背光源则可以达到 CCFL 的两倍左右。而且为了增强性能采用了改进设计的 CCFL 背光的使用寿命还会更低一些。此外，由于电路设计方面的原因，采用 LED 背光源的 LCD 的体积还有望更加小巧，而且电路设计的成本也将大大降低。

3)环保节能。在以 CCLF 冷阴极荧光灯作为背光源的 LCD 中，其所不能缺少的一个主要元素就是汞，也就是大家所熟悉的水银，而这种元素无疑是对人体有害的。虽然厂商方面已经在尽力降低荧光管中的汞含量，但是完全无汞的荧光管会带来一些新的技术问题，暂时看不到实现的前景。而反现 LED 背光源，其优势在于完全不含汞，符合绿色环保的要求。LED 背光源非常节电，其功耗要比 CCFL 冷阴极背光灯更低一些。LED 内部驱动电压远低于 CCFL，功耗和安全性均好于 CCFL(CCFL 交流电压要求相对较高，启动时达到 1 500～1 600 V，然后稳定至 700 V 或 800 V)，而 LED 只需要在 12～24 V 或更低电压下就能工作。另外，虽然 CCFL 的发光效率并不比 LED 逊色，但是由于 CCFL 是散射光，在发光过程中浪费了大量的光，这样一来，反而显得 LED 光的效率更高。而由于效率更高，可以减少采用 LED 灯的数量，其设计可以更加合理，也减少了漏光的麻烦。

4)超薄外观。液晶电视若要做到超薄，其中有两个主要决定因素，分别为背光模块与电源基板厚度，背光模块整个面积与液晶面板相似，而电源基板仅占液晶电视部分面积，换句话说，液晶电视最薄部分的厚度，与背光模块有很大的关系。LED 背光源中的侧光式 LED 应用在电视用 LCD 背光模块，其厚度皆较 CCFL 型直下式及侧光式、LED 直下式还薄，以三星电子 40 in、厚度 10 mmTV 用 LCD 面板为例，其背光模块厚度仅约 5 mm。以侧光式 CCFL 型背光模块为例，因 CCFL 灯管直径较 LED 封装后的厚度还高，故侧光式 LED 背光的 LCD 面板厚度能做到比 CCFL 侧光型还薄。

LED 分类：如果要将 LED 背光电视细分的话，通常有两类分法。按照 LED 发出的光源色彩，分成白光 LED 背光源和 RGB-LED 背光源两种。按入射位置划分可分为直下式(将显示屏的整个背面换成 LED)与侧入式(周边放上 LED)两大类。直射式 LED 背光 LED 发光体采用点阵式布局，发光亮度均匀，画面对比度高，色彩自然，分辨率高，使用寿命较长，通过芯片能够实现独立发光单元的调节，节能效果明显。但它的缺点是机身偏厚，技术成本高，售价偏高。直下式 LED 电视按照背光源的种类，可以分为白光 LED 和 RGB 三色 LED。白光 LED 电视可以看成是普通 LCD 电视的升级版，只是将 CCFL 背光源换成了 LED 背光源。因此这一类的 LED 电视价格相对较为便宜，外观和普通 LCD 电视也没有明显区别(也就是不会很薄)，市面上的入门级 LED 电视大都属于这一类。RGB 三色 LED 电视则是采用了红绿蓝 RGB 三种颜色的 LED 背光源，由于结构的关系，RGB 三色 LED 电视只有直下式，否则 RGB 三色 LED 将出现不能混光的问题。RGB 三色 LED 电视在性能上有着很强悍的表现，目前也只有顶级 LED 电视才会采用这种方案。

市场上很多 LED 液晶采用侧入式白光类型。侧入式 LED 电视只有白光 LED 一种类型。按照背光灯侧置位置来看，还分为单侧、双侧、四侧等侧入式架构。由于背光源侧置，电视机的体积特别是厚度可以大幅度缩小，因此市面上的各种超薄 LED 电视都属于这种类型。这种电视在画质上和普通液晶相比并没有特别大的优势，但是胜在外观出众。但 LED 发光体侧置之后，光线要通过导光板引入，如果厂家的制造工艺水平不高，电视屏幕就会出现“四周亮，中间暗”的现象，随着使用时间的增长，屏幕中间发暗会越发严重。

越来越多的液晶电视加入了动态对比度和自然光调节技术，除了提升画面的显示效果外，还有效改善了动态画面的拖尾现象。另外在提升画面显示效果的同时，还加入了智能音效，通过这一技术的加入，用户可以享受到影院般的视听效果。更多的液晶电视同时拥有娱乐机的产品属性，在娱乐功能方面有着不俗的表现，用户除了可以实现主流视频文件的播放外，还可以通过网络的连接对资讯进行在线浏览以及软件的升级，充分满足了用户的日常使用需求。

“OLED 之父”、香港科技大学兼罗切斯特大学教授邓青云指出，由于自发光的特性，OLED 相比 LCD 液晶可以省去背光源等附件，在生产制造上更具竞争力，同时又具有可折叠、可穿戴、透明化等特性。他说：“LCD 技术的进步空间已经非常小，只能把尺寸越做越大，性能不可能有更多提升。而 OLED 技术正处于快速发展中，还有很大提升空间。LCD 能做的，比如 4K、8K 等，OLED 也能做到。同时，OLED 还可以运用在手表、可穿戴设备等不同领域，这些是 LCD 做不到的。在这些方面，OLED 完胜 LCD。”

2005 年中国液晶电视市场总体销量达到 134 万台，比 2004 年增长 452.3%，其中，零售市场销量达到 127 万台，比 2004 年增长 480.3%，销售额达到 126 亿元，比 2004 年增长 492.0%。2006 年，中国液晶电视销量达到 380 万台，同比增长 200%，并占领了 10.6%的彩电市场；销售额规模为 365 亿元，同比增长 189%。从 2006 年初到年底，不同尺寸的液晶电视平均销售价格降幅都在 30%以上，其中 32 in 和 42 in 降幅更是逼近 40%。2007 年全球液晶电视出货量达到 7933 万台，将近 8000 万台，较 2006 年大幅增长 73%；出货金额则达到 679 亿美元，较 2006 年增长 40%。市场需求带动了液晶电视产量的持续增长。高端平板电视中，液晶和等离子电视在国内彩电销售量中占到一半以上，在大城市的销量更是占到九成以上。2008 年，雪灾、地震、全球金融危机给液晶电视（LCD）市场带来不小的影响，2008 年 1—9 月中国彩电零售量同比增长 5.2%。其中，液晶电视零售量达 878.2 万台，比 2012 年同期增长 72.0%，占整体市场的比重从 2007 年的 23.0%增至 2008 年的 33.6%。但相比 2012 年同期，增长幅度却有 20%的下降。经过多年的发展，国内涌现出很多电视机品牌：TCL、创维、京东方、海信……，其中京东方、海信和 TCL 均已生产 110 in 液晶电视，打破了外国厂商在超大尺寸液晶电视领域的垄断局面，表明国内品牌在高端大尺寸液晶电视领域已经逐渐缩小了同国外品牌的差距。

2014 年 4 月 29 日，LG 电子对外公布 2014 年第一季度营收报告，报告显示 LG 电子 2014 年第一季度纯利润创下近两年的新高，值得一提的是，报告特别说明高端电视机的喜人销量是推动 LG 电子利润增长的重要原因。LG 电子目前是全球第二大的电视机厂商，电视业务一直是 LG 电子的核心业务之一,大尺寸电视机销量提升以及物料成本的降低助推了电视业务的利润提升。根据目前反馈的信心显示,LG第二季度电视业务的营收将会超越第一季度。

LG大尺寸电视销量提升的很大原因为超高清4K电视的生产,LG很聪明且极具前瞻性地抓住了4K热点,早在2012年下半年就率先推出84in4K电视,为其积累了大量的人气,随后推出的主流型4K电视——LA9700系列,凭借扎实的做工、出色的外观、强悍的性能、顶尖的画质以及体感智能系统(动感应遥控器),LGLA9700系列成为市场上最优秀的4K电视之一。LG通过超高清4K电视征服了越来越多的顶级消费人群,而其余中高端电视产品因此也有相当不错的销量。

此外,LG借助自家LGDisplay强大的技术优势,LG电子全力推广OLED电视计划,由于OLED技术天生拥有诸多液晶技术所无法比拟的优势,因而受到顶级消费者的追捧,LG在推广OLED电视的道路上吸引了大量的眼球,结合自身相当不俗的画质表现,LGOLED电视获得了空前的成功。值得一提的是,三星、索尼、松下等竞争对手已经暂缓OLED电视的研发计划,LG将成为OLED电视领域毫无悬念的领导者,这将会助力LG在高端市场的影响力。

液晶电视与传统CRT和等离子相比一大优点还是省电,液晶只有同尺寸的CRT的一半功耗,比等离子更是低上好多。与传统CRT相比液晶在环保方面也表现得较为出色,这是因为液晶显示器内部不存在像CRT那样的高压元器件,所以其不至于出现由于高压导致的X射线超标的情况,所以其辐射指标普遍比CRT要低一些。由于CRT显示器是靠偏转线圈产生的电磁场来控制电子束的,而由于电子束在屏幕上又不可能绝对定位,所以CRT显示器往往会存在不同程度的几何失真、线性失真情况。而液晶显示器由于其原理问题不会出现任何的几何失真、线性失真,这也是一大优点。液晶显示器可视面积大:一般CRT显示器在显像时,显示器画面四周会有一些黑边占去可视画面;而液晶显示器的画面不会有这些问题,为完全可视画面。例如:17 in的液晶显示器就相当于20 in的CRT显示器。高分辨率、精细的画质,比CRT和等离子都有很大的优势。

传统显示器由于使用CRT,必须通过电子枪发射电子束到屏幕,因而显像管的管颈不能做得很短,当屏幕增加时也必然增大整个显示器的体积。液晶显示器通过显示屏上的电极控制液晶分子状态来达到显示目的,即使屏幕加大,它的体积也不会成正比的增加(只增加尺寸不增加厚度所以不少产品提供了壁挂功能,可以让使用者更节省空间),而且在重量上比相同显示面积的传统显示器要轻得多,液晶电视的重量大约是传统电视的1/3。

液晶显示器一开始就使用纯平面的玻璃板,其平面直角的显示效果比传统显示器看起来好得多。不过在分辨率上,液晶显示器理论上可提供更高的分辨率,但实际显示效果却差得多(存在一个最佳分辨率的问题),虽然液晶电视可以克服扫描线的抖动和闪烁,但由于液晶本身的缝隙较粗,会造成图像如网格般的收看效果。所以液晶屏幕的最佳分辨率一般可达 1024×768(已经足够了)。而传统显示器在较好显示卡的支持下能达到完美的显示效果。液晶显示器根本没有辐射可言,而且只有来自驱动电路的少量电磁波,只要将外壳严格密封即可排除电磁波外泄。

液晶显示器又称为冷显示器或环保显示器。液晶电视不存在屏幕闪烁现象,不易造成视觉疲劳。按照行业标准,使用时间为每天 4.5 h 的年耗电量换算,用 30 in 液晶电视替代 32 in 显像管电视,每年每台可节约电能 71 kW。在显示反应速度上,传统显示器由于技术上的优势,反应速度非常好。TFT 液晶显示器由于显示特性,就不怎么乐观了(低温无法正常工作,且存在反应时间)。LCD 的响应时间比较长,因此在动态图像方面的表现不理想。显示品质:传统显示器的显示屏幕采用荧光粉,通过电子束打击荧光粉而显示,因而显示的明亮度比液晶的透光式显示(以日光灯为光源)更为明亮。LCD 理论上只能显示 18 位色(约 262144 色),但 CRT 的色深几乎是无穷大。LCD 的可视角度相对 CRT 显示器来说是比较小的。LCD 显示屏比较脆弱,容易受到损伤。这就提高了液晶电视的使用和维护难度。由于液晶是一种介于固体与液体之间、具有规则性分子排列的有机化合物,在不同电流电场作用下,液晶分子会做规则旋转 90°排列,产生透光度的差别,如此在电源 ON/OFF 下产生明暗的区别,依此原理控制每个像素,便可构成所需图像。液晶电视就是利用这种原理制成的。但是正是由于这个原理,所有液晶电视在工艺上很难做大,而且价格昂贵。制造工艺决定了 LCD 存在的缺陷问题,其制造的良品率相对较低,这也在一定程度上增加了 LCD 的制造成本。所以价格是困扰 LCD 推广的最大障碍,有时一个好的 LCD 要价会超过 20 000 元,这对于 CRT 来说可是一个极品平面的显示器的价格。

在技术含量上,液晶电视基本都采用并行扫描,4H 数码梳状滤波器,DVD 分量端子,色彩现象 1 670 万种以上。目前国内乃至国际上都还没有一套完整的针对 LCD 产品的规范,这也就造成了市场上的 LCD 产品存在标准不统一的问题,使用户在选择 LCD 产品时容易产生疑惑,甚至受到误导。

LCD 液晶电视主要采用 TFT 型的液晶显示面板,其主要构成包括荧光管、导光板、偏光板、滤光板、玻璃基板、配向膜、液晶材料、薄模式晶体管等。首先液晶显示器必须先利用背光源，也就是荧光灯管投射出光源，这些光源会先经过一个偏光板然后再经过液晶，这时液晶分子的排列方式进而改变穿透液晶的光线角度。然后这些光线接下来还必须经过前方的彩色滤光膜与另一块偏光板。因此只要改变刺激液晶的电压值就可以控制最后出现的光线强度与色彩，并进而能在液晶面板上变化出有不同深浅的颜色组合了。

等离子和液晶都是下一代电视机的主流技术，代表了两种不同的发展方向。两种平板电视都各有优缺点，等离子彩电具有图像无闪烁、厚度薄、重量轻、色彩鲜艳、图像逼真等特点，而且在屏幕大型化方面相对容易，其缺点是耗电大、寿命有限、容易老化。液晶电视机也具有图像无闪烁、厚度薄、重量轻等特点，且液晶屏已被广泛应用于 PC 领域，但在大屏幕化方面液晶技术落后于等离子，大屏幕彩电成本较高，观看易受视角影响。在家庭影院效果方面，等离子电视效果强于液晶电视。因为液晶电视通常无法显示等离子电视那种黑度。所以，液晶电视难以显示更多的细节，视频玩家也会感觉图像的“立体”感不太好。虽然总体来说液晶和等离子电视的图像质量年年都有改善，在使用寿命这一点上液晶电视比等离子电视优势明显。虽然等离子电视的寿命各有差异，但降低到一半亮度大约要花 2 万 h，而液晶可以在 5 万 h 后才降低到半亮度。液晶功耗只有等离子电视的 1/3，有些等离子产品的功耗则高达 400 W/h 以上。“烧屏”是等离子电视的问题，如果屏幕上长时间保持一幅静止图像，则屏幕上会留下该图像的“鬼影”。如果电视台台标或新闻滚动条长时间显示在电视上方和下方，或者经常在宽屏幕上看标准幅面的电视节目，屏幕的上下或两侧会出现影像侧边的影子。所以最好在使用中注意，比如不要长时间在屏幕上播放静止图像，以及将对比度设定到 50%以下等。另外，等离子电视在高海拔地区可能会出现问题，因为海拔不同的气压差会使等离子电视发出一种难听的嗡嗡声。而液晶电视则不会出现上述两个问题。

大多数等离子电视和液晶电视都能显示高清晰度信号。但需注意的是：要欣赏到真正完整的 HDTV，显示分辨率至少要达到 1 280×720。只有很少的 42 in 等离子可以达到这种分辨率，大多数 50 in 等离子电视和几乎所有大于 26 in 的液晶电视都没有问题。当然，一台小于 42 in 的电视与真正的高清晰电视相比，除非你坐在屏幕前面仔细看，一般不会注意到两者有什么太大的区别。计算机与视频游戏：大多数等离子电视和液晶电视都可以用作电脑显示器，很多电视甚至还提供 DVI 接口，可以获得更好的显示性能。两种电视接游戏机都毫无问题。单从性能上来看，很难对两种技术作一个裁决，但考虑到等离子电视有烧屏的可能性，因此液晶电视是一种比较安全的选择。德国权威计算机杂志《Macwelt》一项调查显示，虽然液晶显示屏比普通显示屏的辐射小得多，但因为它的亮度过高，反而更容易使我们的眼睛变得疲倦，甚至可能导致头痛等症状。研究人员指出，当显示器的亮度达到每平方米 100 cd(即发光强度单位"坎德拉")时，已经会对眼睛造成一定影响。但他们所测试的液晶显示屏，其发光强度都超过每平方米 300 cd，有些更达到了 400～500 cd。主持这项调查的德国电脑专家威海恩博士表示，不光是液晶电脑，液晶电视也存在着这一问题。这些液晶显示屏为了增加清晰度，除了靠屏幕背后的光管提高亮度外，还普遍使用了经过特别"擦亮技术"使显示屏表面看起来像装了块玻璃一样，显得很有质感，而且还提高了屏幕的色彩对比度及饱和度。不过，它也会像玻璃一样反射光线。尤其当光线照向屏幕时，会增加光线反射。使用这种显示屏的消费者，很容易被光线"刺伤"，并产生眼睛疲倦的症状，慢慢地还会引起视力下降和头痛等健康问题。

监视器在功能上比电视机简单，但在性能上却比电视机要求高，反映以下三点：①图像清晰度。由于传统的电视机接收的是电视台发射出来的射频信号，这一信号对应的视频图像带宽通常小于 6 M，因而电视机的清晰度通常大于 400 线，要求监视器具有较高的图像清晰度，故专业监视器在通道电路上比起传统电视机而言应具备带宽补偿和提升电路，使之通频带更宽，图像清晰度更高。②色彩还原度。如果说清晰度主要是由视频通道的幅频特性决定的话，还原度则主要由监视器中红(R)、绿(G)、蓝(B)三基色的色度信号和亮度信号的相位所决定。由于监视器所观察的通常为静态图像，因而对监视器色彩还原度的要求比电视机更高，故专业监视器的视放通道在亮度、色度处理和 R、G、B 处理上应具备精确的补偿电路和延迟电路，以确保亮色信号和 R、G、B 信号的相位同步。③整机稳定度。监视器在构成闭路监控系统时，通常需要每天 24 h，每年 365 天连续无间断的通电使用(而电视机通常每天仅工作几小时)，并且某些监视器的应用环境可能较为恶劣，这就要求监视器的可靠性和稳定性更高。

与电视机相比而言，在设计上，监视器的电流、功耗、温度及抗电干扰、电冲击的能力和裕度以及平均无故障使用时间均要远大于电视机，同时监视器还必须使用全屏蔽金属外壳确保电磁兼容和干扰性能；在元器件的选型上，监视器使用的元器件的耐压、电流、温度、湿度等各方面特性都要高于电视机使用的元器件；而在安装、调试尤其是元器件和整机老化的工艺要求上，监视器的要求也更高，电视机制造时整机老化通常是在流水线上常温通电 8 h 左右，而监视器的整机老化则需要在高温、高湿密闭环境的老化流水线上通电老化 24 h 以上，以确保整机的稳定性。按照技术原理来说，在液晶电视上所常见的屏幕主要有PC屏和VA屏两种，由于生产技术等众多方面的原因VA屏的性能当然要比PC屏的性能要更加好一些。采用VA屏的液晶电视其优点就是技术参数高，特别是在相应时间、可视角度、画面亮度等方面，消费者在选购的时候，可以将看中的液晶电视和采用PC屏的液晶电视在画面上进行相应的比较，特别是在赛车运动类电视节目画面和电子游戏类画面的表现程度上，两者的差距还是比较明显的，采用PC屏液晶电视在拖尾情况、色彩亮度等众多方面和VA屏液晶电视相比还是有比较明显的区别。对DIY市场有一定了解的消费者应该比较清楚，虽然市场上的液晶显示器生产技术已经逐步成熟，液晶显示器的价格也逐步的降低，各种宽屏的液晶显示器也逐步上市，但是相对较大屏幕的液晶显示器却不多见。在DIY市场上，最大的液晶显示器也只是在22 in左右。这个其实是与液晶屏的生产工艺有关，由于液晶面板切割等很多技术上的原因，液晶显示器的屏幕不能像平板电视一样达到30 in或者以上的尺寸，这同样也意味着在大屏幕液晶显示器中绝大多数都采用的是性能相对较高的VA屏，所以液晶电视还是选择大一点的好。

尽量不要让液晶电视超长时间工作或者持续显示同一画面。因为液晶电视的屏幕是通过LCD像素显示来形成画面的，液晶电视长期进行工作，或者老是显示同一画面会让LCD发光管过热而造成内部的烧坏，所以，用户在不看电视的时候，应该及时关闭显示器或者调低显示器的亮度。用户应该努力避免在欣赏CD的时候，按暂停键让画面持续显示。

避免冲击屏幕。因为LCD屏幕十分脆弱，要避免强烈的冲击和震动，用户提醒小孩别对着电视练习具有冲击力的活动。注意保持电视机的干燥度。电视机技术含量很高，潮湿的环境中虽然也可以工作，但只能“照常工作”，而不能说是“正常工作”。潮气对于电视机的损伤是很大的。所以，即使用户长时间不看电视也最好定期开机通电，让显示器工作时产生的热量将机内的潮气驱赶出去。

正确清洁屏幕。如果屏幕脏了，最好使用专业的清洗剂，用蘸有少许水的软布轻轻擦拭也可以，但是不能水量过大，因为水进入LCD后导致屏幕短路。如果发现LCD上有雾气，应该及时用软布将其轻轻擦去，然后才能打开电源。如果湿气已经进入了LCD，就必须将其放到较干燥温暖的地方，让水分充分蒸发。因为关闭了很长时间，电视的背景照明组件中的CFL换流器依旧可能带有大约1 000 V的高压，1 000 V的电压同样能造成严重的人身伤害。

另外，即使用户不被电到，错误的操作也能导致显示屏暂时甚至永久的损坏。HDMI接口是唯一的一种可以同时传输音频和视频信号的数字接口，它不但可以简化连接，减少连线负担，而且可以提供庞大的数字信号传输所需带宽，强调这一接口的重要性主要在于新的和未来的碟机、电脑、家庭影院等设备，都会积极采用这一接口，而应用这一接口来与这些设备连接，无疑可以获得最好的效果。所以在购买前先确认是否需要 HDMI 接口，可以减少购买以后的后悔几率。

液晶电视的实际分辨率是指液晶电视本身可以达到的分辨率，一般应该选择 1280×768 以上的分辨率，达到这种分辨率以上的产品在收看高清电视和做电脑的多媒体终端时效果会好很多。需要注意的是有些厂商把可以兼容的信号输入来蒙蔽消费者，一定要分清实际分辨率和兼容信号输入之间的区别。还有就是由于液晶工作原理所决定的，液晶电视的分辨率是固定的，它的最佳分辨率就是它的实际分辨率，而我们与电脑连接时，最好选择与液晶电视分辨率最接近的分辨率设置。液晶电视主要有 800×600、1280×768 与 1366×768 等几种常见分辨率。

液晶电视的分辨率是固定的，不像电脑液晶显示器那样，可以调节分辨率。液晶电视的固定分辨率同时也是它的最佳分辨率，高分辨率可以很容易做到兼容 HDTV。对于任何不是液晶屏最佳分辨率的视频信号，液晶电视都需要将图像分辨率转换后再显示转换。对于液晶电视而言，分辨率是重要的参数之一。传统 CRT 电视所支持的分辨率较有弹性，而液晶电视的像素间距已经固定，所以支持的显示模式不像 CRT 电视那么多。液晶电视的最佳分辨率，也叫最大分辨率，在该分辨率下，液晶电视才能显现出最佳的影像。液晶电视主要有 800×600、280×768、1366×768 和 1920×1080 等几种常见分辨率。

所谓“响应时间”，就是液晶屏对于输入信号的反应速度，也就是液晶由暗转亮或者是由亮转暗的反应时间。显然，“信号响应时间”指标越小越好。响应时间越小，则用户在看移动的画面时不会出现有类似残影或者是拖曳的感觉。而且，此点上对液晶电视机的要求比液晶显示器还要高。因为电脑显示器一般用做文字、图片等静态画面显示的时间较多，对此指标的要求不太明显。而电视机由于主要播放活动、变化的动态画面，信号响应时间越短，显示效果就好。数据表明：响应时间 30 ms，每秒钟电视可显示 33 帧画面，足以满足 DVD 播放的需要；响应时间为 25 ms，每秒钟电视能够显示 40 帧画面，完全满足 DVD 播放以及绝大部分电影或者游戏的需要。要从多角度看电视画面，比如在角度上选择正对屏幕，再偏移一些角度，且要站在与电视屏幕同水平线的位置看看能否看到图像；在验机时，也可以让促销员播放一些等速度较快画面，看画面显示动作是否连贯，是否出现画面拖尾的现象。

对于液晶电视，最好的接口标准是 HDMI，该接口可以同时传输音频和视频信号的数字接口，不但可以简化连接，减少连线负担，而且可以提供庞大的数字信号传输所需带宽，未来碟机、电脑、家庭影院等设备，都会积极采用这一接口，应用这一接口来与这些设备连接，可以获得最好的效果。考虑液晶电视要与家庭影院以及电脑等外设相连，所以，除必备的接口外，DVI 与 D-Sub 接口、光纤输出等也应在考察范围之内。坏点问题是困扰液晶电视机的一个最大问题。液晶显示面板上的坏点是无法维修的，只能更换液晶显示面板，而液晶显示面板几乎占据了整台液晶电视机至少 70%的成本。由于制造技术的限制，难免会出现坏点，也就是俗称的"死点"。坏点有可能是一个黑点，也有可能是绿色或红色点。平时我们一般难以发现，但有时又非常碍眼。当然，毕竟液晶制造技术尚未获得质的飞跃，所以就连大公司也不能保证其 LCD 产品一个坏点都没有。

辨认液晶电视坏点、亮点的小窍门：消费者最好在购买时多测试一些单色画面，然后留意有没有异常颜色的像素点。最简便的办法就是让屏幕全黑，看在一片纯黑中是否有亮点出现。然后让屏幕全白，看有没黑点出现。最后再换成红、绿、蓝色，检查色点的完整性。在观看液晶电视时，还存在一个可视角度的问题，即当人的眼睛和显示屏的视角大于一定角度时，有可能造成画面显示不清晰及反光度过大，看不清画面。因此，可视角度越大，越有利于在各个角度观看电视画面。业内公认的可视角度为上下及左右为 160°到 170°，在这个角度下，可以保证大多数场合的观看需要。一些新上市的液晶电视可视角度都可以达到 176°。人们在看屏幕时，都希望亮度和对比度越高越好，当然这样画面更艳丽，细节表现更出色。很多厂商就抓住消费者的这种心理，标称亮度和对比度的参数值。事实上，亮度在 500 流明，对比度在 600：1 以上的产品就完全可以满足观看需要，最好的办法就是自己亲自去感受。此外，屏幕的亮度均匀性也非常重要，但在液晶电视产品规格说明书里通常不做标注。亮度均匀与否，和背光源与反光镜的数量与配置方式息息相关，品质较佳的电视，画面亮度均匀，无明显的亮区。这一点，在将画面切换到黑屏状态下，更容易捕捉到亮度不均匀的情况。

提高亮度的方法有两种：一是提高 LCD 面板的光通过率；另一种就是增加背灯源的亮度。主流的亮度是 250 cd/m^2 以上，不过高亮产品正在逐渐成为流行。一般来说达到 400 cd/m^2 以上才算是高亮产品。高亮度能够使显示的画面更加清晰鲜艳，特别适合播放 DVD 电影。而关于对比度问题，主流产品均在 400：1 到 500：1 间，差别较小，不过也有某些高端产品达到 800：1 以上，在采购时不必过于在意。

过高的对比度，比如在 400 以上的话就没有多少实际意义了，人眼已经无法分辨。分辨率则会影响画面清晰程度，分辨率高的液晶彩电画面清晰细腻，画面边缘明快锐利，分辨率过低则会使画面粗糙，近观有明显颗粒感。一般在 1024×768 或以上的分辨率就具备了高清晰电视的特点。

液晶屏由于技术和工艺的不同而分成 PC 屏和专用 AV 屏，普通 PC 屏成本要比同尺寸专用 AV 屏便宜千元以上，性能也逊色很多，一般只用于 PC 或笔记本的液晶显示屏。出于成本或者采购困难等原因，有个别厂商以次充好，这需要消费者格外警惕，对一些特别便宜的液晶电视要尤其小心。

屏幕宽度与高度的比例称为屏幕比例。液晶电视的屏幕比例一般有 4∶3 和 16∶9 两种。16∶9 是最适合人眼视角的格式，有更强的视觉冲击力。同时，未来数字电视的显示格式也将采用 16∶9 的格式。4∶3 是适合模拟电视信号的显示格式，因此如果主要用来看电视还是有一定优势的。需要指出的是，很多 16∶9 和 4∶3 格式的电视都可以通过菜单调整画面的显示格式，但这都是以浪费一定面积的屏幕为代价的。

点距一般是指相邻两个像素点之间的距离。点距的计算方式是以面板尺寸除以分辨率所得的，但 LCD TV 点距的重要性却远没有 CRT 那么高。

所谓反应时间是液晶电视各像素点对输入信号反应的速度，即像素由暗转亮或由亮转暗所需要的时间，其原理是在液晶分子内施加电压，使液晶分子扭转与回复。常说的 25 ms、16 ms 就是指的这个反应时间，反应时间越短则使用者在看动态画面时越不会有尾影拖曳的感觉。据数据表明反应时间 30 ms＝1/0.030＝每秒钟电视能够显示 33 帧画面，这已经能满足 DVD 播放的需要；反应时间 25 ms＝1/0.025＝每秒钟电视能够显示 40 帧画面，完全满足 DVD 播放以及绝大部分电影或者游戏的需要。

液晶面板本身不能发光，它属于背光型显示器件。在液晶屏的背后有背光灯，液晶电视是靠面板上的液晶单元“阻断”和“打开”背光灯发出的光线，来实现还原画面的。可以发现，只要液晶显示器接通电源，背光灯就开始工作，即使显示的画面是一幅全黑的图片，背光灯也同样会保持在工作状态。由于液晶面板的透光率极低，要使液晶电视的亮度达到还原画面的水平。背光灯的亮度至少达到 6 000 cd/m^2。背光灯的寿命就是液晶电视的寿命，一般液晶电视的背光寿命基本在 5 万 h 以上。

世界上彩色电视主要有三种制式，即 NTSC、PAL 和 SECAM 制式，三种制式尚无法统一。我国采用的是 PAL-D 制式，因此在我国使用的液晶电视至少要兼容 PAL-D 制式。

在铁电物理学内，当前的研究方向主要有两个：一是铁电体的低维特性，二是铁电体的调制结构。铁电体低维特性的研究是应对薄膜铁电元件的要求,只有在薄膜等低维系统中,尺寸效应才变得不可忽略。极化在表面处的不均匀分布将产生退极化场,对整个系统的极化状态产生影响。表面区域内偶极相互作用与体内不同,将导致居里温度随膜厚而变化。薄膜中还不可避免地有界面效应,薄膜厚度变化时,矫顽场、电容率和自发极化都随之变化,需要探明其变化规律并加以解释。铁电超微粉的研究也逐渐升温。在这种三维尺寸都有限的系统中,块体材料的导致铁电相变的布里渊区中心振模可能无法维持,也许全部声子色散关系都要改变。库仑作用将随尺寸减小而减弱,当它不能平衡短程力的作用时,铁电有序将不能建立。

高性能的铁电材料是一类具有广泛应用前景的功能材料,从目前的研究现状来看,对于具有高性能的铁电材料的研究和开发应用仍然处于发展阶段。研究者们选用不同的铁电材料进行研究,并不断探索制备工艺,只是到目前为止对于铁电材料的一些性能的研究还没有达到令人满意的地步。比如,用于制备铁电复合材料的陶瓷粉体和聚合物的种类还很单一,对其复合界面的理论研究也刚刚开始,铁电记忆器件抗疲劳特性的研究还有待发展。总之,铁电材料是一类具有广阔发展前景的重要功能材料,对于其特性的研究与应用还需要我们不断地研究与探索,并给予足够的重视。

受到压力作用时会在两端面间出现电压的晶体材料。1880年,法国物理学家P. 居里和J. 居里兄弟发现,把重物放在石英晶体上,晶体某些表面会产生电荷,电荷量与压力成比例,这一现象被称为压电效应。随即,居里兄弟又发现了逆压电效应,即在外电场作用下压电体会产生形变。压电效应的机理是:具有压电性的晶体对称性较低,当受到外力作用发生形变时,晶胞中正负离子的相对位移使正负电荷中心不再重合,导致晶体发生宏观极化,而晶体表面电荷面密度等于极化强度在表面法向上的投影,所以压电材料受压力作用形变时两端面会出现异号电荷。反之,压电材料在电场中发生极化时,会因电荷中心的位移导致材料变形。利用压电材料的这些特性可实现机械振动(声波)和交流电的互相转换。因而压电材料广泛用于传感器元件中,例如地震传感器,力、速度和加速度的测量元件以及电声传感器等。这类材料被广泛运用,举一个很生活化的例子,打火机的火花即运用此技术。

压电现象是100多年前居里兄弟研究石英时发现的。那么,什么是压电效应呢?当你在点燃煤气灶或热水器时,就有一种压电陶瓷已悄悄地为你服务了一次。生产厂家在这类压电点火装置内,藏着一块压电陶瓷,当用户按下点火装置的弹簧时,传动装置就把压力施加在压电陶瓷上,使它产生很高的电压,进而将电能引向燃气的出口放电。于是,燃气就被电火花点燃了。压电陶瓷的这种功能就叫作压电效应。压电效应的原理是,如果对压电材料施加压力，它便会产生电位差(称之为正压电效应)，反之施加电压，则产生机械应力(称为逆压电效应)。如果压力是一种高频震动，则产生的就是高频电流。而高频电信号加在压电陶瓷上时，则产生高频声信号(机械震动)，这就是我们平常所说的超声波信号。也就是说，压电陶瓷具有机械能与电能之间的转换和逆转换的功能，这种相互对应的关系确实非常有意思。

压电材料可以因机械变形产生电场，也可以因电场作用产生机械变形，这种固有的机-电耦合效应使得压电材料在工程中得到了广泛的应用。例如，压电材料已被用来制作智能结构，此类结构除具有自承载能力外，还具有自诊断性、自适应性和自修复性等功能，在未来的飞行器设计中占有重要的地位。无机压电材料分为压电晶体和压电陶瓷，压电晶体一般是指压电单晶体；压电陶瓷则泛指压电多晶体。压电陶瓷是指用必要成分的原料进行混合、成型、高温烧结，由粉粒之间的固相反应和烧结过程而获得的微细晶粒无规则集合而成的多晶体。具有压电性的陶瓷称压电陶瓷，实际上也是铁电陶瓷。在这种陶瓷的晶粒之中存在铁电畴，铁电畴由自发极化方向反向平行的 180 畴和自发极化方向互相垂直的 90 畴组成，这些电畴在人工极化(施加强直流电场)条件下，自发极化依外电场方向充分排列并在撤销外电场后保持剩余极化强度，因此具有宏观压电性。如钛酸钡 BT、锆钛酸铅 PZT、改性锆钛酸铅、偏铌酸铅、铌酸铅钡锂 PBLN、改性钛酸铅 PT 等。这类材料的研制成功，促进了声换能器、压电传感器的各种压电器件性能的改善和提高。

压电晶体一般指压电单晶体，是指按晶体空间点阵长程有序生长而成的晶体。这种晶体结构无对称中心，因此具有压电性。如水晶(石英晶体)、镓酸锂、锗酸锂、锗酸钛以及铁晶体管铌酸锂、钽酸锂等。相比较而言，压电陶瓷压电性强、介电常数高、可以加工成任意形状，但机械品质因子较低、电损耗较大、稳定性差，因而适合于大功率换能器和宽带滤波器等应用，但对高频、高稳定应用不理想。石英等压电单晶压电性弱，介电常数很低，受切型限制存在尺寸局限，但稳定性很高，机械品质因子高，多用来作标准频率控制的振子、高选择性(多属高频狭带通)的滤波器以及高频、高温超声换能器等。由于铌镁酸铅单晶体性能特异，国内外都开始这种材料的研究，但由于其居里点太低，离使用化尚有一段距离。

有机压电材料又称压电聚合物，如聚偏氟乙烯(PVDF)(薄膜)及以它为代表的其他有机压电(薄膜)材料。这类材料以其材质柔韧、低密度、低阻抗和高压电电压常数(g)等优点为世人瞩目，且发展十分迅速，在水声超声测量、压力传感、引燃引爆等方面获得应用。不足之处是压电应变常数(d)

偏低，使之作为有源发射换能器受到很大的限制。第三类是复合压电材料，这类材料是在有机聚合物基底材料中嵌入片状、棒状、杆状或粉末状压电材料构成的。至今已在水声、电声、超声、医学等领域得到广泛的应用。如果它制成水声换能器，不仅具有高的静水压响应速率，而且耐冲击，不易受损且可用于不同的深度。

压电材料的应用领域可以粗略分为两大类：即振动能和超声振动能-电能换能器应用，包括电声换能器、水声换能器和超声换能器等，以及其他传感器和驱动器应用。换能器是将机械振动转变为电信号或在电场驱动下产生机械振动的器件。压电聚合物电声器件利用了聚合物的横向压电效应，而换能器设计则利用了聚合物压电双晶片或压电单晶片在外电场驱动下的弯曲振动，利用上述原理可生产电声器件如麦克风、立体声耳机和高频扬声器。对压电聚合物电声器件的研究主要集中在利用压电聚合物的特点，研制运用其他现行技术难以实现的，而且具有特殊电声功能的器件，如抗噪声电话、宽带超声信号发射系统等。压电聚合物水声换能器研究初期均瞄准军事应用，如用于水下探测的大面积传感器阵列和监视系统等，随后应用领域逐渐拓展到地球物理探测、声波测试设备等方面。为满足特定要求而开发的各种原型水声器件，采用了不同类型和形状的压电聚合物材料，如薄片、薄板、叠片、圆筒和同轴线等，以充分发挥压电聚合物高弹性、低密度、易于制备为大和小不同截面的元件，而且声阻抗与水数量级相同等特点，最后一个特点使得由压电聚合物制备的水听器可以放置在被测声场中，感知声场内的声压，且不致由于其自身存在使被测声场受到扰动。而聚合物的高弹性则可减小水听器件内的瞬态振荡，从而进一步增强压电聚合物水听器的性能。

压电驱动器利用逆压电效应，将电能转变为机械能或机械运动。聚合物驱动器主要以聚合物双晶片作为基础，包括利用横向效应和纵向效应两种方式，基于聚合物双晶片开展的驱动器应用研究包括显示器件控制、微位移产生系统等。要使这些创造性设想获得实际应用，还需要进行大量研究。电子束辐照共聚合物使该材料具备了产生大伸缩应变的能力，从而为研制新型聚合物驱动器创造了有利条件。在潜在国防应用前景的推动下，利用辐照改性共聚物制备全高分子材料水声发射装置的研究，在美国军方的大力支持下正在系统地进行之中。除此之外，利用辐照改性共聚物的优异特性，研究开发其在医学超声、减振降噪等领域应用，还需要进行大量的探索。

压电式压力传感器是利用压电材料所具有的压电效应制成的。由于压电材料的电荷量是一定的，所以在连接时要特别注意，避免漏电。压电式压力传感器的优点是具有自生信号，输出信号大，较高的频率响应，体积小，结构坚固。其缺点是只能用于动能测量。需要特殊电缆,在受到突然振动或过大压力时,自我恢复较慢。

压电元件一般由两块压电晶片组成。在压电晶片的两个表面上镀有电极,并引出引线。在压电晶片上放置一个质量块,质量块一般采用比较大的金属钨或高比重的合金制成。然后用一硬弹簧或螺栓、螺帽对质量块预加载荷,整个组件装在一个原基座的金属壳体中。为了隔离试件的任何应变传送到压电元件上去,避免产生假信号输出,所以一般要加厚基座或选用由刚度较大的材料来制造,壳体和基座的重量差不多占传感器重量的一半。测量时,将传感器基座与试件刚性地固定在一起。当传感器受振动力作用时,由于基座和质量块的刚度相当大,而质量块的质量相对较小,可以认为质量块的惯性很小。因此质量块受到与基座相同的运动,并受到与加速度方向相反的惯性力的作用。这样,质量块就有一正比于加速度的应变力作用在压电晶片上。由于压电晶片具有压电效应,因此在它的两个表面上就产生交变电荷(电压),当加速度频率远低于传感器的固有频率时,传感器给输出电压与作用力成正比,亦即与试件的加速度成正比,输出电量由传感器输出端引出,输入到前置放大器后就可以用普通的测量仪器测试出试件的加速度;如果在放大器中加进适当的积分电路,就可以测试试件的振动速度或位移。

机器人安装接近觉传感器主要目的有:①在接触对象物体之前,获得必要的信息,为下一步运动做好准备工作;②探测机器人手和足的运动空间中有无障碍物。如发现有障碍,则及时采取一定措施,避免发生碰撞;③为获取对象物体表面形状的大致信息。

超声波是人耳听见的一种机械波,频率在 20 kHz 以上。人耳能听到的声音,振动频率范围只是 20 kHz~20 000 kHz。超声波因其波长较短、绕射小,而能成为声波射线并定向传播,机器人采用超声传感器的目的是用来探测周围物体的存在与测量物体的距离。一般用来探测周围环境中较大的物体,不能测量距离小于 30 mm 的物体。超声传感器包括超声发射器、超声接收器、定时电路和控制电路四个主要部分。它的工作原理是:首先由超声发射器向被测物体方向发射脉冲式的超声波。发射器发出一连串超声波后即自行关闭,停止发射。同时超声接收器开始检测回声信号,定时电路也开始计时。当超声波遇到物体后,就被反射回来。等到超声接收器收到回声信号后,定时电路停止计时。此时定时电路所记录的时间,是从发射超声波开始到收到回声波信号的传播时间。利用传播时间值,可以换算出被测物体到超声传感器之间的距离。这个换算的公式很简单,即声波传播时间的一半与声波在介质中传播速度的乘积。超声传感器整个工作过程都是在控制电路控制下顺序进行的。压电材料除了以上用途外，还有其他相当广泛的应用，如用于鉴频器、压电振荡器、变压器、滤波器等。

下面介绍几种处于发展中的压电陶瓷材料和几种新的应用。

细晶粒压电陶瓷：以往的压电陶瓷是由几微米至几十微米的多畴晶粒组成的多晶材料，尺寸已不能满足需要了。减小粒径至亚微米级，可以改进材料的加工性，可将基片做得更薄，可提高阵列频率，降低换能器阵列的损耗，提高器件的机械强度，减小多层器件每层的厚度，从而降低驱动电压，这对提高叠层变压器、制动器都是有益的。减小粒径有上述如此多的好处，但同时也带来了降低压电效应的影响。为了克服这种影响，人们更改了传统的掺杂工艺，使细晶粒压电陶瓷压电效应增加到与粗晶粒压电陶瓷相当的水平。制作细晶粒材料的成本已可与普通陶瓷竞争了。人们用细晶粒压电陶瓷进行了切割研磨研究，并制作出了一些高频换能器、微制动器及薄型蜂鸣器（瓷片 20～30 μm 厚），证明了细晶粒压电陶瓷的优越性。随着纳米技术的发展，细晶粒压电陶瓷材料研究和应用开发仍是热点。

$PbTiO_3$ 系压电陶瓷：$PbTiO_3$ 系压电陶瓷最适合制作高频高温压电陶瓷元件。虽然存在 $PbTiO_3$ 陶瓷烧成难、极化难、制作大尺寸产品难的问题，人们还是在改性方面做了大量工作，改善其烧结性，抑制晶粒长大，从而得到各个晶粒细小、各向异性的改性 $PbTiO_3$ 材料。近几年，改良 $PbTiO_3$ 材料的报道较多，在金属探伤、高频器件方面得到了广泛应用。该材料的发展和应用开发仍是许多压电陶瓷工作者关心的课题。

压电复合材料：无机压电陶瓷和有机高分子树脂构成的压电复合材料，兼备无机和有机压电材料的性能，并能产生两相都没有的特性。因此，可以根据需要，综合二相材料的优点，制作良好性能的换能器和传感器。它的接收灵敏度很高，比普通压电陶瓷更适合于水声换能器。在其他超声波换能器和传感器方面，压电复合材料也有较大优势。国内学者对这个领域也颇感兴趣，做了大量的工艺研究，并在复合材料的结构和性能方面做了一些有益的基础研究工作，正致力于压电复合材料产品的开发。

多元单晶压电体：传统的压电陶瓷较其他类型的压电材料压电效应要强，从而得到了广泛应用。但作为大应变、高能换能材料，传统压电陶瓷的压电效应仍不能满足要求。于是近几年来，人们为了研究出具有更优异压电性的新压电材料，做了大量工作，现已发现并研制出了 $Pb(A_{1/3}B_{2/3})PbTiO_3$ 单晶（$A=Zn^{2+},Mg^{2+}$）。这类单晶的 d_{33} 最高可达 2 600 pc/N（压电陶瓷 d_{33} 最大为 850 pc/N），k_{33} 可高达 0.95（压电陶瓷 K_{33} 最高达 0.8），其应变＞1.7％，几乎比压电陶瓷应变高一个数量级。储能密度高达 130 J/kg，而压电陶瓷储能密度在 10 J/kg 以内。铁电压电学者们称这类材料的出现是压电材料发展的又一次飞跃。美国、日本、俄罗斯和中国已开始进行这类材料的生产工艺研究，它的批量生产的成功必将带来压电材料应用的飞速发展。

将自旋属性引入半导体器件中，用电子电荷和自旋共同作为信息的载体，称为电子自旋器件，已研制成功的自旋电子器件包括巨磁电阻、自旋阀、磁隧道结和磁性随机存取存储器。电子除了具有电荷的属性外，还具有内禀自旋角动量，在外磁场中，不仅受洛仑兹力的作用，还通过内禀磁矩和外场发生耦合。将自旋属性引入半导体器件中，用电子电荷和自旋共同作为信息的载体，将会发展出新一代的器件，称为电子自旋器件。这种新的器件利用自旋相关的效应（载流子的自旋和材料的磁学性质相互作用），同时结合标准的半导体技术，将具有非挥发、低功耗、高速和高集成度的优点。由于自旋电子器件比传统电子器件具有诸多优点，所以，自 Baibich 等人报道巨磁阻效应后，国际上就开始了自旋电子器件的研制。自旋量子数是描述电子自旋运动的量子数。自旋磁量子数用 m_s 表示。除了量子力学直接给出的描写原子轨道特征的三个量子数 n、l 和 m 之外，还有一个描述轨道电子特征的量子数，叫做电子的自旋磁量子数 m_s。原子中电子除了以极高速度在核外空间运动之外，也还有自旋运动。电子有两种不同方向的自旋，即顺时针方向和逆时针方向的自旋。它决定了电子自旋角动量在外磁场方向上的分量。通常用向上和向下的箭头来代表，即↑代表正方向自旋电子，↓代表逆方向自旋电子。

自旋量子数是描述电子自旋运动的量子数，是电子运动状态的第四个量子数。1921 年，德国施特恩（Stern）和格拉赫（Gerlach）在实验中将碱金属原子束经过一不均匀磁场射到屏幕上时，发现射线束分裂成两束，并向不同方向偏转。这暗示人们，电子除了有轨道运动外，还有自旋运动，是自旋磁矩顺着或逆着磁场方向取向的结果。于是 1925 年荷兰物理学家乌仑贝克（Uhlenbeck）和哥希密特（Goudsmit）提出电子有不依赖于轨道运动的、固有磁矩（即自旋磁矩）的假设。自旋量子数 $s=1/2$，它是表征自旋角动量的量子数，相应于轨道角动量量子数。自旋磁量子数 m_s 才是描述自旋方向的量子数。$m_s=1/2$，表示电子顺着磁场方向取向，用↑表示，说成逆时针自旋；$m_s=-1/2$ 表示逆着磁场方向取向，用↓表示，说成顺时针自旋。当两个电子处于相同自旋状态时叫做自旋平行，用符号↑↑或↓↓表示。当两个电子处于不同自旋状态时，叫做自旋反平行，用符号↑↓或↓↑表示。直接从薛定谔方程得不到第四个量子数——自旋量子数 m_s，它是根据后来的理论和实验要求引入的。精密观察强磁场存在下的原子光谱，发现大多数谱线其实由靠得很近的两条谱线组成。这是因为电子在核外运动，还可以取数值相同，方向相反的两种运动状态，通常用↑和↓表示。

对于像光子、电子、各种夸克这样的基本粒子，理论和实验研究都已经发现它们所具有的自旋无法解释为它们所包含的更小单元围绕质心的自转（参见经典电子半径）。由于这些不可再分的基本粒子可以认为是真正的点粒子，因此自旋与质量、电量一样，是基本粒子的内禀性质。在量子力学中，任何体系的角动量都是量子化的，自旋量子数是整数或者半整数(0,1/2,1,3/2,2,……)，自旋量子数可以取半整数的值，这是自旋量子数与轨道量子数的主要区别，后者的量子数取值只能为整数。自旋量子数的取值只依赖于粒子的种类，无法用现有的手段去改变其取值。例如，所有电子具有 $s=1/2$，自旋为 1/2 的基本粒子还包括正电子、中微子和夸克，光子是自旋为 1 的粒子，理论假设的引力子是自旋为 2 的粒子，理论假设的希格斯玻色子在基本粒子中比较特殊，它的自旋为 0。

粒子的自旋对于其在统计力学中的性质具有深刻的影响，具有半整数自旋的粒子遵循费米-狄拉克统计，称为费米子，它们必须占据反对称的量子态（参阅可区分粒子），这种性质要求费米子不能占据相同的量子态，这被称为泡利不相容原理。另一方面，具有整数自旋的粒子遵循玻色-爱因斯坦统计，称为玻色子，这些粒子可以占据对称的量子态，因此可以占据相同的量子态。对此的证明称为自旋统计理论，依据的是量子力学以及狭义相对论。

事实上，自旋与统计的联系是狭义相对论的一个重要结论。自旋的直接应用包括：核磁共振谱、电子顺磁共振谱、质子密度的磁共振成像以及巨磁电阻硬盘磁头。自旋可能的应用有自旋场效应晶体管等。以电子自旋为研究对象，发展创新磁性材料和器件的学科分支称为自旋电子学。

2010 年 4 月，美国俄亥俄大学和德国汉堡大学的科学家们展示了他们首次获得的，电子不同自旋状态下的单个钴原子图像。为获得这个图像，研究人员使用一台在其探针的尖端涂覆有金属铁的特制隧道扫描显微镜，对一个金属锰盘上的钴原子进行了操纵。借助这个特制探针，通过改变单个钴原子在锰板表面的位置，使钴原子中电子自旋的方向产生了变化。捕捉到的图像显示，当原子中的电子自旋方向向上时，整个原子的形状呈单突状；若自旋方向向下，则整个原子形状呈双突状，且两者等高。这项研究表明，通过对单个金属原子的操控，科学家具有了探测和操纵单原子中电子自旋方向的能力，这将极大地影响纳米级磁存储器、量子计算机和自旋电子器件的未来发展。研究小组主要成员之一、俄亥俄大学纳米和量子研究所的物理和天文学副教授萨瓦拉表示，电子的不同自旋方向可代表数据存储的不同状态，目前计算机存储器单元需要的原子数量成千上万，未来也许用单个原子就能满足需求,同时将计算机的能力提高数千倍。而且,与电子器件不同的是,基于电子自旋的器件不会产生热量,从而达到更少的功率损耗。此次实验是在10 K的超真空环境中完成的。科学家表示,要想将电子自旋应用于计算机存储器中,必须能在室温下探测到自旋现象。不过,文章的主要作者、汉堡大学的安德烈·库柏兹卡认为,这项新完成的研究为未来的应用提供了途径。在研究中,研究人员不仅使用了新技术,还使用了一个带有自旋的金属锰板,这使得他们可对钴原子的电子自旋进行操纵。

量子数(quantum number)是量子力学中表述原子核外电子运动的一组整数或半整数。因为核外电子运动状态的变化不是连续的,而是量子化的,所以量子数的取值也不是连续的,而只能取一组整数或半整数。量子数包括主量子数 n、角量子数 l、磁量子数 m 和自旋量子数 s 四种,前三种是在数学解析薛定谔方程过程中引出的,而最后一种则是为了表述电子的自旋运动提出的。量子数是表征原子、分子、原子核或亚原子粒子状态和性质的数。通常取整数或半整数分立值。量子数是这些粒子系统内部一定相互作用下存在某些守恒量的反映,与这些守恒量相联系的量子数又称为好量子数,它们可表征粒子系统的状态和性质。在原子物理学中,对于单电子原子(包括碱金属原子)处于一定的状态,有一定的能量、轨道角动量、自旋角动量和总角动量。表征其性质的量子数是主量子数 n、角量子数 l、自旋量子数 $m_s=1/2$ 和总角动量量子数 j。表征微观粒子运动状态的一些特定数字。量子化的概念最初是由普朗克引入的,即电磁辐射的能量和物体吸收的辐射能量只能是量子化的,是某一最小能量值的整数倍,这个整数 n 称为量子数。事实上不仅原子的能量还有它的动量、电子的运行轨道、电子的自旋方向都是量子化的,即是说电子的动量、运动轨道的分布和自旋方向都是不连续的,此外我们将看到不仅电子还有其他基本粒子的能量、运动轨道分布、磁矩等都是量子化。在多电子原子中,轨道角动量量子数也是决定电子能量高低的因素。所以,在多电子原子中,主量子数相同、轨道角动量量子数和自旋量子数不同的电子,其能量是不相等的。上述三个量子数的合理组合决定了一个原子轨道。但要描述电子的运动状态还需要有第四个量子数——自旋角动量量子数表示原子内电子运动的能量、角动量等的一组整数或半整数。

按量子力学原理,原子中核外电子运动、状态、角动量都不是连续变化的,而是跳跃式变化的,即量子化的。量子数有主量子数、角量子数、磁量子数和自旋量子数。它们惯例上被称为主量子数($n=1,2,3,4\cdots$)代表除掉 J 以后 H 的特征值。这个数因此会视电子与原子核间的距离(即半径坐标 r)而定。平均距离会随着 n 增大,因此不同量子数的量子态会被说成属于不同的电子层。角量子数($l=0,1,\cdots,n-1$)(又称方位角量子数或轨道量子数)通过关系式来代表轨道角动量。在化学中,这个量子数是非常重要的,因为它表明了一轨道的形状,并对化学键及键角有重大影响。有些时候,不同角量子数的轨道有不同代号,$l=0$ 的轨道叫 s 轨道,$l=1$ 的叫 p 轨道,$l=2$ 的叫 d 轨道,而 $l=3$ 的则叫 f 轨道。磁量子数($m_l= -1,0,1,\cdots$)代表特征值。这是轨道角动量沿某指定轴的射影。从光谱学中所得的结果指出一个轨道最多可容纳两个电子。然而两个电子绝不能拥有完全相同的量子态(泡利不相容原理),故也绝不能拥有同一组量子数。所以为此特别提出一个假设来解决这问题,就是设存在一个有两个可能值的第四个量子数。这假设以后能被相对论性量子力学所解释。

描述电子在原子核外运动状态的 4 个量子数之一,习惯用符号 n 表示。它的取值是正整数,$n=1,2,3,\cdots$ 主量子数是决定轨道(或电子)能量的主要量子数。对同一元素,轨道能量随着 n 的增大而增加。在周期表中有些元素会发生轨道能量“倒置”现象。例如,在 20 号 Ca 元素处,K(19 号)的 $E_{3d}>E_{4s}$,不符合 n 越大轨道能越高的规律。而 Sc(21 号)的 $E_{3d}<E_{4s}$。其他如 4d/5s,5d/6s,…也有类似情况。在同一原子内,主量子数相同的轨道,电子出现几率最大的空间范围几乎是相同的,因此把主量子数相同的轨道划为一个电子层,并分别用电子层符号 K、L、M、N、O、P 对应于 $n=1,2,3,4,5,6$ 等。n 越大,表示电子离核的平均距离也越大。每个电子层所能容纳的电子数可按 $2n^2$ 计算。轨道能虽有局部倒置现象,但用 $n+0.7l$(l 为角量子数)的值作为填充电子次序的规则却是十分方便和基本正确的。此外,根据 n 的大小可以预测轨道的径向分布情况:即当 n、l 确定后,轨道应有($n-l$)个径向极值和($n-l-1$)个径向节面(节面上电子云密度为 O)。对于相同 l 的轨道来说,n 越大,径向分布曲线的最高峰离核越远,但它的次级峰恰可能出现在离核较近处。这就是轨道的“钻穿”,并产生各轨道间相互渗透的现象。

角量子数 l 决定电子空间运动的角动量,以及原子轨道或电子云的形状,在多电子原子中与主量子数 n 共同决定电子能量高低。对于一定的 n 值,l 可取 $0,1,2,3,4,\cdots,n-1$ 等共 n 个值,用光谱学上的符号相应表示为 s,p,d,f,g 等。角量子数 l 表示电子的亚层或能级。一个 n 值可以有多个 l 值,如 $n=3$ 表示第三电子层,l 值可有 0,1,2,分别表示 3s,3p,3d 亚层,相应的电子分别称为 3s,3p,3d 电子。它们的原子轨道和电子云的形状分别为球形对称、哑铃形和四瓣梅花形,对于多电子原子来说,这三个亚层能量为 e3d>e3p>e3s,即 n 值一定时,l 值越大,亚层能级越高。在描述多电子原子系统的能量状态时,需要用 n 和 l 两个量子数。

磁量子数 m 决定原子轨道(或电子云)在空间的伸展方向。当 l 给定时,m 的取值为从 $-l$ 到 $+l$ 之间的一切整数(包括 0 在内),即 0,±1,±2,±3,…,±1,共有 $2l+1$ 个取值。即原子轨道(或电子云)在空间有 $2l+1$ 个伸展方向。原子轨道(或电子云)在空间的每一个伸展方向称做一个轨道。例如,$l=0$ 时,s 电子云呈球形对称分布,没有方向性。m 只能有一个值,即 $m=0$,说明 s 亚层只有一个轨道为 s 轨道。当 $l=1$ 时,m 可有 -1,0,$+1$ 三个取值,说明 p 电子云在空间有三种取向,即 p 亚层中有三个以 x,y,z 轴为对称轴的 p_x,p_y,p_z 轨道。当 $l=2$ 时,m 可有五个取值,即 d 电子云在空间有五种取向,d 亚层中有五个不同伸展方向的 d 轨道。

量子数描述量子系统中动力学上各守恒数的值。它们通常按性质描述原子中电子的各能量,但也会描述其他物理量(如角动量、自旋等)。由于任何量子系统都能有一个或以上的量子数,列出所有可能的量子数是件没有意义的工作。每一个系统都必须对系统进行全面分析。任何系统的动力学都由一量子哈密顿算符 H 所描述。系统中有一量子数对应能量,即哈密顿算符的特征值。对每一个算符 O 而言,还有一个量子数可与哈密顿算符交换(即满足 $OH=HO$ 这条关系式)。这些是一个系统中所能有的所有量子数。注意定义量子数的算符 O 应互相独立。很多时候,能有好几种选择一组互相独立算符的方法。故此,在不同的条件下,可使用不同的量子数组来描述同一个系统。

对于自旋电子学而言,自旋轨道耦合效应指明了耦合电子的自旋自由度和它的轨道自由度之间的关系,这种关系提供了一种新的方式来控制电子自旋。自旋轨道耦合效应在半导体自旋电子学有很多具体应用,实际研究中根据介质材料所受力的性质和材料结构对称性可以将自旋轨道耦合效应分为 Rashba 自旋轨道耦合和 Dressalhaus 自旋轨道耦合。

随着自旋电子学的迅猛发展,自旋轨道耦合效应越来越受到人们的广泛关注,国际上关于相关材料中自旋轨道耦合效应引起的各种新奇物理现象的报道越来越多,如自旋霍尔效应、自旋场效应晶体管、低损耗的自旋、自旋量子计算等。自旋轨道耦合作用提供了一种全电学(不需要外磁场或磁性材料)的方法控制自旋。随着理论研究的深入和实验技术的发展,基于自旋轨道耦合效应的各种电子器件层出不穷,也必将会带来更大的实际应用价值。

自旋轨道耦合效应是指耦合电子的自旋自由度和它的轨道自由度之间的关系,这种关系提供了一种新的方式来控制电子自旋,即人们可以方便地用外加电场或门电压来控制和操纵电子的自旋,进而实现自旋电子器件。自旋轨道耦合效应在半导体自旋电子学有很多具体应用,实际研究中根据介质材料所受力的性质和材料结构对称性可以将自旋轨道耦合效应分为Rashba自旋轨道耦合和Dressalhaus自旋轨道耦合。Rashba自旋轨道耦合效应相互作用机制是由Rashba首先引入的，Rashba自旋轨道耦合起源于结构反演不对称，材料结构的非中心对称性将导致能带倾斜。在三维晶体环境中，势能起源于晶体周期势。大多数多元半导体具有闪锌矿晶格结构或者铅锌矿晶格结构，二者都没有反演对称性。Dresselhaus证明了这种体反演不对称性质会导致导带有一个自旋轨道耦合引起的劈裂而形成两个子带。

我们知道，电场对静止的电荷有静电力的作用，电场对运动的电荷除了有静电力的作用外还有磁场力的作用。磁场对静止的电荷没有力的作用，磁场对运动的电荷有力的作用。电场对静止磁矩无相互作用，电场对运动磁矩有力矩作用。自旋轨道耦合的本质是外电场对运动自旋磁矩的作用，自旋轨道耦合同时也是一个相对论的效应。自旋磁矩和由原子在该处产生的电场将产生相互作用，这就是自旋轨道互作用的起源。自旋是相对论量子力学的自然结果，所以更严格地给出原子中自旋轨道耦合必须要从狄拉克方程出发，通过狄拉克方程的非相对论极限可以得出自旋轨道耦合的具体形式。

随着科技进步，很多由自旋轨道耦合所引起的新物理现象已被发现，并引起人们广泛的兴趣。特别是Mu-rakami和Sinova等人各自独立地预言了在自旋轨道耦合体系中，存在自旋霍尔效应。Sun等人预言了另一种由于自旋轨道耦合效应所引起的新的物理现象：在仅仅有自旋轨道耦合而无任何磁场、磁通的介观小环中，存在纯的持续自旋流。自旋流新的定义解决了自旋电子学领域的一个基本问题，对相关的后续研究有重要意义。自旋电子学的主要课题之一是自旋流的产生和有效控制。在金属和半导体中，导带电子的自旋轨道耦合可以有效地影响电子自旋状态，为调控电子自旋相干运动提供了一个有效的途径。最近，理论上提出了在空穴型半导体和半导体异质结的二维电子气中，由于自旋轨道耦合作用，外电场会产生一个切向的纯自旋流。这种内在的自旋霍尔效应已经成为一个广泛的研究课题。在过去，人们对电子自旋的研究主要集中在自旋与磁场的相互作用，很少有人考虑材料的体不对称性和面不对称性对自旋和轨道之间的相互作用的影响。有关介观输运方面的研究工作大多都以闪锌矿、纤维锌矿化合物半导体及其异质结构的基础上形成的二维电子气、量子线或量子点为对象。Dresselhaus曾指出在这类缺乏体反演对称性的材料中，电子的自旋与轨道之间的相互作用能够引起半导体的能带劈裂，这种物理现象称为Dresselhaus自旋轨道耦合(spin-orbit interaction或者spin-orbit coupling)。

Rashba 自旋轨道耦合效应是由异质结结构反演非对称性引起的。尽管自旋轨道耦合作用的物理根源都来自于相对论效应,但它们对半导体能带结构的修正足以被实验观察到。自旋轨道耦合效应使在实空间运动的自旋电子感受到了等效磁场的作用,导致电子在运动中的自旋进动。在各种模型和器件中,对这种运动规律的研究可以给自旋注入和自旋控制提供新的思路。

自旋轨道耦合使电子的自旋与运动相关联,从而可以通过控制电子的自旋来影响电子的运动,同时可以利用这种关联性来控制自旋的去相干和自旋弛豫。自旋弛豫,包括横向弛豫(transverse relaxation)和纵向弛豫(longitudinal relaxation),弛豫时间是解析物质化学结构的一个重要参数。所有的吸收光谱都有其共性。当电磁辐射的能量等于样品分子的某种能级差时,样品可以吸收电磁辐射,从低能级跃迁到高能级。同样,在此频率的电磁辐射的作用下,样品分子也能从高能级回到低能级,放出该频率的电磁辐射。这种通过无辐射的释放能量途径,核从高能态回到低能态的过程叫做弛豫(relaxation)。通常在热力学平衡条件下,自旋核在两个能级间的定向分布数目遵从 Bohzmarm 分配定律。低能态的核数仅比高能态核数多百万分之十。而核磁共振信号就是靠所多出的约百万分之十的低能态氢核的净吸收而产生的。随着 NMR 吸收过程进行,如果高能态核不能通过有效途径释放能态回到低能态,那么低能态的核数就越来越少,一定时间后,不会再有射频吸收,NMR 信号即消失,这种现象称为饱和。因此,在核磁共振中,若无有效的弛豫过程,饱和现象是容易发生的。自旋耦合取向是指分子中粒子的原子核自旋产生的相互干扰,自旋量子数不为零的核在外磁场中会存在不同能级,这些核处在不同自旋状态,会产生小磁场,产生的小磁场将与外磁场产生叠加效应,使共振信号发生分裂干扰。分子中自旋核与自旋核之间的相互作用叫自旋耦合或自旋干扰,其结果会引起共振峰的裂分。自旋耦合的机理比较复杂,一种假设是自旋核在外磁场作用下产生不同的局部磁场,通过空间传递而相互干扰;另一种假设是自旋核通过成键电子传递相互的干扰作用。估计是在外磁场中,自旋核磁矩与成键电子运动的磁场共同作用的结果。由自旋耦合引起的裂分小峰间的距离叫耦合常数(coupling constant),用 J 表示,其单位为 Hz。常用耦合常数作为自旋耦合的量度,耦合常数反映了自旋耦合核之间相互干扰的强度。通常 ^{1}H 核之间的 $J \leqslant 20$ Hz。耦合常数的大小与外磁场强度无关,与干扰核之间的键数和键的性质有关,也与取代基的电负性、立体结构、极化作用等有关,因此是一个重要的结构参数。相互耦合的核,它们的耦合常数必然相等。因此,在分析核磁共振谱时,可以由 J 是否相等来判断哪些核之间发生了自旋耦合。一般地说，当两个自旋耦合的核相隔奇数个键时，J 为正值；相隔偶数个键时，J 为负值。但在解析谱图时，只能测 J 的绝对值的大小，故不必考虑其正负，只有在某些特定情况下，其符号确定才有意义。

处于平衡态的系统受到外界瞬时扰动后，经一定时间必能回复到原来的平衡态，系统所经历的这一段时间即弛豫时间。以 τ 表示。实际上弛豫时间就是系统调整自己随环境变化所需的时间。利用弛豫时间可把准静态过程中其状态变化"足够缓慢"这一条件解释得更清楚。只要系统状态变化经历的时间 Δt 与弛豫时间 τ 间始终满足，则这样的过程即可认为是准静态过程。弛豫时间与系统的大小有关，大系统达到平衡态所需时间长，故弛豫时间长。弛豫时间也与达到平衡的种类（力学的、热学的还是化学的平衡）有关。一般说来，纯粹力学平衡条件破坏所需弛豫时间要短于纯粹热学平衡或化学平衡破坏所需弛豫时间。例如气体中压强趋于处处相等靠分子间频繁碰撞交换动量。由于气体分子间的碰撞一般较频繁（标准状况下 1 个空气分子平衡碰撞频率为 6.6×10^{9} 次/s），加之在压强不均等时总伴随有气体的流动，故 τ 一般很小，对于体积不大的系统其 τ 约为 10^{-3} s，量级甚至更小。例如转速 $n=150$ r/min 的四冲程内燃机的整个压缩冲程的时间不足 0.2 s，与 10^{-3} s 相比尚大 2 个数量级，可认为这一过程足够缓慢，因而可近似地将它看作准静态过程。但是在混合气体中由于扩散而使浓度均匀化需要分子作大距离的位移，其弛豫时间可延长至几分钟甚至更大。

自旋弛豫有两种形式，即自旋-晶格弛豫（spin-lattice relaxation）和自旋-自旋弛豫（spin-spin relaxation）。自旋-晶格弛豫处于高能态的核自旋体系将能量传递给周围环（晶格或溶剂），自己回到低能态的过程，称为自旋-晶格弛豫，也称为纵向弛豫。纵向弛豫反映了自旋体系与环境之间的能量交换 。这种弛豫在碳谱中有特殊的重要性。不同物质状态的弛豫过程如下：固体样品→分子运动困难→T1 最大→谱线变宽最小→弛豫最少发生；受热固体或液体→分子运动较易 T1 下降→谱线变宽→部分弛豫；气体→分子运动容易，T1 较小→谱线变宽最大→弛豫明显。样品流动性降低（从气态到固态），T1 增加，纵向弛豫越少发生，谱线窄。处于高能态的核自旋体系将能量传递给邻近低能态同类磁性核的过程，称为自旋-自旋弛豫，又称为横向弛豫。这种过程只是同类磁性核自旋状态能量交换，不引起核磁总能量的改变。

不同物质状态的弛豫过程如下：固体样品结合紧密→自旋核间能量交换容易 T2 最小→谱线变宽最大（宽谱）→横向弛豫容易；受热固体或液体→结合不很紧密→自旋核间能量交换较易→T2 上升→谱线变宽较小→横向弛豫较易；气体→自旋核间能量交换不易→T2 最大→谱线变宽最小→横

向弛豫最难发生。样品流动性降低(从气态到固态),T2 下降,越多横向弛豫发生,谱线宽。在相同状态样品中,两种弛豫发生的作用刚好相反,只是在液态样品中,二者的弛豫时间大致相当,在 0.5～50 s 之间。两种弛豫过程中,时间短者控制弛豫过程。对于固体样品:T1 大而 T2 小,此时弛豫由时间短的控制,因此谱线很宽。因为液体样品的 T1 和 T2 均为 1 s 左右,能给出尖锐的谱峰,因此,在 NMR 分析中,需将样品配制成液体。为了避免饱和,激发态的寿命必须很短,但这会导致谱图分辨率降低,因为线宽和激发态时间成反比。能产生较强信号且有好的分辨率的最佳激发态时间为 0.1～10 s。

量子霍尔效应(quantum Hall effect)是量子力学版本的霍尔效应,需要在低温强磁场的极端条件下才可以被观察到,此时霍尔电阻与磁场不再呈现线性关系,而出现量子化平台。霍尔效应在 1879 年被 E. H. 霍尔发现,它定义了磁场和感应电压之间的关系。当电流通过一个位于磁场中的导体的时候,磁场会对导体中的电子产生一个横向的作用力,从而在导体的两端产生电压差。

量子霍尔效应,是霍尔效应的量子力学版本。一般被看作是整数量子霍尔效应和分数量子霍尔效应的统称。整数量子霍尔效应被马普所的德国物理学家冯·克利青发现,他因此获得 1985 年诺贝尔物理学奖。分数量子霍尔效应被崔琦、霍斯特·施特默和亚瑟·戈萨德发现,前两者因此与罗伯特·劳夫林分享 1998 年诺贝尔物理学奖。整数量子霍尔效应最初在高磁场下的二维电子气体中被观测到;分数量子霍尔效应通常在迁移率更高的二维电子气下才能被观测到。2004 年,英国曼彻斯特大学物理学家安德烈·海姆和康斯坦丁·诺沃肖洛夫,成功地在实验中从石墨中分离出石墨烯,在室温下观察到量子霍尔效应。

整数量子霍尔效应的机制已经基本清楚,而仍有一些科学家,如冯·克利青和纽约州立大学石溪分校的 V·J·Goldman,还在做一些分数量子效应的研究。一些理论学家指出分数量子霍尔效应中的某些平台可以构成非阿贝尔态(non-Abelian states),这可以成为搭建拓扑量子计算机的基础。石墨烯中的量子霍尔效应与一般的量子霍尔行为大不相同,为量子反常霍尔效应(quantum anomalous Hall effect)。此外,Hirsh、张首晟等提出自旋量子霍尔效应的概念,与之相关的实验正在吸引越来越多的关注。2010 年,中科院物理所的方忠、戴希理论团队与拓扑绝缘体理论的开创者之一、斯坦福大学的张首晟等合作,提出了实现量子反常霍尔效应的最佳体系。2013 年,中国科学院薛其坤院士领衔的合作团队又发现,在一定的外加栅极电压范围内,此材料在零磁场中的反常霍尔电阻达到了量子霍尔效应的

特征值 h/e^2。2013年3月15日，这个成果在线发表在《科学》杂志上。这一发现可被用于发展新一代低能耗晶体管和电子学器件，进而推动信息技术的进步。

霍尔效应是在三维的导体中实现的，电子可以在导体中自由运动。如果通过某种手段将电子限制在二维平面内，在垂直于平面的方向施加磁场，沿二维电子气的一个方向通电流，则在另一个方向也可以测量到电压，这和霍尔效应很类似。在整整一百多年后的1980年，德国物理学家von Klitzing发现了所谓的量子霍尔效应，之所以要等这么久才能实现这一效应，主要是由于理想的二维电子气难以实现，在半导体技术高度发展之后，人们才能在“金属-氧化物-半导体场效应晶体管”(MOSFET)中实现比较理想的二维电子气。除此之外，观察到这一效应还需要极低温(1.5 K)和强磁场(18 T)。von Klitzing因此获得了1985年诺贝尔物理学奖。量子霍尔效应与霍尔效应最大的不同之处在于横向电压对磁场的响应明显不同，横向电阻是量子化的，由此我们称这一现象为量子霍尔效应。

尽管从整体趋势上看，横向电阻随着磁场强度增大而线性增大，但在这一过程中却形成了若干横向电阻不变的平台，这些平台所对应的电阻是“量子电阻”除以一个整数 n。量子霍尔效应也称作整数量子霍尔效应(integer quantum hall effect, IQH)。原始霍尔效应所对应的区域是磁场强度 B 很小的区域。磁场强度很小时横向电阻与磁场强度确实呈线性关系。除此之外，量子霍尔效应中的纵向电阻随磁场的变化也很奇特：在横向电阻达到平台时，纵向电阻竟然为零！在原始霍尔效应时，纵向电阻随磁场几乎是不变化的，这对应磁场强度很小时纵向电阻确实近似是一个常数。

在强磁场下，导体内部的电子受洛仑兹力作用不断沿着等能面转圈。如果导体中存在杂质，尤其是带电荷的杂质，将会影响等能面的形状。实际上，导体内部的电子只能在导体内部闭合的等能面上做周期运动，而不能参与导电。在量子霍尔效应中，真正参与导电的实际上是电子气边缘的电子。而边缘的电子转圈转到一半就会打到边界，受到反弹，再次做半圆运动，由此不断前进。这种在边界运动的电子，与通常在导体内部运动的电子不同，它不是通过不断碰撞，类似扩散的方式前进的。而是几乎不与其他电子碰撞，直接到达目的地，像一颗子弹，因此这种现象在物理学中被称为弹道输运(ballistic transport)。显然在这种输运机制中产生的电阻不与具体材料有关，只与电子本身所具有的性质有关。粗略地说，是因为磁场小到一定的程度，就会同时使更多的电子进行弹道输运。进行的电子越多，横向电阻越小。量子霍尔效应中的这种参与导电的“边界态”是当今凝聚态物理重要的兴趣所在之一。“边界”和“表面”有其重要的拓扑性质，所谓“拓扑绝缘体”

也与它们紧密相关。事实上,von Klitzing 是在德国的 Wurzburg 大学发现的量子霍尔效应。28 年后,同样是在 Wurzburg 大学,同样是 von Klitzing 之前所在的研究组,Molenkamp 等人第一次在实验上发现了拓扑绝缘体——碲化汞,由此也可以发现一项重要的工作的完成不是一蹴而就的,其背后必然有着深厚的积累。

之前在量子霍尔效应中,曾经提到想要观察到这个效应需要保证样品中存在一定数量的杂质,如果我们考虑一个极其纯净的样品,那会观察到什么现象?在 von Klitzing 的实验中,实现二维电子气的 MOSFET 中的氧化物和半导体是二氧化硅和硅,但二氧化硅的纯度很难提升。1982 年,华人物理学家崔琦、德国物理学家 Stormer 等人在 Bell 实验室用 AlGaAs/GaAs 异质结代替二氧化硅和硅,因为通过分子束外延(MBE)技术可以生长出超纯的异质结,从而实现极其纯净的二维电子气。他们发现,横向电阻的 n 不仅可以取正整数,还出现了 $n=1/3$ 这样一个分数的平台,这就是分数量子霍尔效应。之后他们制造出了更纯的样品,更低的温度,更强的磁场,85 mK 和 280 kG,这是人类第一次在实验室中实现如此低的温度和如此强的磁场(地磁场是 mG 的量级)。他们也因此观察到了更加丰富的结构。根据之前对 n 的解释,n 不可能是分数,因为不可能有分数个电子同时进行弹道输运,之前的解释不适用!最早美国物理学家 Laughlin 给出了一个比较令人信服的解释,他因此和崔琦与 Stormer 分享了 1998 年诺贝尔物理学奖。导体中电子中的相互作用主要有:电子-杂质,电子-电子。之前在解释整数量子霍尔效应时,我们忽略了电子与电子的相互作用。而在现在这种样品极为纯净的情况下,我们不能忽略这一相互作用,因为电子之间的相互作用很强,导致电子之间的关联也很强,牵一发而动全身,这时我们再用“一个电子”的图像去看问题就不合适了。为了解决这一问题,其中一种看法是“混合粒子”。就像质子是由三个夸克组成的一样,我们可以人为地将处于磁场中的电子看作没有磁场时的电子+量子磁通量,将电子+量子磁通人为地看成一个整体,即“混合粒子”。在这种看法下,我们会发现“混合粒子”之间近似没有相互作用,这样我们就将一个强相互作用的问题转化成了一个无相互作用的问题。对于 $n=1/3$ 的情形,就是一个电子与三个量子磁通相结合成了一个“混合粒子”。这样所谓分数量子霍尔效应就是“混合粒子”的整数量子霍尔效应。由于一个电子现在附着了三个量子磁通,这就解释了分数量子霍尔效应中的 $n=1/3$。这一解释虽然看起来合理,但至今也有很多争议。分数化是强关联系统一个典型特征,而强关联系统是当今凝聚态物理学重要的一个分支。高温超导等许多重要的现象都被认为与此相关,在这个领域还有大量问题等待人类去回答和探索。

量子霍尔效应是过去20年中凝体物理研究里最重要的成就之一。要解释这个效应，需要用上许多量子物理中最微妙的概念。1998年的诺贝尔物理奖，由美国普林斯顿大学的崔琦(Daniel C. Tsui)、哥伦比亚大学的史特莫(Stormer)及斯坦福大学的劳夫林(Laughlin)三人获得。得奖理由是他们发现了一种新形态的量子流体，其中有带分数电荷的激发态。在他们三位的新发现之前，物理学者认为除了夸克一类的粒子之外，宇宙中的基本粒子所带的电荷皆为一个电子所带的电荷$-e$($e=1.6\times10^{-19}$C)的整数倍。而夸克依其类别可带有$\pm1e/3$或$\pm2e/3$电荷。夸克在一般状况下，只能存在于原子核中，它们不像电子可以自由流动。所以物理学者并不期待在普通凝体系统中，可以看到如夸克般带有分数电子电荷的粒子或激发态。这个想法在1982年崔琦和史特莫在二维电子系统中发现分数霍尔效应后受到挑战。一年后劳夫林提出一新颖的理论，认为二维电子系统在强磁场下由于电子之间的电力库伦交互作用，可以形成一种不可压缩的量子液体(incompressible quantum fluid)，会展现出分数电荷。分数电荷的出现可说是非常神秘，而且出人意料，其实却可以从已知的量子规则中推导出来。劳夫林还曾想利用他的理论，解释夸克为什么会带分数电子电荷，虽然这样的想法还没有成功。劳夫林的理论出现后，马上被理论高手判定是正确的想法。不过对很多人而言，他的理论仍很难懂。在那之后五六年间，许多重要的论文陆续出现，把劳夫林理论中较隐晦的观念阐释得更清楚，也进一步推广他的理论到许多不同的物理状况，使整个理论更为完备。

以下扼要说明什么是分数量子霍尔效应，以及其理论解释。对于二维电子系统，假设电子仅能活动于x-y平面上，而在z轴方向有一均匀磁场B，霍尔效应就是当x轴方向有电流I时，在y轴方向就会有电位差V_H。当电子以速度v在负x轴方向前进，它会受到沿着负y轴方向的磁力(罗伦兹力)，也会受到y轴方向的电力。这两个力必须相等，电子才能毫不偏移地在x轴上移动。所以在古典理论中，我们会预期所测量到的RH与磁场B成正比的关系，RH和B并不是单纯的正比关系，而是当RH上升至一些特殊的磁场附近时会保持不变，出现如平台般的区域。然后RH再上升至下一个平台，仿佛二维电子系统在那些特定的磁场附近有特别的稳定性。在RH处于平台的同时，平行于电流方的电位差V却降落为零，意思是这时的二维电子进入某种超流状态，所以电流I不需要由电位差V来推动。仔细看实验数据会发觉，在平台上RH的值是h(普朗克常数)乘上$1/V$。ν可以是1,2,3…等整数，或是1/3,2/3,2/5,…等分数。当ν是整数时，称它为整数量子霍尔效应；当ν是分数时，称它为分数量子霍尔效应。

为什么说它是“量子”效应呢？因为普朗克常数出现了，这从古典公式是看不出来的。其实整数量子霍尔效应是德国物理学者冯克立钦(von Klitzing)在1980年发现的,他也因此在1985年获得诺贝尔奖。崔琦和史特莫更进一步在高磁场和更低的温度条件,发现分数量子霍尔效应。接下来将简单介绍怎么从量子力学观点来看霍尔效应,并且解释 ν 的意义。在量子力学中,电子被视为是波,它的运动遵循薛定谔(Schrodinger)方程式,要了解电子行为就要解薛定谔方程式。当电子数目很大,而且电子间的强交互作用不可忽略时,对薛定谔方程式我们几乎是不可能得到完整而精确的解。劳夫林的贡献在于他能写出一个波函数,把二维电子系统的重要物理性质表达出来。

要了解这理论,得先知道如果忽略电子间的库仑交互作用,单一电子在磁场作用下的行为。这个问题已被著名俄国物理学者兰道(Landau)在1930年解决了。他发现二维电子只能处于一些电子态上,其中 i 和 n 是标示量子态的量子数。量子态具有能量 E_n,E_n 就被称为Landau能阶。重要的是 E 与量子数 i 无关,亦即有许多不同的量子态具有相同的能量,也就是简并态(degenerate states)的出现。究竟有多少个不同的量子态位于同一能阶上呢?从兰道的解答我们可以算出共有 N_d 个,而且可看出即使在不同能阶,其简并态数目皆相同,这里 A 是电子在二维平面上活动区域的面积,所以 BA 为磁通量。ψ_0 是一个磁通量子(fluxquantum)的单位。约略地讲,一个磁通量子就对应到一个量子态。例如当 $\nu=1$ 时,电子个数就与最低能阶的简并态数目相同。32位元正负电相抵后,有效电占8/24即1/3。因为电子是费米子,两个电子不能落在同一个量子态上,因此 N_e 个电子就需要 N_e 个量子态,所以 $\nu=1$ 时刚好 N_e 个电子占满了最低兰道能阶。如果 $\nu=1/3$ 则电子个数只是 N_d 的1/3,即每三个量子态只能“分配”到一个电子。从参数 ν 的物理意义可以知道为什么人们又称呼它为填充因子(filling factor)。$\nu=1$ 代表电子完全填满最低能阶,$\nu=1/3$ 代表最低能阶上仅有三分之一的量子态被电子填占了。

接下来我们计算当系统的填充因子为 ν 时,RH会有多大?我们可以理解为 $\nu=1$(或 $\nu=2,3,\cdots$)时系统会有“稳定性”:因为电子完全填满最低能阶(或最低2,3…能阶)。(其实要完全解释平台的存在,我们得到考虑杂质的效应,但那不是本文要讨论的范围。)然而在 $\nu=1/3$ 时,电子行为又有何特殊之处呢?在解释之前要先说明一个新奇的概念——任意子(anyon)。我们知道在微观世界里,粒子分为费米子(fermion)和波色子(boson)。以两个粒子的情形为例,若描述这两个粒子量子状态的波函数,亦即发现粒子的概率振幅。当粒子为费米子时,$\theta=\pm\pi,\pm3\pi,\cdots$,当粒子为波色子时,$\theta=0,\pm2\pi,\pm4\pi,\cdots$。所以对费米子而言,表示两个费米子不可能处在同一个点(量子状态)上。但以上的分类仅适用于三维空间的状况。若粒子仅能在二维平面上行动,则可以是任意实数,并不受限于 $\theta=0$, $\pm\pi,\pm2\pi,\cdots$。这一类既非费米子又非波色子的粒子叫做任意子。最早提出这个概念的是两位挪威学者莱纳思(Leinaas)与麦汉(Myrheim)。后来美国学者威切克(Wilczek)用以下的方式来阐明任意子。想象一个带电粒子随伴有一个(理想上)半径为零的磁通量束(magnetic flux tube),假设其电荷为 e,磁通量为 φ。两个这样的粒子如果交换位置。我们可将第二个粒子固定,将第一个粒子绕过第二个粒子,然后再向左平移。我们可以用量子力学计算这个过程的概率振幅,发现粒子带磁通量束会比不带时的振幅多一个相位因子(phase factor)。这多出来的相位因子基本上是由于第一个粒子的电荷受第二个粒子的磁通量束的影响而来,这纯粹是量子效应。

在古典物理中,第一个粒子所经过的路途上并没有磁场,所以第一个粒子不会受第二个粒子磁通量束的影响。这个奇特的量子效应是阿哈若诺夫(Aharonov)与波姆(Bohm)在 1959 年发现的,所以这个因子称为 A-B 相位因子。由于 A-B 相位的存在,波色子摇身一变成了费米子了!〔严格地说,对任意子来说,波函数不是一个好的概念。细心的读者可能已经发现如果以逆时针方向绕过,则 A-B 相位因子 $e^{i\theta}$ 会变成 $e^{-i\theta}$。也就是说,波函数会依粒子运动的过程而异,所以和一般波函数意义不同。费曼(Feynman)的路径积分(pathintegral)在这里是比较好的表达语言。〕因为电子是费米子,所以我们可以将它想像成一种波色子(称为波色电子),其所带电荷与电子相同,且随伴着 $2n+1$ 个磁通量子。

强调此处磁通量子中的磁场不同于实际上穿透实验系统的均匀磁场 B。这个改变粒子统计行为(将费米子转变成波色子或其他任意子)的磁场,可以称为统计磁场或虚拟磁场。其实统计磁场并不必然要朝着正 z 轴方向;它也可以指向负 z 轴方向,而仍然有将电子转成波色电子的功能。我们可以回来看填充因子 $\nu=1/3$ 的电子系统。这时波色电子会同时感受到外加磁场 B 与统计磁场的作用。如果选择统计磁场指向负 z 轴方向,则平均起来外加磁场 B 与统计磁场会相互抵消:因为 $\nu=1/3$ 时,一个电子“分配”有三个外加磁场 B 的磁通量子,其大小恰好与三个统计磁通量子相等;所以波色电子会认为它并未受到磁场作用。没有受磁场作用时,波色电子会经由波思-爱因斯坦聚合(Bose-Einstein condensation)效应而凝聚在一起成为超流态,这就说明了$\nu=1/3$的稳定性。至于在其他平台的填充因子 $\nu=1/5,2/3,2/5,3/5,1/7,\cdots$也可以用波色电子的观点去理解。

电子间的交互作用力是非常重要的,因为相互排斥的关系,电子喜欢散开而不会靠拢聚集在一起,所以随着电子移动的统计磁场才能够均匀地抵消外加磁场。换言之，由于库仑排斥力，二维电子形成一种新形态的不可压缩流体，上述的想法也才可能实现。其实劳夫林最初并不是以波色电子的想法去解释实验数据，而是针对 $\nu=1/3$ 态猜出一个先前提过的二维电子基态波函数，并算出此波函数所对应的电子密度恰好就是 $\nu=1/3$ 态的电子密度。他也证明在电子数目不大时，此波函数与数值解非常接近，几乎一致。他的波函数经调整参数后也可适用于 $\nu=1/5,1/7,\cdots$。最早把劳夫林波函数和波色电子想法连接起来的是美国物理学者葛文(Girvin)与麦克唐纳(Macdonald)。劳夫林还进一步写下 $\nu=1/3$ 的激发态波函数，指出其中(准)粒子的电荷为 $\pm 1/3e$。大致上，可以这样看：因为当 $\nu=1/3$ 时，每一个电子配有三个磁通量子，如果系统中多出一个磁通量子束没有与电子相配，则相对于均匀的电荷分布而言，此磁通量子束就好像带有 1/3 的电子电荷。量子霍尔效应是过去 20 年间凝体物理研究最重要的进展之一，在实验与理论方面都有令人惊讶的发现与创见。所以诺贝尔奖再度表彰这一领域多年来的成就，是十分恰当的。

最被广为研究的量子数组是用于一原子的单个电子：不只是因为它在化学中有用(它是周期表、化合价及其他一系列特性的基本概念)，还因为它是一个可解的真实问题，故广为教科书所采用。在非相对论性量子力学中，这个系统的哈密顿算符由电子的动能及势能(由电子及原子核间的库仑力)所产生。动能可被分成有环绕原子核的电子角动量 J 的一份，及余下的一份。由于势能是球状对称的关系，其完整的哈密顿算符能与 J_2 交换。而 J_2 本身能与角动量的任一分量(按惯例使用 J_z)交换。基本粒子包含不少量子数，一般来说它们都是粒子本身的。但需要明白的是，基本粒子是粒子物理学上标准模型的量子态，所以这些粒子量子数间的关系跟模型的哈密顿算符一样，就像玻尔原子量子数及其哈密顿算符的关系那样。亦即是说，每一个量子数代表问题的一个对称性。这在场论中有着更大的用处，被用于识别时空及内对称。

一般跟时空对称有关系的量子数有自旋(跟旋转对称有关)、宇称、C-宇称、T-宇称(跟时空上的庞加莱对称有关系)。一般的内对称有轻子数、重子数及电荷数。值得一提的是较次要但常被混淆的一点。大部分守恒量子数都是可相加的。故此，在一基本粒子反应中，反应前后的量子数总和应相等。然而，某些量子数(一般被称为宇称)是可相乘的；即它们的积是守恒的。所以可相乘的量子数都属于一种对称(像守恒那样)，而在这种对称中使用两次对称变换式跟没用过是一样的。它们都属于一个叫 Z2 的抽象群。在弱磁场中，表征状态的量子数要增加总角动量磁量子数 m_j；在强磁场中，LS 耦合解除，表征其状态的量子数是主量子数 n、角量子数 l、其磁量

子数 m_l 和自旋磁量子数 m_s；对于多电子原子（LS 情形），单个电子的量子数不是好量子数，表征原子状态的量子数是总轨道角动量量子数 L、总自旋角动量量子数 S 以及 LS 耦合的总角动量子数 J。在分子物理学中，分子内部还有振动和转动，表征分子状态除了有电子态的量子数外，还有振动量子数和转动量子数。在核物理学和粒子物理学中，表征核和亚原子粒子的状态和性质有电荷、角动量、宇称、轻子数、重子数、同位旋及其第三分量、超荷、G 宇称等。对于像质子、中子及原子核这样的亚原子粒子，自旋通常是指总的角动量，即亚原子粒子的自旋角动量和轨道角动量的总和。亚原子粒子的自旋与其他角动量都遵循同样的量子化条件。通常认为亚原子粒子与基本粒子一样具有确定的自旋，例如，质子是自旋为 1/2 的粒子，可以理解为这是该亚原子粒子能量低的自旋态，该自旋态由亚原子粒子内部自旋角动量和轨道角动量的结构决定。利用第一性原理推导出亚原子粒子的自旋是比较困难的，例如，尽管我们知道质子是自旋为 1/2 的粒子，但是原子核自旋结构的问题仍然是一个活跃的研究领域。

原子和分子的自旋是原子或分子中未成对电子自旋之和，未成对电子的自旋导致原子和分子具有顺磁性。将一束高度自旋极化流从铁磁性金属有效地注入到半导体中，这个过程叫作自旋注入。自旋注入是实现自旋电子器件最基本的条件，随着自旋电子学在磁性和非磁性金属上的不断发展，自旋注入半导体材料越来越受到人们关注。电子除具有电荷属性外，还具有内禀的自旋属性。将自旋引入传统半导体器件中，用电荷和自旋共同作为信息的载体，可以发展新一代的自旋电子器件。长期以来，作为半导体和磁性材料最为重要的功能之一，信息处理与信息存取分别利用电子的电荷属性和自旋属性，两者各自独立地发展。但近年来，随着电子器件的进一步小型化和亚微米乃至纳米科学技术的发展，由于散热和工艺尺寸等因素的影响，基于电荷载体的半导体微电子学的研究进展受到很大限制，与此同时，金属自旋阀中巨磁电阻和隧道磁电阻效应的发现引发了磁存储和磁记录领域的革命，并由此产生了围绕电子自旋控制的跨越半导体和磁性材料的全新研究领域——自旋电子学。自旋电子学的研究已经成为凝聚态物理、信息科学及新材料等诸多领域共同关注的热点。

自旋电子学主要研究与电子电荷和自旋密切相关的过程，包括自旋源的产生、自旋注入、自旋输运、自旋检测及自旋控制，最终实现新型的自旋电子器件，如自旋量子阱发光二极管、自旋 p-n 结二极管、磁隧道效应晶体管、自旋场效应晶体管、量子计算机等。自旋电子学领域所关心的核心问题是利用系统材料与自旋相关的物理机制，实现非磁材料自旋注入和对自旋的操控，探测单个自旋、自旋相干性和自旋的弛豫等。人们普遍利用磁性材料实现自旋注入与检测;光学方法也有一定的应用,但基于电学方法的易于控制和实现以及现已发展相当成熟的半导体技术,如何用电学方法在半导体材料中有效地控制电子自旋,引起人们的极大关注。自旋注入是实现自旋电子器件最基本的条件,随着自旋电子学在磁性和非磁性金属上的巨大成功,自旋注入半导体材料越来越受到人们关注。磁性材料俘导体界面的自旋注入是最基本的半导体自旋注入结构。作为自旋极化源的磁性材料有铁磁金属、磁性半导体和稀磁半导体三种。磁性半导体有较高的自旋注入效率,但是磁性半导体(如硫化铕)的生长极其困难,因此研究就集中在从稀磁半导体和铁磁金属向非磁半导体内的注入。稀磁半导体的铁磁转变温度远低于室温,虽然理论预测某些材料的铁磁转变温度可以高于室温,但是在开发出可以在室温下应用的稀磁半导体之前,铁磁金属/半导体的接触仍然是实现从自旋注入、操纵到检测全部电学控制的最有希望的方法。欧姆式注入,又可称作直接式或扩散式注入。在一个铁磁性的金属中,多数自旋向上的导电性与少数自旋向下的电子有着本质的不同,引起自旋极化的电流。对于自旋注入最直接的方法就是在铁磁性的金属和半导体之间形成一个欧姆式接触,以形成电流。但是典型的金属-半导体的欧姆式接触是在掺杂的半导体表面,引起了载流子的自旋翻转散射,造成自旋极化度的损失。

为此,最早的研究利用化学势和金属相差不多的半导体材料 InAs 和铁磁金属以欧姆接触的形式结合起来,InAs 是少数几种可以和过渡金属形成陡峭界面且无 Schottky 的欧姆接触材料之一。尽管做了大量的研究,仍然只能在温度小于 10 K 下得到 4.5%的自旋极化注入。由于金属比半导体的电导大几个数量级,因而根据欧姆定律,电流主要由电阻大的部分,即半导体部分的电阻决定,由于自旋向上和向下的两分支电流在半导体部分的电导基本相同,所以两分支电流也就相差不多,因而自旋注入效率当然很低。只有当铁磁体中的载流子是100%极化时,才有可能在扩散输运中得到有效的自旋注入。电导率失配模型有一定的局限性。首先,该模型是建立在漂移扩散输运基础上的,并不适用于弹道输运和隧穿输运;其次,该模型假设界面是没有电阻的,没有考虑金属俘导体接触可能形成的自旋相关的界面电阻,而界面电阻的性质是决定自旋注入的重要因素。因此,不能根据这一理论断定铁磁金属向半导体内的自旋极化注入是不可行的。隧道注入,通过异质结的自旋注入已经不是一个新课题。关于铁磁性金属和金属结(FM/M)与铁磁性金属和超导金属结(FM/SM)的理论已经成功地建立,并显示出了很好的结果。而近来对于关键的铁磁性金属和半导体结的研究表明,在利用有磁性探头的扫描隧道显微镜(STM)时,发现真空的隧道结能够有效地将自旋注入电子中,隧道结的边界还能保存自旋极化。因此,它有可能是比扩散性传送好得多的方法。

理论研究指出，如果一个界面上的阻抗很高的话，传送效果就会由参与隧道过程中两个电极基于自旋的电子状态所决定。通过界面的电流会很小，电极处于平衡，相对导电性较好的电极也不会对自旋传输起到限制作用。因此，一个金属-绝缘体-半导体二极管或者一个金属-半导体二极管和铁磁性金属电极的搭配，都被认为是一个将自旋注入半导体的好方法。理论计算也证实了这个结论。实验表明，在100 K下，用一个100%自旋极化的STM探头作为电子源将极化的电子注入P型GaAs的表面，并同时记录下了重组发光的极化程度，结果表明，高度自旋极化流(92%)能够被注入GaAs。

自旋电子器件主要是基于铁磁金属，已研制成功的自旋电子器件包括巨磁电阻、自旋阀、磁隧道结和磁性随机存取存储器。对于普通金属和半导体，自旋向上和自旋向下的电子在数量上是一样的，所以传统的金属电子论往往忽略电子的自旋自由度。但是对于铁磁金属，情况则不同。在铁磁金属中，电子的能带分成两个子带，自旋向上子带和自旋向下子带。这两个子带形状几乎相同，只在能量上有一个位移，这是由于铁磁金属中存在交换作用的结果。正是由于两个子带在能量上的差别，使得两个子带的占据情况并不相同。在费米面处，自旋向上和自旋向下的电子态密度也是不同的。这样在铁磁金属中，参与输运的两种取向的电子在数量上是不等的，所以传导电流也是自旋极化的。同时由于两个子带在费米面处的电子态密度不同，不同自旋取向的电子在铁磁金属中受到的散射也是不同的。因此在系统中，如果存在铁磁金属，两种自旋取向的电子的输运特性也有着显著的差别。基于铁磁金属的自旋电子器件正是利用上述的电子特性设计而成的。

早在1857年威就廉·汤姆森(William Thomson)在铁和镍中发现了磁电阻效应，即在磁场作用下，铁磁性金属内部电子自旋方向发生改变而导致电阻改变的现象。由于磁化方向的导电电阻升高而垂直方向的电阻降低，故称之为各向异性磁电阻(anisotropic maganeto resistance，AMR)。1998年，Fe/Cr金属多层膜在外磁场中电阻变化率高达50%的巨磁电阻效应(GMR)被发现，各国科学家开始从理论和实验上对多层膜GMR效应展开了广泛而深入的研究。GMR产生机制取决于非铁磁层两边的铁磁层中电子的磁化方向，用于隔离铁磁层的非铁磁层，只有几个纳米厚，甚至不到一个纳米。当这个隔离层的厚度是一定的数值时，铁磁层的磁矩自发地呈现反平行；而加到材料的外磁场足够大时，铁磁材料磁矩的方向变为相互平行。电子通过与电子平均自由程相当厚度的纳米铁磁薄膜时，自旋磁矩的取向与薄膜磁化方向一致的电子较易通过，自旋磁矩的取向与薄膜磁化方向不一致的电子难以通过。因此，当铁磁层的磁矩相互平行时，载流子与自旋有关的散射最小，材料有最小的电阻。当铁磁层的磁矩为反平行时，与自旋有关的散射最强，材料的电阻最大，从而使磁电阻发生很大变化。

对于反铁磁耦合的多层膜，需要很高的外磁场才能观察到 GMR 效应，故并不适用于器件应用。在 GMR 效应基自旋阀叠层基础上，人们设计出了自旋阀，使相邻铁磁层的磁矩不存在(或只存在很小的)交换耦合。自旋阀的核心结构是两边为铁磁层，中间为较厚的非铁磁层构成的 GMR 多层膜。其中，一边的铁磁层矫顽力大，磁矩固定不变，称为被钉扎层；而另外一层铁磁层的磁矩对小的外加磁场即可响应，为自由层。由于被钉扎层的磁矩与自由层的磁矩之间的夹角发生变化导致 GMR 的电阻值改变。如此，在较低的外磁场下相邻铁磁层磁矩能够在平行与反平行排列之间变换，从而引起磁电阻的变化。自旋阀结构的出现使得巨磁电阻效应的应用很快变为现实。其中，缓冲层可使镀膜有较佳的晶体成长方向，也称之为种子层。自由层由易磁化的软磁材料所构成。中间夹层为非铁磁性材料，目的为了无外加磁场时，让上下两铁磁层无耦合作用。被钉扎层被固定磁化方向的铁磁性材料。钉扎层用于固定“被钉扎层”磁化方向的反铁磁性材料。

非磁层为绝缘体或半导体的磁性多层膜即磁性隧道结。通常，磁性隧道结是由两层纳米磁性金属薄膜和它们磁隧道结结构所夹的一层氧化物绝缘层，厚度约为 1～1.5 nm。这种磁性隧道结在横跨绝缘层的电压作用下，其隧道电流和隧道电阻依赖于两个铁磁层磁化强度的相对取向。如果两铁磁电极的磁化方向平行，则一个电极中费米能级处的多数自旋态电子将进入另一个电极中的多数自旋态的空态，同时少数自旋态电子也从一个电极进入另一个电极的少数自旋态的空态。即磁化平行时，两个铁磁电极材料的能带中多数电子自旋相同，费米面附近可填充态之间具有最大匹配程度，因而具有最大隧道电流。如果两电极的磁化反平行，则一个电极中费米能级处的多数自旋态的自旋角动量方向与另一个电极费米能级处的少数自旋态的自旋角动量平行，隧道电导过程中一个电极中费米能级处占据多数自旋态的电子必须在另一个电极中寻找少数自旋态的空态，因而其隧道电流变为最小。通过绝缘层势垒的隧穿电子是自旋极化的，可观测到大的隧穿磁电阻(TMR)。同时，磁隧道结还具有低功率损耗、低饱和场等特点。MTJ 技术已用于制备比自旋阀更先进的磁盘读出头，得到的磁记录密度最高约为 200 $Gb/inch^2$。

巨磁电阻材料的出现，使得 MRAM 作为计算机内存芯片的设想自然被提出，用于取代体积大、速度慢的磁芯机存储器。MRAM 结构是采用纳米技术，把沉积在基片上的 GMR 薄膜或 TMR 薄膜制成图形阵列，形成存储单元，以相对的两磁性层的平行磁化状态和反平行磁化状态分别代表信息“1”和“0”。若将上下两层导线通电流，则可视为记忆单元置于相互垂直的磁场中。若要在其中一个记忆单元写入资料，例如第一行第一列，则将电流通过第一行的 word 线，加的电流只比临界值要低一点，此时再加上一小电流到第一列的 bit 线，就会使得此记忆元的自由层磁化方向翻转，从而完成信息的写入。通过改变两铁磁层的相对磁化方向，磁致电阻(MR)就会发生变化。电阻一旦变大，通过它的电流就会变小，反之亦然。因此，只需用一个三极管来判断加电时的电流数值就能够判断铁磁层磁化方向的两种不同状态，读出“0”和“1”。MRAM 是一种非挥发性、随机存取、长效性和高速性的存取器。铁磁体的磁性不会由于掉电而消失，所以它并不像一般的内存一样具有挥发性。关掉电源后，MRAM 仍可以保持记忆完整；中央处理器读取资料时，不一定要从头开始，随时可用相同的速率从内存的任何位置读写信息；MRAM 的数据以磁性为依据，以“0”或“1”为形式，而铁磁体的磁性几乎是永远不消失的，因此存储的数据具有永久性；磁阻内存存储的数据直到被外界的磁场影响之后，才会改变这个磁性数据，几乎可以无限次地重写；MARM 的存取速度高达 25～100 ns。MRAM 的核心技术主要包括高 MR 比值的磁性材料结构、降低位元尺寸、读写的架构及方法等。

自旋阀是 1991 年 IBM 公司 Dieny 等提出的一个简化的四层结构，即磁性层 1/非磁性中间层/磁性层 2/反铁磁性层。它具有磁电阻率可对外磁场的响应呈线性关系、频率特性好等多个优点。伪自旋阀(pseudo spin valve)是自旋阀的发展结构，基本结构为“软磁层/非磁性隔离层/硬磁层”，其优点是结构简单，可以选择抗腐蚀性和热稳定性好的硬磁材料；缺点是硬磁层和自由层之间存在耦合。由于在制备自旋阀时，基片上外加一诱导磁场，两磁性层磁矩平行排列，所以外加磁场为 0 时自旋阀电阻小。

在外加反向磁场的作用下，自由层首先发生磁化翻转，两磁性层磁矩反平行排列，自旋阀电阻大。自旋阀电阻大小取决于两铁磁层磁矩(自旋)的相对取向，故称为自旋阀。自由层翻转磁场由其各向异性场和被钉扎层通过非磁性层产生的耦合作用引起的矫顽场和耦合场决定。这里耦合场指由被钉扎层和反铁磁钉扎层引起自由层磁滞回线的漂移。当外加磁场超过由反铁磁层交换耦合引起的交换偏置场时，被钉扎层发生磁化翻转，自旋阀电阻变小。为了满足应用要求，需要研制低饱和场、稳定性好、GMR 效应大的自旋阀。要达到上述要求，需要对各层材料提出一定的要求。希望反铁磁层具有高电阻、耐腐蚀性且热稳定性好的特点，常用的反铁磁性材料包括 FeMn、IrMn、NiMn、PtMn、NiO。选择何种材料要综合考虑临界厚度、失效温度、交换偏置场、抗腐蚀性等各个参数。自由层一般采用矫顽力较小且巨磁电阻效应大的材料，如 Co、Fe、CoFe、NiFe、NiFeCo、CoFeB 等。被钉扎层选择巨磁电阻效应大的材料。

图 6.2(a)所示的是最基本的自旋阀结构，在此基础上进行适当改进可以得到性能更为优越的结构，包括合成反铁磁(synthetic antiferromagnetic,SAF)钉扎层的自旋阀、双自旋阀等。此外，利用背散射效应(back-layer effect)、镜像散射效应(specular scattering effect)等在自旋阀结构中插入适当的增效层也可以有效地提高 GMR 效应。另一种值得一提的自旋阀结构是用硬磁层代替反铁磁层和钉扎层，基本结构为“软磁层/非磁性隔离层/硬磁层”的结构，被称为伪自旋阀(pseudo spin valve)。其优点是结构简单，可以选择抗腐蚀性和热稳定性好的硬磁材料；缺点是硬磁层和自由层之间存在耦合，自由层的矫顽力增大，因而降低了自旋阀的灵敏度。

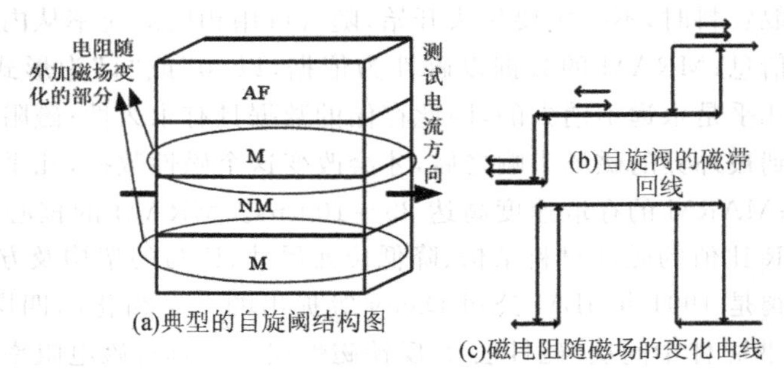

图 6.2　自旋阀的结构和原理示意图

巨磁阻效应是指磁性材料的电阻率在有外磁场作用时较之无外磁场作用时存在巨大变化的现象。巨磁阻是一种量子力学效应，它产生于层状的磁性薄膜结构。这种结构是由铁磁材料和非铁磁材料薄层交替叠合而成。当铁磁层的磁矩相互平行时，载流子与自旋有关的散射最小，材料有最小的电阻。当铁磁层的磁矩为反平行时，与自旋有关的散射最强，材料的电阻最大。自旋阀中出现巨磁电阻效应必须满足下列条件：①传导电子在铁磁层中或在“铁磁/非铁磁”界面上的散射几率必须是自旋相关的；②传导电子可以来回穿过两层铁磁层并能记住自己的身份(自旋取向)，即自旋自由程、平均自由程大于隔离层厚度。

随着金属多层膜和颗粒膜的巨磁电阻(GMR)及稀土氧化物的特大磁电阻(CMR)的发现，以研究、利用和控制自旋极化的电子输运过程为核心的磁电子学得到很大的发展。同时用巨磁电阻材料构成磁电子学器件，在信息存储领域中获得很大的应用，如在 1994 年计算机硬盘中使用了巨磁电阻(GMR)效应的自旋阀结构的读出磁头，取得了 1 Gb/inch^2 的存储密度。到 1996 年，存储密度已达 5 Gb/inch^2，并计划在 2000 年前后实现存储密度

10～20 Gb/$inch^2$。由于GMR磁头在信息存储运用方面的巨大潜力，激发了人们对各种材料的磁电阻效应进行深入广泛研究的热情，使得人们对于磁电阻效应的物理起源有更深的认识，促进了磁电阻效应的广泛应用。所谓磁电阻效应，是指对通电的金属或半导体施加磁场作用时会引起电阻值的变化，其全称是磁致电阻变化效应。

对于普通金属，电子的自旋是简并的，不存在净的磁矩，而费米面附近的态密度对于自旋向上和自旋向下是完全一样的，因而输运过程中电子流是自旋非极化的。但在铁磁金属中，由于交换劈裂，费米面处自旋向上的子带（多数自旋）将全部或绝大部分被电子占据，而自旋向下的子带（少数自旋）仅部分被电子占据，两子带的占据电子数之差正比于它的磁矩。同时费米面处自旋向上和自旋向下3d电子态密度相差很大，所以尽管在费米面处还有少数受交换劈裂影响较小的s电子和p电子，传导电流仍是自旋极化的。由于自旋向上的3d子带（多数自旋）与自旋向下的d3子带（少数自旋）在费米面附近的态密度不相等，它们对不同自旋取向的电子的散射是不一样的，所以自旋向上与自旋向下的电子的平均自由程也不同。

理论和实验证明，铁磁金属或合金的输运过程可分解为自旋向上和自旋向下两个几乎相互独立的电子导电通道，相互并联，这就是自旋相关散射的二流体模型。这种铁磁金属导电的理论，是Mott提出来的，直接从实验来验证是由Gurney在1993年通过设计新的自旋阀，得到不同的被探测层具有不同的输运性质，反映出这些被探测层对自旋向上和向下的电子具有不同的电导，同时直接测量出自旋向上和向下的电子的平均自由程相差很大。

在通有电流的金属或半导体上施加磁场时，其电阻值将发生明显变化，这种现象称为磁致电阻效应，也称磁电阻效应（MR）。目前，已被研究的磁性材料的磁电阻效应可以大致分为由磁场直接引起的磁性材料的正常磁电阻OMR（ordinary MR）、与技术磁化相联系的各向异性磁电阻AMR（anisotropic MR）、掺杂稀土氧化物中特大磁电阻CMR（eolossal MR）、磁性多层膜和颗粒膜中特有的巨磁电阻GMR（igant MR）以及隧道磁电阻TMR（utnnel MR）等。

所谓巨磁阻效应，是指磁性材料的电阻率在有外磁场作用时较之无外磁场作用时存在巨大变化的现象。巨磁阻是一种量子力学效应，它产生于层状的磁性薄膜结构。这种结构是由铁磁材料和非铁磁材料薄层交替叠合而成。当铁磁层的磁矩相互平行时，载流子与自旋有关的散射最小，材料有最小的电阻。当铁磁层的磁矩为反平行时，与自旋有关的散射最强，材料的电阻最大。对所有非磁性金属而言，由于在磁场中受到洛伦兹力的影响，传导电子在行进中会偏折，使得路径变成沿曲线前进，如此将使电子行进路径长度增加，使电子碰撞概率增大，进而增加材料的电阻。磁阻效应最初于1856年由威廉·汤姆森，即后来的开尔文爵士发现，但是在一般材料中，电阻的变化通常小于5%，这样的效应后来被称为"常磁阻(OMR)"。

超巨磁阻效应(也称庞磁阻效应)存在于具有钙钛矿的陶瓷氧化物中。其磁阻变化随着外加磁场变化而有数个数量级的变化。其产生的机制与巨磁阻效应(GMR)不同，而且往往大上许多，所以被称为"超巨磁阻"。如同巨磁阻效应(GMR)，超巨磁阻材料亦被认为可应用于高容量磁性储存装置的读写头。不过，由于其相变温度较低，不像巨磁阻材料可在室温下展现其特性，因此离实际应用尚需一些努力。有些材料中磁阻的变化，与磁场和电流间夹角有关，称为异向性磁阻效应。此原因是与材料中 s 轨域电子与 d 轨域电子散射的各向异性有关。由于异向磁阻的特性，可用来精确测量磁场。穿隧磁阻效应是指在铁磁绝缘体薄膜(约 1 nm)的铁磁材料中，其穿隧电阻大小随两边铁磁材料相对方向变化的效应。此效应首先于1975年由 Michel Julliere 在铁磁材料(Fe)与绝缘体材料(Ge)发现；室温穿隧磁阻效应则于1995年，由 Terunobu Miyazaki 与 Moodera 分别发现。此效应更是磁性随机存取内存(magnetic random access memory，MRAM)与硬盘中的磁性读写头(read sensors)的科学基础。在大多数金属中，电阻率的变化值为正，而过渡金属和类金属合金及饱和磁体的电阻率变化值为负。半导体有大的磁电阻各向异性。利用磁电阻效应，可以制成磁敏电阻元件，其常用材料有锑化铟、砷化铟等。磁敏电阻元件主要用来构造位移传感器、转速传感器、位置传感器和速度传感器等。为了提高灵敏度，增大阻值，可把磁敏电阻元件按一定形状(直线或环形)串联起来使用。

目前，二维材料的研究方兴未艾。二维材料，是指电子仅可在两个维度的非纳米尺度(1～100 nm)上自由运动(平面运动)的材料，如纳米薄膜、超晶格、量子阱。二维材料是伴随着2004年曼彻斯特大学 Geim 小组成功分离出单原子层的石墨材料——石墨烯(graphene)而提出的。纳米材料是指材料在某一维、二维或三维方向上的尺度达到纳米尺度。纳米材料可以分为零维材料、一维材料、二维材料、三维材料。零维材料是指电子无法自由运动的材料，如量子点、纳米颗粒与粉末。一维材料是指电子仅在一个非纳米尺度方向上自由运动(直线运动)，如纳米线性结材料、量子线，最具代表的是碳纳米管(carbon nanotube)。三维材料是指电子可以在三个非纳米尺度上自由运动，如纳米粉末高压成型或控制金属液体结晶而得到的纳米晶粒结构(纳米结构材料)。

石墨烯突出的特点是单元子层厚，高载流子迁移率、线性能谱、强度高。

无论是在理论研究还是应用领域，石墨烯都引起了极大的兴趣，Geim本人称之为“God Rush(淘金热)”。后续又有一些其他的二维材料陆续被分离出来，如氮化硼(BN)、二硫化钼(MoS_2)。最近在凝聚态物理领域有着广泛的研究。当用铅笔写字时，石墨会留下非常薄的薄片，这就是石墨烯，它们是天然存在的分层结构，故而容易提取。但是对于不是自然分层的结构，通过高效且简易的方法来构建原子厚度的薄层材料是当今材料领域的前沿。最近，来自澳大利亚墨尔本皇家理工大学(RMIT)的一组研究人员公布了一项令人愕然的成果：团队成功构建出大自然中从未见过的原子厚度材料。外媒指出，这一发现将从根本上颠覆现有的化学研究方法。为了构建2D材料，该团队将一种金属溶解在液态金属中，以产生可以剥离的超薄氧化物层。形成氧化层的过程很简单，就像“制作卡布奇诺咖啡时发泡牛奶”一样，并不需要太多的高难度技术操作，所以在理论上任何人都可以重复实验结果。这些原子厚薄的氧化物是优秀的半导体或介电材料，而半导体和介电元件是当今电子和光学器件的核心材料。研究人员称，这种新材料不仅成为化学新工具，更有望改善现有电子产品，增强数据存储功能，使其更加快速而且功耗更少，这种技术能力是前所未有的。氧化层薄层也可用于制作我们熟悉的触屏，使触屏的反应性更加灵敏，甚至人们可以最终学会制作自己的屏幕。更加令人兴奋的是，科学家预测该技术适用于周期表约1/3的元素。不过，该团队没有详细说明他们的2D材料如何影响数据存储能力，将二维材料融入日常电子器件也需要比预期更长的时间。但我们可以推测，它可以使数据的传输比现在更快，并且已经有了良好的开端，二维材料改变世界或许指日可待。自2010年石墨烯获得诺贝尔物理学奖以来，科学家和产业界对石墨烯就开始狂热的追逐。和体相石墨的不同之处在于：石墨烯仅有一个碳原子层厚度，并表现出超优异的力学、电学等性能。在追逐石墨烯的同时，一大批石墨烯之外的二维材料也被相继开发出来，从元素周期表来看，这些元素主要包括：过渡金属、碳族元素、硫族元素以及其他。这些超薄的二维材料和石墨烯一样，具有和体相材料截然不同的新性能。

二维材料的应用如下：

1)超级电容器。超级电容器以其高能量密度、快速的充放电性能、运行的稳定性，无疑成为解决储能问题的最佳选择。为了适应便携式电子器件的发展，具有柔性，甚至是平面性的超级电容器迅速发展。而二维层状的结构材料成为最佳选择。二维材料作电极材料的电容器拥有很好的机械性能，不仅能任意卷曲、折叠，而且，不会造成明显的性能损失。

2)电池。二维材料优异的导电性、高比表面积和层状材料性质可应用于电池的正负极材料中。当应用于正极材料时，既可以提高电极材料的导电性,又可以包裹正极纳米颗粒;加入负极材料中,也可大幅提高电池的性能,在目前也是主要研究的一个方向。二维材料在电池中的应用,提高了电池的倍率性能、一致性和寿命等综合性能。但是,二维材料在电池领域的应用效果并没有所追捧的那么理想,我们应该理性看待二维材料的发展,不能盲目追捧。虽然二维材料技术已经十分先进,但是目前二维材料仍然面临一些问题,主要是如何廉价的生产均一、无缺陷的二维薄层。现有适用于生产二维材料的方法不是耗时就是材料制备昂贵,并没有可应用于大规模制备的技术。二维材料在能源领域的应用还有很大的发展空间,其综合性能还有待提高。随着二维材料的逐渐深入研究,我国在二维材料领域已经获得一定的突破和发现,但是二维材料仍有很多问题亟待解决,对于二维材料的使用我们也应当辩证的使用,不能完全盲目。

关于二维材料(见图 6.3),目前并没有绝对明确的定义,但是有三个方面,是得到科学家广泛认同的:①结构有序;②在二维平面生长;③在第三维度超薄。

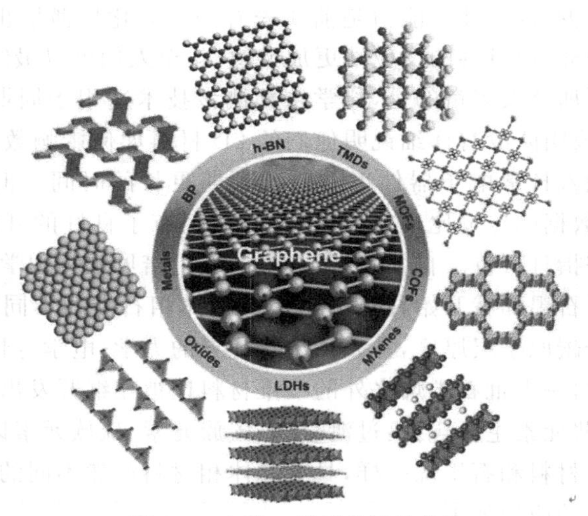

图 6.3　各种二维材料及其结构

那么问题就来了:①多薄才算超薄?按照石墨烯的定义,石墨烯是单原子层。而实际上单原子层在某些应用上的性能并不是最好的,有时候 2~3 层或者 5 层左右的多层石墨烯具有最佳性能。因此,大多数科学家对二维材料的厚度并没有严格规定,更重要的还是以和体相材料的性能区别来定义。②是否需要是独立的材料?目前发现的二维材料家族(见图 6.4)中,有一些是独立的,还有一些仅仅停留在基底表面,这些也被称作二维材料。但是,没有从基底表面剥离下来的二维材料是难以进一步应用的，因此，如何将二维材料从基底表面剥离是一个重要的议题。总之，二维材料并不是从数学上来定义，而是从物理和化学的角度来定义。也就是说，以性能定义。

图 6.4　二维材料结构（从上至下：石墨烯、BN、MoS_2、WSe_2）

二维材料究竟有什么特色？单层二维材料的表面原子几乎完全裸露，相比于体相材料，原子利用率大大提高。通过厚度控制和元素掺杂，就可以更加容易地调控能带结构和电学特性，譬如硅烯（silicene）和磷烯（phosphorene）。二维材料可以是导体、半导体，也可以是绝缘体；可以是化学惰性，也可以随时进行表面化学修饰。概括起来，主要有以下 3 个优势：①更利于化学修饰，可以调控催化和电学性能。②更利于电子传递，有利于电子器件性能的提升。③柔性和透明度高，在可穿戴智能器件、柔性储能器件等领域前景诱人。Yury Gogotsi 说："一个 50 岁的科学家在实验室玩新玩具和一个 5 岁小孩在家里玩新玩具的乐趣没什么不一样，二维材料就是我的新玩具！"。在石墨烯之外，贪玩的科学家发展了五大体系的二维材料，分别是 MXenes、Xenes、Organicmaterials、TMD（过渡金属二硫族化物）以及 Nitrides（氮化物）（见图 6.5）。MXenes 为超薄碳化物或氮化物二维材料。六年前，来自 Drexel university 的 Yury Gogotsi 和 Michel W. Barsoum 在寻找高性能锂离子电池负极材料时，意外发现一种高导电性能的氮化物和碳化物，称之为 MAX（M 表示过渡金属、A 表示主族元素，譬如 Al 或 Si、X 表示 C 或 N）。

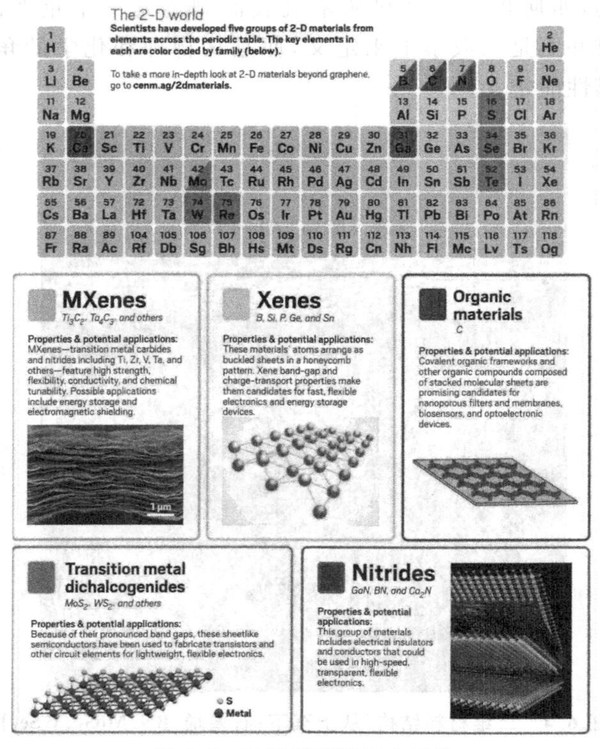

图 6.5　二维材料的五大家族

近日,中国科学技术大学合肥微尺度物质科学国家实验室国际功能材料量子设计中心及物理系朱文光研究组与校内外同行合作,通过理论计算预言了首类同时具有面内和面外极化且单层稳定的二维铁电材料。该研究成果以《Prediction of intrinsic two-dimensional ferroelectrics in In_2Se_3 and other Ⅲ2-Ⅵ3 van der Waals materials》为题,于 4 月 7 日发表在《自然-通讯》[*Nature Communications* 8,14956 (2017)]杂志上,论文共同第一作者为博士生丁文隽、朱健保、王喆。作为具有自发电极化且其极化方向可通过外电场反转的体系,铁电材料在信息存储、场效应器件、感应器件等诸多方面具有广泛的应用价值。对传统铁电材料的研究主要集中在以钙钛矿氧化物为代表的材料体系。然而,当将这类铁电材料通过表面外延生长技术制成薄膜时,由于退极化场的作用,其铁电性在某一临界厚度下多会消失。范德华类层状二维体系是近年来材料研究的热点之一。自 2004 年首次实验成功得到单层石墨烯以来,目前已有上百种新的二维材料被发现并在实验上合成,它们展现出十分丰富的物理与化学性质,为未来器件的进一步微小化和柔性化提供了新的机遇和材料基础。意外的是,在目前所有已知的二维材料中，尚欠缺具有垂直于二维面铁电极化且单层结构稳定的铁电材料。究其原因，是形成垂直方向电极化所需的对称性破缺与材料的稳定性存在内禀矛盾。因此，在范德华类二维材料体系中寻找具有垂直方向电极化且单层稳定的二维铁电材料是一个具有相当挑战性的科学难题。

针对这一挑战，该团队利用第一性原理计算方法，发现已在自然界存在的层状材料 In_2Se_3 的单层即为一种同时具有面内和面外极化的稳定二维铁电材料。对于该材料的结构，以往的实验研究已表明它的室温相具有类似于石墨的层状结构，其中每5个原子层通过共价键组成稳定的二维单元，不同单元之间通过弱的范德华相互作用相结合，因此该材料可以被剥离成很薄甚至单层的二维薄膜，但以往的研究对其单个二维单元内原子的堆积结构并不确定。该研究首先确定了单个二维单元的最稳定结构，并发现由于其原子层在垂直于二维面方向分布的不对称性，使其产生一个垂直于二维面的面外自发电极化，且其极化的方向可以通过灵巧的多原子协同运动进行反转。进一步的计算表明，面外方向电极化的反转所需要跨越的能量势垒与常规钙钛矿铁电材料相近，并且可以通过施加一个垂直方向的外电场进一步降低相应的能量势垒，打破原本能量简并的两个极化方向的平衡，驱动体系向某一极化方向转变。此外，由于该稳定结构的单层在面内不具有中心反演对称性，导致其同时存在面内方向的自发铁电极化，并且其极化的方向与面外极化的方向相互关联，以此有望实现电场与极化方向的交叉耦合调控。在此发现的基础上，进一步预言由与 In_2Se_3 同族元素组合而成的化合物，如果可以形成类似的层状结构，其铁电相也将同样成为稳定的基态结构。

此类二维铁电材料的发现有效拓展了二维材料家族的功能性，特别是为调控由多种二维材料组成的多层范德华二维异质结体系的物性提供了新的空间。该研究也通过构建二维铁电材料与其他二维材料组成的双层异质结初步展示了其调控能力。如在 In_2Se_3 与 WSe_2 构成的异质结中，通过外电场对 In_2Se_3 电极化方向的反转，可以实现体系从半导体性到近似金属性的转变；在 In_2Se_3 与石墨烯构成的异质结中，通过 In_2Se_3 电极化方向的反转，可以改变界面间所形成的肖特基势垒的高度。该类新型材料更多的潜在应用有待于进一步探索与研究。

分子电子技术的兴起始于20世纪70年代，是当今世界正在蓬勃发展的高技术，因此，它所涉及的许多具体技术，还难以准确界定，但从目前的认识而言，至少包括分子材料制备技术、分子组装结构技术、分子设计技术等。通过对各种分子材料的制备，使分子按照设计的空间点阵排列生产出具有特定性能的材料，是当前分子技术的重点之一。目前可供选择的技术主要有单分子薄膜刻蚀技术、现代薄膜外延技术、极化取向技术、分子操作技术等。如半导体晶体分子材料的合成与制备，就是采取现代薄膜外延技术，把两种半导体薄层晶体（如 Si、Ce）交替外延生长在一起，使其具有成分调制周期的结构，以此技术制备的单层半导体薄晶体的厚度为 1～50 nm，周期重合可达上百次。并且在分子束外延上，超晶格的单层和调制周期等性能，可以严格按设计水平控制在单分子层厚度的精度上。分子电子材料的性能优化是基于其结构和成分在分子层次上的可控特性来实现的。因此，精细地控制材料的分子结构，直至达到分子层次上的有序，就是分子组装结构技术（即纳米技术）。目前，分子组装结构技术主要有 BLM（black lipid membrance）技术、SA（serf-assembly）技术、聚合分子组装技术等。利用分子自组装结构技术可按特定的功能要求，比较方便地将不同种类的有机材料、无机材料等组装在一起。如把无机半导体簇（几埃至几百埃）组装入聚合膜或 LB 膜中。制作出将无机和有机的特性均优化的新材料；用 W-23 碳烯酸制备的 LB 抗蚀层可获得 600 埃的分辨率，在等离子体刻蚀中有较好的抗蚀性；采用多种材料薄膜的组合，可精确控制折射率、损耗、结构尺寸等，以制作所需要的各种平板光波导、定向耦合器等。一种自组装单层膜被研究者们亲切地称为 SAMS。SAMS 是一种 1～2 nm 厚的有机分子薄膜，它在被吸附的基体上形成二维晶体。SAMS 的分子是腊肠形的，长大于宽。它的一端是一个原子或一组原子，与表面有很强的相互作用；而另一端，化学家们可附加上各种各样的原子团，从而改变了 SAMS 形成的新表面的性能。对 SAMS 的最广泛的研究是由叫做链烷硫醇的分子组装组成的，它的一端具有较长的碳烃链，一端有硫原子。硫在金或银的基底上吸附得很好。譬如说，当在玻璃板上镀以金的薄膜，然后浸入链烷硫醇溶液中，硫原子就附着到金膜上，吸附在表面的硫原子间距与分子其余部分的横截面直径相近，链烷硫醇分子排列在一起，产生了一个二维晶体。这种晶体的厚度可以通过组装改变烃链和长度来控制，晶体表面的性能可以精确地改变。例如，连接不同的末端原子团，可以使表面亲水或疏水，这进而可能影响它的附着性、腐蚀性与润滑性。如果链烷硫醇以特殊的形式压印在金膜上，就能够用它们研究在不同有机基质上制造光学仪器的卫射光栅。与大多数表面改性的方法相比，所有这些操作简单而廉价，既不要求高真空设备，也不需要平面光刻。

分子设计技术主要依靠量子化学、凝聚态物理、计算机技术等多学科的综合成果，在分子级水平上研究材料性能，或利用原子结构理论预测未知材料的性能等，并根据指定性能和要求，重新设计自然界根本不存在的新分子、新材料。分子设计技术主要包括了物理过程、工艺过程以及分子作用机理的计算机模拟仿真研究,除了理论性问题外,在技术性问题上涉及计算机图形、模式识别、数据库技术等方面。如果这项技术日趋完善与发展,将从根本上改变目前"拼盘"式的研究分子新材料的模式,为寻求新材料,开辟了一条崭新的道路。人们设想将现有的化合物与材料有关的性能、结构、特征等信息存入计算机内,在需要研制新材料时,把该材料要求的性能数据输入计算机,计算机便可设计出该新材料,并为之提出合理制造方法,推测与判断该材料的各种性能;或者借助计算机,对原有分子材料进行定向改造,把不需要的成分剪裁下来,拼接上需要的补充成分,从而合成出人们所需要的分子新材料。到那时,分子新材料技术将进入一个新纪元,并预示着人类将摆脱对自然材料的依赖,使材料的研究、生产等发生根本性的变革,电子信息领域将进入到一个新的时代。

分子材料即纳米材料,它包括:纳米微粒和纳米固体。纳米微粒是指特征尺寸在1～100 nm之间的纳米粉体,它们可以是金属、合金、陶瓷或分子材料;纳米固体是按组成颗粒的尺寸和颗粒的排列状态,分为纳米晶体和纳米非晶体。纳米材料具体可分为零维纳米材料(如原子团)、一维纳米材料(如线状结构)、二维纳米材料(如纳米薄膜)和三维纳米材料(如纳米块状固体材料)。物质颗粒达到纳米级尺度时,就会呈现出独特的效应,如小尺寸效应、表面与界面效应、量子尺寸效应、宏观量子隧道效应等。这些独特效应将使分子材料产生较之常规晶粒材料所不具备的奇异特性和反常特性,展现出引人注目的应用前景。如金属超微粉末颗粒尺寸达到10 nm时,因光吸收能力显著增加可能变成黑体;铜颗粒达纳米级尺度就变得不导电;绝缘的二氧化硅颗粒在20 nm时却开始导电;高分子材料加纳米材料制成的刀具比金刚石制品还坚硬;纳米晶体材料的各种性能显著变化:强度/硬度、电阻率、比热、热膨胀系数提高;密度、弹性模量和热传导率降低,扩散性增强,可裂性/韧性改善及软磁性优良等。

分子器件目前已经提出了四类模型:一是D-W-A模型。D是电子给体,A是电子受体,W是分子导线或敏感分子;二是二维分子晶体构成的低维导体模型;三是有机分子器件模型;四是突触分子器件模型。利用分子电子技术制造的分子器件主要有分子导线、分子电阻、分子电容、分子开关、分子二极管、分子整流器、光敏元件、有机场效应晶体管、电致发光器件、突触膜等。如移位寄存器,每个单元的厚度仅为2～3 nm,而在横截面方向上1 μm×1 μm的范围内可以有近万条分子移位寄存器并联,一次移位的能量小于3 eV,移位时间约为2.6 ns。用Cu-TCNQ构成的光存储器,如用刻蚀技术(STM)读写,其存储量可达2.0×10^9 bits/cm^2,用光烧孔技术读写,其存储量可达10^{11} bits/cm^2,用电化学过程读写可达10^{12} bits/cm^2。微型机电系统是专指那种外形轮廓尺寸在毫米量级以下，构成的元件尺寸在纳米级的可控制、可运动的微型机电装置、微型敌我识别装置、微型报警传感器等。如微型机器人电子失能系统，它是人们设想研制的一种微型机电系统，通常具有六个分系统：传感器系统、信息处理与自主导航系统、机动系统、通信系统、破坏系统和驱动电源。这种微型机电系统具有一定的自主能力，并拥有初步的机动能力，当需要攻击敌方的电子系统装置时，就利用无人驾驶飞机将这种“东西”散布到目标周围，当目标工作时，它们将“感觉”到目标的位置，并向目标方向移动，直到渗透进被攻击目标的内部，从而使敌方的系统运转失灵。此外，易受微型机器人电子失能系统打击的目标还包括电力系统、民航系统、运输系统、信息高速公路、电视台、电讯系统、计算中心等。分子计算机指利用分子计算的能力进行信息处理的计算机。分子计算机的运行靠的是分子晶体可以吸收以电荷形式存在的信息，并以更有效的方式进行组织排列。分子计算机就是尝试利用分子计算的能力进行信息的处理。其凭借着分子纳米级的尺寸，分子计算机的体积将剧减。此外，分子计算机耗电可大大减少并能更长期地存储大量数据。分子计算机的运行靠的是分子晶体可以吸收以电荷形式存在的信息，并以更有效的方式进行组织排列。

基于集成电路的计算机短期内还不会退出历史舞台。但一些新的计算机正在跃跃欲试地加紧研究，这些计算机是超导计算机、纳米计算机、光计算机、DNA 计算机和量子计算机等。目前推出的一种新的超级计算机采用世界上速度最快的微处理器之一，并通过一种创新的水冷系统进行冷却。IBM 公司 2001 年 8 月 27 日宣布，他们的科学家已经制造出世界上最小的计算机逻辑电路，也就是一个由单分子碳组成的双晶体管元件。这一成果将使未来的电脑芯片变得更小、传输速度更快、耗电量更少。目前推出的一种新的超级计算机采用世界上速度最快的微处理器之一，并通过一种创新的水冷系统进行冷却。新的 Power 575 超级计算机配置 IBM 最新的 POWER 6 微处理器，使用安装在每个微处理器上方的水冷铜板将电子器件产生的热量带走。采用水冷技术的超级计算机所需空调的数量能够减少 80%，可将一般数据中心的散热能耗降低 40%。科学家估计用水来冷却计算机系统的效率最多可比用空气进行冷却高出 4000 倍。这一绰号“水冷集群”的系统可支持拥有数百个节点的非常大型的集群，而且能够在密集配置中实现极高的性能。

构成这个双晶体管的材料是碳纳米管，一个比头发还细 10 万倍的中空管体。碳纳米管是自然界中最坚韧的物质，比钢还要坚韧 10 倍；而且它还具有超强的半导体能力，IBM 的科学家认为将来它最有可能取代硅，成为制造电脑芯片的主要材料。IBM 物理科学主管苏普拉蒂克(Supratik)称,“模拟显示,用碳纳米管做成的芯片要比传统的硅芯片速度高出 5 倍之多。”将来利用碳纳米管技术制造的微处理器会使计算机变得更小、速度更快、更加节能。兰迪·伊萨克博士介绍:“这是一个巨大的科学突破,我们第一次在单分子上制造出计算机最基本的电路元件,这是碳分子,而不是硅。这将使未来的计算机制造出现更多突破,有可能出现三维计算机,它的基本材料将不再是硅,它会更小、更快、更便宜,能完成很多以前无法做到的任务。”

计算机晶体管的体积越小,电流传输的路径就越少,运行速度就越快。根据摩尔定律,每 18 个月,集成电路中可容纳的晶体管数目会呈几何级增长,从而使计算机芯片的性能翻倍提高。但是,有人预言在未来的 10～15 年间,由于硅的物理特性,目前普遍使用的硅晶体管制造技术将发展到极限,难以继续,对此 IBM 公司认为,到那时碳纳米管的时代将到来,它将使处理器的体积更小、能集成更多的晶体管,进一步提高计算机的性能。碳纳米管是日本 NEC 公司在 1991 年发现的;1998 年,IBM 和 NEC 的科学家联合制造出纳米晶体管,完成了制造碳纳米晶体管的第一步。如今,IBM 制造出了这种由一个正极和一个负极组成的最小双晶体管,最后一步就是将它们嵌入集成电路,连接起来,开始处理复杂的运算。IBM 的科学家表示,利用碳纳米管技术生产产品还需要再等上 10 年或更长时间。2013 年,据纽约时报报道,IBM 最近宣布在碳纳米管芯片制造技术上取得突破性进展,有望让摩尔定律在下一个 10 年中继续生效下去。根据美国专家表示,新一代的超级电脑很可能在明年问世,其每秒浮点运算次数可高达 1000 万亿次,大约是位于美国加州劳伦斯利佛摩国家实验室中的“蓝基因/L”电脑的 2 倍快。这种千兆级超级电脑的超强运算能力很可能加速各种科学研究的方法,促成科学重大新发现。根据华盛顿邮报 3 日报道指出,千兆级电脑的运算能力相当于逾一万台桌上型电脑的总和,在普通个人电脑上得穷毕生时间才能完成的运算,在现今的超级电脑上大概得花 5 h 完成,若使用千兆级电脑则仅需 2 h。在新一代的超级电脑中,以美国 IBM 公司与美国能源部在洛萨拉摩斯国家实验室所共同打造的“路跑者”(Roadrunner)超级电脑最有希望率先完成,这台电脑运算时所耗费的电量也高达 400 万 W,足以点亮一万颗灯泡。

计算机世界网消息台宣布,它成功使用比现有晶体管小 9 倍的微型晶体管,开发出功能强大的微晶片。这项突破可使未来的超级电脑只有指甲般大小。这个名为鳍式场效晶体管(fin field-effect transistor)是一种新的互补金属氧化物半导体(CMOS)晶体管,其长度小于 25 nm,未来可以进一步缩小到 9 nm,这大约是人类头发宽度的一万分之一。这是半导体技术上的一大突破，未来的晶片设计师可望将超级电脑设计成只有指甲大小。鳍式场效晶体管源自于目前传统标准的场效晶体管的一项创新设计。在传统的晶体管结构中，控制电流经过的闸门只能在其一侧，通过它控制电路的接通与开关。在鳍式场效晶体管结构中，闸门设计成鱼鳍形状，可让晶体管的两侧控制电路的接通和开关。这种设计大大改善了电路的可控性并减少漏电，也可以大幅度缩短晶体管的闸长。成功使用现有设备生产出鳍式场效晶体管，这证明传统晶体管在制作过程中，目前遇到的漏电及过热产生的难题可以得到解决。这预示着金氧半导体制作生产线可以再延续20年以上，它也将为半导体业带来新的前景。

随着电脑技术的飞速发展，多核芯片的迅速普及，电脑的功耗成倍增长，而在有限的能源下如何去降低功耗这也成为了目前越来越多的用户关注的问题，所以目前，新标准要想获得更多用户的认可必须要从低功耗方面发展。全球的PC数量每年都在飞速增长。每年PC的耗电量也是相当惊人的，即使是每台PC减低1 W的幅度，其省电量都是非常可观的。半导体市场调查机构iSuppli也曾预测DDR3内存将会在2008年替代DDR2成为市场上的主流产品，iSuppli认为在那个时候DDR3的市场份额将达到55%。不过，就具体的设计来看，DDR3与DDR2的基础架构并没有本质的不同。从某种角度讲，DDR3是为了解决DDR2发展所面临的限制而催生的产物。从规格来看，DDR3仍将沿用FBGA封装方式，故在生产上与DDR2内存区别不大。但是由设计的角度上来看，因DDR3的起跳工作频率在1 066 MHz，这在电路布局上将是一大挑战，特别是电磁干扰，因此也将反映到PCB上增加模块的成本。预计在DDR3进入市场初期，其价格将是一大阻碍，而随着逐步的普及，产量的提升才能进一步降低成本。

降低功耗为业界造福，DDR3内存在达到高带宽的同时，其功耗反而可以降低，其核心工作电压从DDR2的1.8 V降至1.5 V，相关数据预测DDR3将比现时DDR2节省30%的功耗，当然发热量我们也不需要担心。就带宽和功耗之间作个平衡，对比现有的DDR2-800产品，DDR3-800、1066及1333的功耗比分别为0.72X、0.83X及0.95X，不但内存带宽大幅提升，功耗比表现也比上代更好。如今，DDR已经成为历史被全面淘汰，DDR2也将成为强弩之末，从DDR2内存的价格就可以看出，DDR2内存已经走向没落，不过在短时间内，DDR2内存是不会消失在大家视野的。但是，目前无论是Intel还是AMD都已经暗示着DDR3内存的时代即将到来，尤其是Intel已经推出了多款支持DDR3的芯片组。作为最新的内存规格，DDR3把电压降低到了1.5 V，预读取设计位数从4 bit提升至8 bit，在提高电气性能的同时有效解决了内存带宽的瓶颈。除此之外，DDR3内存在制作工艺上得到了改进,并新增了重置(Reset)功能和 ZQ 校准功能,为节能以及高频率下稳定工作奠定了基础,可以看到 DDR3 内存是下一代 CPU 的完美搭档。未来电脑的能耗会按两个极端发展,易用型向低能耗发展,高端的会向更大功率发展。

第五代计算机指具有人工智能的新一代计算机,它具有推理、联想、判断、决策、学习等功能。计算机的发展将在什么时候进入第五代?什么是第五代计算机?对于这样的问题,并没有一个明确统一的说法。日本在 1981 年宣布要在 10 年内研制"能听会说、能识字、会思考"的第五代计算机,投资千亿日元并组织了一大批科技精英进行会战。这一宏伟计划曾经引起世界瞩目,并让一些美国人恐慌了好一阵子,有人甚至惊呼这是"科技战场上的珍珠港事件"。现在回头看,日本原来的研究计划只能说是部分地实现了。到了今天还没有哪一台计算机被宣称是第五代计算机。但有一点可以肯定,在未来社会中,计算机、网络、通信技术将会三位一体化。新世纪的计算机将把人从重复、枯燥的信息处理中解脱出来,从而改变我们的工作、生活和学习方式,给人类和社会拓展了更大的生存和发展空间。当历史的车轮驶入 21 世纪时,我们会面对各种各样的未来计算机。

未来的计算机将在模式识别、语言处理、句式分析和语义分析的综合处理能力上获得重大突破。它可以识别孤立单词、连续单词、连续语言和特定或非特定对象的自然语言(包括口语)。今后,人类将越来越多地同机器对话。他们将向个人计算机"口授"信件,同洗衣机"讨论"保护衣物的程序,或者用语言"制服"不听话的录音机。键盘和鼠标的时代将渐渐结束。高速超导计算机的耗电仅为半导体器件计算机的几千分之一,它执行一条指令只需十亿分之一秒,比半导体元件快几十倍。以目前的技术制造出的超导计算机的集成电路芯片只有 3～5 mm^2 大小。激光计算机是利用激光作为载体进行信息处理的计算机,又叫光脑,其运算速度将比普通的电子计算机至少快 1 000 倍。它依靠激光束进入由反射镜和透镜组成的阵列中来对信息进行处理。与电子计算机相似之处是激光计算机也靠一系列逻辑操作来处理和解决问题。光束在一般条件下的互不干扰的特性,使得激光计算机能够在极小的空间内开辟很多平行的信息通道,密度大得惊人。一块截面等于 5 分硬币大小的棱镜,其通过能力超过全球现有全部电缆的许多倍。分子计算机正在酝酿。美国惠普公司和加州大学,1999 年 7 月 16 日宣布,已成功地研制出分子计算机中的逻辑门电路,其线宽只有几个原子直径之和,分子计算机的运算速度是目前计算机的 1 000 亿倍,最终将取代硅芯片计算机。量子力学证明,个体光子通常不相互作用,但是当它们与光学谐腔内的原子聚在一起时,它们相互之间会产生强烈影响。光子的这种特性可用来发展量子力学效应的信息处理器件——光学量子逻辑门，进而制造量子计算机。量子计算机利用原子的多重自旋进行。量子计算机可以在量子位上计算，可以在 0 和 1 之间计算。在理论方面，量子计算机的性能能够超过任何可以想象的标准计算机。科学家研究发现，脱氧核糖核酸(DNA)有一种特性，能够携带生物体的大量基因物质。数学家、生物学家、化学家以及计算机专家从中得到启迪，正在合作研究制造未来的液体 DNA 电脑。这种 DNA 电脑的工作原理是以瞬间发生的化学反应为基础，通过和酶的相互作用，将发生过程进行分子编码，把二进制数翻译成遗传密码的片段，每一个片段就是著名的双螺旋的一个链，然后对问题以新的 DNA 编码形式加以解答。和普通的电脑相比，DNA 电脑的优点首先是体积小，但存储的信息量却超过现在世界上所有的计算机。

人类神经网络的强大与神奇是人所共知的。将来，人们将制造能够完成类似人脑功能的计算机系统，即人造神经元网络。神经元计算机最有前途的应用领域是国防：它可以识别物体和目标，处理复杂的雷达信号，决定要击毁的目标。神经元计算机的联想式信息存储、对学习的自然适应性、数据处理中的平行重复现象等性能都将异常有效。

生物计算机主要是以生物电子元件构建的计算机。它利用蛋白质有开关特性，用蛋白质分子作元件从而制成的生物芯片。其性能是由元件与元件之间电流启闭的开关速度来决定的。用蛋白质制成的计算机芯片，它的一个存储点只有一个分子大小，所以它的存储容量可以达到普通计算机的十亿倍。由蛋白质构成的集成电路，其大小只相当于硅片集成电路的十万分之一。而且运行速度更快，只有 10^{-11} s，大大超过人脑的思维速度。

随着微电子器件尺寸日益减小，现行的微电子加工工艺将接近发展的极限。由于分子电子学采取“自下而上”的方式组装逻辑电路，其电子元件可以通过化学合成方法批量制备，相对于传统微电子学“自上而下”的光刻蚀方法可以大大降低成本。因此，了解分子内的电荷输运性质是分子电子器件应用化的前提。在分子电子器件中引入金属配合物功能基元不仅可以改善其光、电和磁性质，同时，还能增强电子在整个分子链上的离域程度，提高其电荷传输性能。因此，构造含金属中心的分子电子器件、研究其电荷传导性能成为分子电子学领域的一个新的发展方向。

参考文献

[1]H. Ohno. Making Nonmagnetic Semiconductors Ferromagnetic. Science 281,951 (1998)

[2]S. A. Wolf,D. D. Awschalom,R. A. Buhrman,et al. Spintronics: A Spin — Based Electronics Vision for the Future. Science 294, 1488 (2001)

[3]I. Zutic,J. Fabian,S. D. Sarma. Spintronics: Fundamentals and applications. Rev. Mod. Phys. 76,323 (2004).

[4]C. Felser,G. H. Fecher,and B. Balke,Spintronics: A Challenge for Materials Science and Solid — State Chemistry. Angew. Chem. Int. Ed. 46,668 (2007).

[5]H. Ohno,F. Matsukura,Y. Ohno. Semiconductor Spin Electronics. JSAP International,5,4,(2002).

[6]M. N. Baibich,J. M. Broto,A. Fert,et al. Giant Magnetoresistance of (001)Fe/(001)Cr Magnetic Superlattices. Phys. Rev. Lett. 61, 2472 (1988).

[7]G. Binasch,P. Grünberg,F. Saurenbach,et al. Enhanced magnetoresistance in layered magnetic structures with antiferromagnetic interlayer exchange. Phys. Rev. B 39,4828 (1988).

[8]B. Dieny,V. S. Speriosu,S. S. Parkin,et al. Giant magnetoresistive in soft ferromagnetic multilayers. Phys. Rev. B 43,1297 (1991)

[9]N. A. Gershenfeld,I. L. Chuang. Bulk Spin — Resonance Quantum Computation. Science 275,350 (1997).

[10]J. K. Furdyna,J. Kossut,DMSs,Semiconductor and Semimetals, vol. 25,Academic Press,New York,1988.

[11]H. Munekata,H. Ohno,S. von Molnar,et al. Diluted magnetic III—V semiconductors. Phys. Rev. Lett. 63,1849 (1989).

[12]H. Ohno,H. Munekata,T. Penney,et al. Magnetotransport properties of p — type (In,Mn)As diluted magnetic III — V semiconductors. Phys. Rev. Lett. 68,2664 (1992).

[13]H. Ohno, A. Shen, F. Matsukura, et al. (Ga, Mn) As: A new diluted magnetic semiconductor based on GaAs. Appl. Phys. Lett. 69, 363 (1996).

[14]G. A. Medvedkin, T. Ishibashi, T. Nishi, et al. Room temperature ferromagnetism in novel diluted magnetic semiconductor Cd1－xMnxGeP$_2$. Jpn. J. Appl. Phys. ,Part 2 39, L949 (2000).

[15]S. Choi, G. －B. Cha, S. C. Hong, et al. Room－temperature ferromagnetism in chalcopyrite Mn－doped $ZnSnAs_2$ single crystals. Solid State Commun. 122, 165 (2002).

[16]P. Sharma, A. Gupta, K. V. Rao, et al. Ferromagnetism above room temperature in bulk and transparent thin films of Mn－doped ZnO. Na. Mater. 24, 673 (2003).

[17]Y. Matsumoto, M. Murakami, T. Shono, et al. Room－Temperature Ferromagnetism in Transparent Transition Metal－Doped Titanium Dioxide. Science 291, 854 (2001).

[18]R. Q. Wu, G. W. Peng, L. Liu, et al. Ferromagnetism in Mg－doped AlN from ab initio study. Appl. Phys. Lett. 89, 142501 (2006).

[19]H. Pan, J. B. Yi, L. Shen, et al. Room－Temperature Ferromagnetism in Carbon－Doped ZnO. Phys. Rev. Lett. 99, 127201 (2007).

[20]H. Pan, Y. P. Feng, Q. Y. Wu, et al. Magnetic properties of carbon doped CdS: A first－principles and Monte Carlo study. Phys. Rev. B 77, 125211 (2008).

[21]D. H. Kim, J. S. Yang, K. W. Lee, et al. Formation of Co nanoclusters in epitaxial Ti0. 96Co0. 04O2 thin films and their ferromagnetism. Appl. Phys. Lett. 81, 2141 (2002).

[22]S. A. Chambers, a) T. Droubay, C. M. Wang, et al. Clusters and magnetism in epitaxial Co－doped TiO2 anatase. Appl. Phys. Lett. 82, 1257 (2003).

[23]J. －Y. Kim, J. －H. Park, B. －G. Park, et al. Ferromagnetism Induced by Clustered Co in Co－Doped Anatase TiO2 Thin Films. Phys. Rev. Lett. 90, 017401 (2003).

[24]P. S. Halasyamani, K. R. Poeppelmeier, Noncentrosymmetric Oxides, Chemistry of Materials, 10, 2753－2769 (1998).

[25]A. Cammarata, W. Zhang, P. S. Halasyamani, J. M. Rondinelli, Microscopic Origins of Optical Second Harmonic Generation in Noncen-

trosymmetric - Nonpolar Materials, Chemistry of Materials, 26, 5773—5781 (2014).

[26]M. A. Patino, T. Smith, W. Zhang, P. S. Halasyamani, M. A. Hayward, Inorganic chemistry, 53, 8020—8024 (2014).

[27] T. T. Tran, P. S. Halasyamani, J. M. Rondinelli, Inorganic chemistry, 53, 6241—6251 (2014).

[28]M. J. Shearer, L. Samad, Y. Zhang, Y. Zhao, A. Puretzky, K. W. Eliceiri, J. C. Wright, R. J. Hamers, and S. Jin, J. Am. Chem. Soc, 139, 3496—3504 (2017).

[29]S. D. Nguyen, J. Yeon, S. H. Kim, P. S. Halasyamani, J Am Chem Soc, 133 (2011) 12422—12425.

[30]P. S. Halasyaman. ,Chem. Mater. ,16, 3586—3592 (2004).

[31]Y. Inaguma, K. Tanaka, T. Tsuchiya, D. Mori, T. Katsumata, T. Ohba, K. Hiraki, T. Takahashi, H. Saitoh, J Am Chem Soc, 133, 16920—16929 (2011).

[32]R. Yu, H. Hojo, T. Mizoguchi and M. Azuma. J. Appl. Phys. 118, 094103 (2015).

[33]F. C. Coomer, N. J. Checker and A. J. Wright, Inorg. Chem. 49, 934—942 (2010).

[34]M. Li, Z. Deng, S. H. Lapidus, et al, Inorg. Chem, 55, 10135—10142 (2016).

[35]Yu—Hang Fan, Xiao—Ming Jiang, et al, Inorg. Chem, 56, 114—124 (2017).

[36]Navrotsky, A. Chem. Mater. 10, 2787 (1998).

[37]Y. Inaguma, A. Aimi, Y. Shirako, D. Sakurai, D. Mori, H. Kojitani, M. Akaogi, and Masanobu Nakayama, J. Am. Chem. Soc. 136, 2748-2756 (2014).

[38] S. F. Bartram, A. Slepetys, J. Am. Ceram. Soc. 44, 493 (1961).

[39]E. Ito, Y. Matsui, Phys. Chem. Miner. 4, 265 (1979).

[40] J. A. Linton, Y. Fei, A. Navrotsky, Am. Mineral. 82, 639 (1997).

[41]Zhang, J. ; Yao, K. L. ; Liu, Z. L. ; Gao, G. Y. ; Sun, Z. Y. ; Fan, S. W. Phys. Chem. Chem. Phys. 12, 9197 (2010).

[42]T Varga, et al. Phys. rev. lett, 103, 047601 (2009).

[43]K. Leinenweber, et al. M. Phys. Chem. Miner. 21,207 (1994).

[44]K. Leinenweber, Phys. Chem. Miner. 22,251 (1995).

[45]T. Hattori, et al. Phys. Chem. Miner. 26,212 (1999).

[46]J. Zhang, B. Xu, Z Qin, X. F. Li, K. L. Yao, Journal of Alloys and Compounds, 514, 113－119 (2012).

[47]X. Deng, W. Lu, H. Wang, H. Huang, J. Dai, Journal of Materials Research, 27, 1421－1429 (2012).

[48]X. Gonze et al. , Z. Kristallogr. 200, 558 (2005).

[49]X. Gonze et al. , Comput. Phys. Commun. 180, 2582 (2009).

[50]D. Vanderbilt, Phys. Rev. B. 41, 7892 (1990).

[51]G. Kresse and J. Hafner, Phys. Rev. B. 47, RC558 (1993).

[52]G. Kresse and J. Furthmuller, Phys. Rev. B 54, 11169 (1996).

[53]H. J. Monkhorst, J. D. Pack, Phys. Rev. B. 13, 5188 (1976).

[54]J. P. Perdew, K. Burke, M. Ernzerhof, Phys. Rev. Lett. 77, 3865 (1996).

[55]S. Baroni, S. de Gironcoli and A. Dal Corso, Rev. Mod. Phys. 73, 515 (2001).

[56]R. Shaltaf, E. Durgun, J. － Y. Raty, Ph. Ghosez, X. Gonze, Phys. Rev. B. 78, 205203 (2008).

[57]R. Shaltaf, X. Gonze, M. Cardona, R. K. Kremer, G. Siegle, Phys. Rev. B. 79, 075204 (2009).

[58]R. W. Nunes and D. Vanderbilt, Phys. Rev. Lett. 73, 712 (1994).

[59]M. Veithen, X. Gonze, and Ph. Ghosez, Phys. Rev. B. 71, 125107 (2005).

[60]S. H. Wemple and D. DiDomomenico, Jr. , in Applied Solid State Science, edited by R. Wolfe (Academic, New York, 1972).

[61]R. D. King－Smith, D. Vanderbilt, Theory of polarization of crystalline solids, Phys. Rev. B 47, 1651－1654 (1993).

[62]Vanderbilt, David, King－Smith, R. D. Electric polarization as a bulk quantity and its relation to surface charge, Phys. Rev. B 48, 4442－4455 (1993).

[63]R. Lyddane, R. Sachs, R, E. Teller, Physical Review. 59, 673 - 676 (1941).

[64]J. S. Tse and D. D. Klug, Phys. Rev. Lett. 67, 3559 (1991).

[65]J. S. Tse and D. D. Klug,Phys. Rev. Lett. 70,174 (1993).

[66]J. Zhang, B. Xu, Z. Qin, X. F Li,K. L,Yao,Journal of Alloys and Compounds. 514,113 (2012).

[67]R. T. Smith,F. S. Welsh,J. Appl. Phys. 42,2219 (1971).

[68]B. Van Troeye,Y. Gillet,S. Poncé,X. Gonze,Optical Materials 36,1494—1501 (2014).

[69]P. Hermet,M. Veithen and P. Ghosez,J. Phys:Condens Matter. 19,456202 (2007).

[70]J. Zhang, K. L. Yao, Z. L. Liu, G. Y. Gao, Z. Y. Sun and S. W. Fan,Phys. Chem. Chem. Phys,12,9197—9204 (2010).

[71]W. D. Johnston,Jr. ,Phys. Rev. B 1,3494 (1970).

[72]Weber M J (Editor—in—Chief) 2003 Handbook of Optical Materials (Boca Raton,FL: CRC Press)

[73]S. Cabuk and S. Simsek,Phys. Scr. 81,055703 (2010).

[74]M. Z. Kurt,Ferroelectrics,296,127 - 137 (2003).

[75]H. L. Anderson. Inorg Chem, Conjugated Porphyrin Ladders, 1994, 33, 972.

[76]A. Tsuda, A Lsuka. Fully conjugated porphyrin tapes with electronic absorption bands that reach into infrared, Science, 2001, 293, 79

[77]L. A. Bumm, J. J. Arnod, M. T. Cygan, et al. Are single molecular wires conducting, Science, 1996, 271, 1705.

[78]M. A. Reed, C. Zhou, C. J. Muller, et al. Conductance of molecular junction, Science, 1997, 278, 252

[79]C. P. Collier, G. Mattersteig, E. W. Wong, et al. A catenane —based solid states electronically reconfigurable switch, Science, 2000, 289, 1172

[80]A. Aviram, M. A. Ratner. Molecular Rectifier, Chem Phys Lett, 1974, 29, 277

[81]A. S. Martin, J. R. Sambles, G. J. Ashwell, Molecular rectifier, Phys Lett, 1993, 70, 218

[82]S. Zhou, Y. Q. Liu, et al. Synthetic molecular rectifier of a Langumuir—Blodgett film based on o novel asymmetrically substituted dicyano—tri—tert—butylphthalocyanine, Adv Funct Mater, 2002, 12, 65.

[83]V. Dediu,M. Murgia,F. C. Matacotta,C. Taliani,S. Barbanera,Solid State Commun. ,122,181 (2002).

[84]A. R. Rocha, V. Garcia Suarez, S. W. Bailey, C. J. Lambert, J. Ferrer, S. Sanvito, Nat. Mater., 4, 335 (2005).

[85]C. Herrmann, G. C. Solomon, M. A. Ratner, J. Am. Chem. Soc. 132, 3682 (2010).

[86]T. Sugawara, H. Komatsu, K. Suzuki, Chem. Soc. Rev. 40, 3105 (2011).

[87]K. Nakahara, S. Iwasa, M. Satoh, Y. Morioka, J. Iriyama, M. Suguro, E. Hasegawa, Chem. Phys. Lett. 359, 351 (2002).

[88]H. Nishide, S. Iwasa, Y. —J. Pu, T. Suga, K. Nakahara, M. Satoh, Electrochim. Acta 50, 827 (2004).

[89]L. Xu, F. Yang, C. Su, L. Ji, C. Zhang, Electrochim. Acta 130, 148 (2014).

[90]N. Dardenne, X. Blase, G. Hautier, J. Phys. Chem. C 119, 23373 (2015).

[91]S. Yang, S. Bruller, Z. —S. Wu, J. Am. Chem. Soc. 137, 13927 (2015).

[92]I. Ratera, J. Veciana, Chem. Soc. Rev. 41, 303 (2012).

[93]Q. Peng, A. Obolda, M. Zhang, Angew. Chem. Int. Edit. 54, 7091 (2015).

[94]E. C. Lee, Y. C. Choi, W. Y. Kim, N. J. Singh, S. Lee, J. H. Shim, K. S. Kim, Chem. Eur. J., 16, 2141 (2010).

[95]C. S. Sevov, D. P. Hickey, M. E. Cook, S. G. Robinson, S. Barnett, S. D. Minteer, M. S. Sigman, M. S. Sanford, J. Am. Chem. Soc., 139, 2924 (2017).

[96]L. Zhu, F. Zou, J. H. Gao, Y. S. Fu, G. Y. Gao, H. H. Fu, M. H. Wu, J. T. Lü, K. L. Yao, Nanotechnology, 26, 315201 (2015).

[97]Y. Min, J. H. Fang, C. G. Zhong, Z. C. Dong, Z. Y. Zhao, P. X. Zhou, K. L. Yao, Phys. Lett. A, 379, 2637 (2015)

[98]Y. Min, J. H. Fang, C. G. Zhong, Z. C. Dong, C. N. Wang, T. L. Xue, K. L. Yao, Phys. Lett. A, 378, 1170 (2015)

[99]L. Zhu, K. L. Yao, Z. L. Liu, Chem. Phys., 397, 1 (2012).

[100]W. Y. Kim, S. K. Kwon, K. S. Kim, Phys. Rev. B 76, 033415 (2007).

[101]Atomistix ToolKit, QuantumWise A/S, www.quantumwise.com.

[102]M. Brandbyge, J. —L. Mozos, P. Ordejón, J. Taylor, K. Stok-

bro,Phys. Rev. B,65,165401 (2002).

[103]J. M. Soler,E. Artacho,J. D. Gale,A. García,J. Unquera,P. Ordejón,D. Sánchez—Portal,J. Phys. Condens. Matter. ,14,2745 (2002).

[104]J. Perdew,K. Burke,and M. Ernzerhof,Phys. Rev. Lett. ,77, 3865 (1996).

[105]Y. Min,C. G. Zhong,Z. C. Dong,Z. Y. Zhao,P. X. Zhou, K. L. Yao,Physica E,84,263 (2016).

[106]Y. Min,C. G. Zhong,Z. C. Dong,Z. Y. Zhao,P. X. Zhou, K. L. Yao,J. Chem. Phys. ,144,064308 (2016).

[107]W. Y. Kim,K. S. Kim,Nat. Nanotech. ,3,408 (2008).

[108] W. Y. Kim,K. S. Kim,Acc. Chem. Res. 43,111 (2010).

[109] Q. Q. Sun,L. H. Wang ,W. Yang,P. Zhou,P. F. Wang,S. J. Ding,D. W. Zhang,Sci. Rep. 3,2921 (2013).

[110] J. Zhang,K. L. Yao,Comput. Mater. Sci. ,133,93 (2017).

[111] M. R. Rezapour,J. Yun,G. Lee,K. S. Kim,J. Phys. Chem. Lett. 7,5049 (2016).

[112] B. Warner,F. E. Hallak,H. Prüser,J. Sharp,M. Persson, A. J. Fisher,C. F. Hirjibehedin,Nat. Nanotech. ,10,259 (2015).

[113]W. Y. Kim, Y. C. Choi, S. K. Min, Y. Cho, K. S. Kim, Chem. Soc. Rev. ,38,2319 (2009).

[114] S. Sanvito,Chem. Soc. Rev. 40,3336 (2011).

[115] A. Mahmoud, P. Lugli, Appl. Phys. Lett. , 103, 033506 (2013).

[116] A. Aviram, M. A. Ranter, Molecular rectifier, Chem. Phys. Lett, 1974, 29, 277

[117] A. Dhirani, R. H. Lin, P. GuyotSionnest, et al, Self assembled molecular rectifiers, J Chem Phys, 1997, 106, 5249.

[118] M. K. Ng, D. C. Lee, L. P. Lu, Molecular diodes based on conjugated diblock Co—oligomers, J Am Chem Soc, 2002, 124, 11862.

[119] J. Park, A. N. Pasupathy, J. I. Goldsmith, et al, Coulomb blockade and kondo effect in single atom transitions, Nature, 2002, 417, 722.

[120] P. G. Piva, G. A. Dilabio, et al, Molecular electronics: charged and mechanical machnes. Angew Chem Int Ed, 2007, 46, 72.